黎金嘉文选

/黎金嘉 著/

中国农业科学技术出版社

图书在版编目(CIP)数据

黎金嘉文选 / 黎金嘉著．--北京：中国农业科学技术出版社，2023.11

ISBN 978-7-5116-6567-6

Ⅰ.①黎… Ⅱ.①黎… Ⅲ.①农药-文集 Ⅳ.①S48-53

中国国家版本馆 CIP 数据核字(2023)第 234721 号

责任编辑 费运巧 刁 毓
责任校对 马广洋
责任印制 姜义伟 王思文

出 版 者 中国农业科学技术出版社
北京市中关村南大街 12 号 邮编：100081
电 话 (010) 82106641 (编辑室) (010) 82106624 (发行部)
(010) 82109709 (读者服务部)
网 址 https://castp.caas.cn
经 销 者 各地新华书店
印 刷 者 北京建宏印刷有限公司
开 本 148 mm×210 mm 1/32
印 张 12 彩插 4 面
字 数 287 千字
版 次 2023 年 11 月第 1 版 2023 年 11 月第 1 次印刷
定 价 45.00 元

作者简介

黎金嘉，男，化工高级工程师。1940 年出生于广西壮族自治区玉林市兴业县。初中和高中就读于玉林三中（现在的兴业高中）。1963 年毕业于广西师范学院（现广西师范大学）化学系。毕业后从事钙镁磷肥、合成氨生产等生产技术工作。1984 年起负责宜山县经委的生产技术管理工作。

1990 年起成功独立用喜树籽提取抗癌药物喜树碱。经地区级卫生局药品检验所检验，完全符合外贸出口标准中有效成分≥92%的要求。批量产品最高含量达 99.4%，并转让给 2 家企业生产。

1992 年起从事农药的研究、开发、生产、田间试验、应用等生产技术工作，特别是在环保型农药水性化制剂领域。在农药水乳剂方面，为安徽省一家农药公司申请了以嘧菌酯为主的 2 个杀菌剂发明专利，专利号分别为 CN102870785A 和 CN102870786A。擅长纳米级农药微乳剂的研究、开发生产和应用，并取得了一系列显著成果。

1. 通过实验，给“农药微乳剂”下了一个比较科学的定义。

2. 发现“农药微乳剂的药乳反比规律”。

3. 给农药微乳剂定义了一个“农药微乳剂微乳透明温度范围标准”，即“（−8±2）～（54±2）℃”，使农药微乳剂更适应在不同温度范围内进行生产、贮存和应用。

在作者复配的约 200 个一元、二元、三元、四元的不同农药品种的农药微乳剂生产配方和实验配方中，微乳剂可在温度

（-8±2）～（54±2）℃中冷藏7天和热贮14天，始终保持透明流动、无液晶、无沉淀的稳定状态，微乳稳定2～5年不是梦。有部分样品如15%、17.5%氯氰菊酯微乳剂在常温下贮藏超过10年，始终保持清澈、透明、流动、无液晶、无沉淀的微乳状态。

4. 在技术上，解决了农药微乳剂透明温度可控、可调、稳定的重大关键技术问题。

此外，以农药为题材创作农药小说、农药相声、农药神话也是作者的特色之一。

作者所习书法分两类。一类是仿毛体书法，另一类是独创的“金丝竹”体书法。所谓“金丝竹体”书法，“金”即金嘉；“丝”即笔法尖如针尖麦芒，细如金丝微线，游刃有余；“竹”即粗如竹叶，锋利如匕首，锋芒毕露，锐不可当是也。

作者收集整理选择了56篇已于1984—2020年发表在国内科技专刊上的论著、作品以及1篇物理杀虫灭菌新作汇编成《黎金嘉文选》一书。《黎金嘉文选》以化工农药科技创新为主题，成果颇丰，体裁多样，寓教于乐。

作者水平有限，如有不当之处，敬请斧正。谢谢！

黎金嘉

2023年9月25日

序　　言

农药研究与科普创作交相辉映

——贺《黎金嘉文选》出版

和黎金嘉老师最初结识于他为我们《农药市场信息》杂志投稿《微乳剂与热力学平衡》一文，转眼相识已有 20 多年了。今年听说已至耄耋之年的黎老要出版自己的专著，作为农药行业的一位老编辑，也是他每篇文章的第一读者，感到非常惊喜，并全力协助他的图书出版工作。人的一生虽然短暂，但总要给自己留点什么，给后人留点什么，而能够著书立说也是赠送给自己给社会最好的礼物，我想这也是黎老出版此书的初衷和目的，作为我们每一个农药人都应该为他高兴，向他表示祝贺！

农药属于生命科学领域高尖技术产品，需要花费数亿美元和十多年时间才能开发一个新产品。虽然开发一个新产品很不易，但我们农药科研人员仍然乐在其中，因为通过创新可以发现更多奇妙未知的农药世界；通过创新可以让农药更加高效、安全、环保和可亲可近；通过创新可以让我们的农业更加高产出、高品质、高效益，因此对农药的不断创新也是我们农药科研人员一直孜孜追求、为之奋斗的目标，而我们的黎金嘉老师就是众多农药科研工作者中的一员。从他的简历可以看出，黎金嘉老师 1990 年后就开始从事医药药物提取和农药的研究开发、生产技术革新和推广应用工作，先后被行业内多家农药企业聘为研发负责人和技术顾问，特别是在环保型农药水性化制剂研究方面，黎金嘉老师更是擅长纳米级农药微乳剂的研究、开发与应用。从他 2003

年为我们《农药市场信息》杂志撰写的《微乳剂与热力学平衡》一文开始，20多年里在我们《农药市场信息》杂志上刊登了50多篇文章，可以说他把毕生精力都放在农药微乳剂研发上，研究的内容涉及微乳剂与热力学平衡、微乳剂微乳稳定保证期、微乳剂减少乳化剂用量的途径、农药微乳剂环保型的研发、微乳剂药乳反比规律的发现、微乳剂保密性的探讨、微乳化水悬浮剂的存在和制备、农药微乳剂的剂型多样性等。正如他在文章中写到的："开发一个质量过硬、稳定性高的农药微乳剂并非易事，它汇集了表面科学、化学、物理学、热力学、农学、生物学、环境科学和高分子科学等多种学科领域的精华，实践证明单靠一两门学科难以开发出有实用价值的农药微乳剂来，因此技术复杂性是农药微乳剂具有自我保护作用的最重要的内在条件"。可以说黎金嘉老师在农药领域，对微乳剂进行了大量深入系统研究并发表了许多研究论文，是当之无愧、成果丰硕的主要专家，也为年轻一代科研工作者更好地研究开发微乳剂打下了一定基础。此外他在环保剂型如水悬浮剂、水乳剂、无人机飞防专用制剂等方面也小有成就，并撰写了多篇研究论文和科普文章，这些课题研究也都为我国环保农药剂型的开发与推广应用发挥了积极作用。近几年来，黎金嘉老师虽然年事已高，但仍关注中国农药行业的发展，针对农业管理部门制定的"农药使用总量零增长"行动方案、无人机飞防专用农药制剂、专利到期的氯虫苯甲酰胺研究开发等也进行了研究与思考，提出了颇有见地的建议。笔者认为考虑到黎金嘉老师在微乳剂研发方面所作出的贡献，其对中国农药的创新发展可谓可圈可点。

笔者认为黎金嘉老师除了在农药制剂研发特别是农药微乳剂研发方面小有建树之外，他的另一个值得称赞的是在我们《农药市场信息》杂志上发表的许多农药类科普文章，可以说黎老师也是我们农药界多产作家之一，除了撰写许多有关农药微乳剂的研究论文外，他还围绕农药领域丰富的素材进行了多种题材和体裁的文学创作，也是把农药类文章写得生动活泼、诙谐有趣的农药界第一人。正如他在为庆贺《农药市场信息》创刊三十周年撰写的《我与农药文学创作结缘》一文中所认为的："为了更好地传播农药科普知识，让更多的人更广泛、更深入地了解农药，让大家对农药有一个客观正确的认识，《农药市场信息》在选文和题材上不拘一格，采用了一些群众喜闻乐见、寓教于乐的生动、活泼、有趣的文章奉献给读者，以此来吸引更多作者积极参与撰稿"。黎老师积极参与并做了这方面的尝试，先后推出了农药神话小品《牵牛星》，农药小说《谁是赢家》和《原来如此》，农药相声《甜爷论农药》《杀虫不用农药》和《如此名牌农药》等；其中，小说《谁是赢家》荣获当年"江山杯"征文大赛三等奖，小说《原来如此》荣获《农药市场信息》2006 年度"最佳创作奖"。这些以农药为题材并以神话、小品、小说、相声、词作等多种体裁进行创作的文学作品在我们《农药市场信息》杂志自创刊以来第一次进行刊发，这些喜闻乐见的科普文章也赢得了读者普遍认可和好评，也使作者的农药文学创作与我们媒体结下了不解之缘，更使农药类媒体的形象从以往大众眼中的严肃枯燥变得更具趣味性和可读性。可以说这也得益于黎金嘉老师在农药类文章创新性写作方面作出的有益并且非常成功的尝试，也将在农药科普文章创作史上留下难以磨灭的印记。

在我长达 35 年从事农药媒体编辑的职业生涯中，能够获得作者一篇高质量的文章往往有如获至宝的感觉，而能够获得作者长期孜孜不倦创作的稿件那更是凤毛麟角，像这样的作者，我常感恩于心并心怀敬佩，黎金嘉老师就是这样一位作者。在此也衷心希望我们行业能够出现更多的如黎金嘉老师那样"农药研究与科普创作交相辉映"的科研工作者和作者，使农药像医药那样也能成为大众心中的灵丹妙药并赢得深深的敬意，履行好对农作物“救死扶伤”的神圣使命，从而为农业的丰产丰收保驾护航。

《农药市场信息》传媒总编

2023 年 9 月 10 日

目　录

第一篇　化工农药

第二篇　农药科技作品

第一篇

化工农药

浅议农药微乳剂

农药微乳剂是当前农药行业研究、开发、生产、销售和使用上提及频率越来越高的一个农药专用名词。众所周知，微乳液一词的定义早已定论。毫无疑问农药微乳剂属于微乳液的范畴，但是微乳液并不等于我们所说的农药微乳剂，农药微乳剂应有其特定的科学内涵。农药微乳剂准确的定义应以公认的、正确的科学实验结论为根据。准确地概括农药微乳剂的独特性，完整地给它下一个科学定义，对规范农药微乳剂定义、促进农药微乳剂研究开发和应用是有重要意义的。

笔者通过多年对农药微乳剂的研究开发应用和市场的现实分析，客观地总结什么是农药微乳剂与同行探讨，抛砖引玉，不无好处。

什么是农药微乳剂？在国内未见有专门的文字定义，也未见国际上有关于农药微乳剂一词的权威定论。一般都是从“微乳液”一词引申而来的解释。笔者认为农药微乳剂的定义应该是：水和与水不相溶的农药液体，在表面活性剂和助表面活性剂的作用下，形成各向同性的、热力学稳定的、外观是透明或半透明的、单相流动的分散体系。

定义由四个部分组成：

1.“水和与水不相溶的农药液体”为主体。

明确规定了农药微乳剂是由“水和与水不相溶的农药液体”构成微乳液的“两种不互溶液体”的基本原则。“农药液体”可以是农药液体原药，也可以是由固体、半固体的原药用有机溶剂溶解后形成与水不相溶的液体。

定义把“水”突出放在第一位的第一个字，就是强调农药微乳剂的特点首先是剂型水性化。因此我们要开发使用的不是别的“两种不互溶液体”的微乳液，而是由“水和与水不相溶的农药液体”为主体构成的水性化的农药微乳剂。

2. 由“在表面活性剂和助表面活性剂的作用下，形成各向同性的”微滴所组成。

表面活性剂是形成微乳液的决定性因素。但是大量的实验证明，要想得到符合农药检测、使用标准要求和微乳稳定性高的农药微乳剂，需要在表面活性剂和助表面活性剂的作用下，微乳的同向性和稳定性才变得稳定。定义肯定了助表面活性剂的作用。

不能局限地理解只有醇类才是助表面活性剂。凡是有助于降低表面张力、提高界面膜的牢固性和柔顺性的助剂都视为助表面活性剂。

若微滴各向不同性就不是微乳剂。

3. “热力学稳定的”体系。这是农药微乳剂与其他水性化剂型如水乳剂、悬浮剂、浓乳剂等剂型相比最突出的优点和特点，也是其他热力学不稳定的剂型（如可湿性粉剂）不能相比的。

“热力学稳定的”体系就是微乳剂处在热力学平衡状态。处在这个状态体系的温度、组成、含量不随时间变化而变化。体系内部胶团、分子、离子等质点之间处在各种力的平衡状态之中。要做到这些，上述其他剂型是无能为力的。

4. “外观是透明或半透明的、单相流动的分散体系。”

农药微乳剂的微观是两相或多相的分散体系。由于微乳的质点大小为10~100 nm，远小于入射可见光的平均波长560 nm。因此白光能透过微乳液，使肉眼看上去微乳液的外观是透明的分散体系。不透明或不是半透明就不是微乳剂。

“单相”意味着不分层、无结晶、无液晶、无沉淀也无悬浮物。“流动”意味着不出现凝胶和黏稠。黏稠和不流动的农药微乳剂给农民使用带来麻烦和不方便。

因此“外观是透明或半透明的、单相流动的分散体系”是农药微乳剂为农民或用户提供唯一最直观的视觉判断，是无须用仪器检测就能看得见的评判标准。

注：本文发表在《农药市场信息》2006 年 1 期。

开发微乳，探讨微乳

微乳技术目前在石油化工、食品、医药、农药、日用化妆品等工业领域以及在合成纳米材料、超导体材料等尖端科技方面有着广泛的应用。微乳技术巨大的应用潜力已经成为当今国内外研究的热门。但是微乳技术在农药应用方面相对滞后。从微乳剂研究的深度来说，由于食品、医药和日用化妆品的微乳直接作用于人体，所以要求更加严格。从这一点来说，这些领域已经走在农药微乳剂研究应用的前面。

一、与微乳擦肩而过

微乳存在于我们的日常生活之中，并不神秘，而且微乳很可能经常与你擦肩而过，只不过你不注意、不当作一回事、不把它抓住加以研究罢了。例如当你沾满污垢的双手用大量的洗涤剂清洗时，微乳就有可能在你手中产生，并随之在你手中溜走。当你做完复配农药乳油、水乳剂、可溶性液剂等试验后，用过多的洗涤剂或者用较多的试验室里的表面活性剂洗涤玻璃器皿时就有微乳产生。因为天天如此，习以为常、司空见惯所以不引起注意。

1996 年笔者在某农药化工公司试验室工作时，试图用含量为 23. 5%浓度的果尔乳油除草剂配制成含果尔为 5%浓度的果尔水剂时就与微乳擦肩而过。

称取相当于 5%果尔有效成分的 21. 3 g 含量为 23. 5%浓度的果尔乳油于试验瓶中，按常规加 5%～10%的乳化剂 0204C，再加水补足余量到100%体积时，结果得到的是浓浓的白色乳浊液。在大失所望之余，有意地把剩下的0204C乳化剂不计量地往乳浊液里倒。结果出人意料的事情发生了，被摇动着的乳浊液瞬间竟变成了清澈透明的真溶液——当时认为是真溶液。经多次试验，只要加0204C达到或超过13.3%的含量就能得到透明的真溶液。但是此液很不稳定，极易变浊。因此再增加0204C的含量到21.3%，和果尔的实物量相等时，透明液在常温下可稳定在20天以上。

配制常规的农药水剂时不应有由浓浓的白色乳浊液再变成真溶液的现象产生。这是水剂吗？

由于当时的资料十分有限，并不知道什么叫微乳液，以为发现了什么奥秘。后来查找一些资料，倒是从医药剂型方面的资料印证了自己手中的透明溶液就是5%果尔微乳液。对此笔者产生了极大的兴趣，从此与微乳结下了不解之缘。

二、开发微乳

农药微乳剂的开发由于没有理论以及技术参考和指导，是在探索之中，所以开始都有盲目性，经常"乱点鸳鸯谱"。但是只要坚持不断地试验，失败的教训总会暗示着正确的方向。

开发农药微乳剂最关键也是最大的技术难点就是解决微乳稳定性的问题。微乳很容易生成，但是要得到稳定的、符合农药标准要求的微乳就相当困难。所以微乳有稳定微乳与不稳定微乳之分；稳定与不稳定都是相对农药标准要求而言的。但是稳定微乳又是从不稳定微乳的不断试验、筛选、总结而得到的。所以不辞劳苦的大量试验是必不可少的。例如开发5%氯氰菊酯微乳剂，开始分别用甲醇、乙醇、异丙醇和正丁醇作为氯氰菊酯原药的溶剂来复配，其他组成的表面活性剂、增效剂和水都一样。结果全部都可以配得清澈透明的5%氯氰菊酯微乳剂。但是分别将这4个微乳剂做常规的低温、热贮试验时结果都出现清浊可逆的浑浊现象。试验还表明：尽管清浊可逆，但是这些样品在常温下贮存时，最终都出现沉淀现象。也就是说试验结果没有一个是合格的。如果就此罢休，则永远也得不到稳定、合格的5%氯氰菊酯微乳剂。事实证明，原料还是这些原料，只要坚持试验，善于总结，就能配出稳定、合格的5%氯氰菊酯微乳剂来，而且稳定、合格者不止一个，而至少是4个配方样品！其微乳稳定性不是在0~54 ℃使用范围，而是在（-8±2）~（54±2）℃使用温度范围试验始终保持透明流动、单相液体的高标准状态。复配成稳定的农药微乳剂是一项系统工程，影响的因素很多，以为很容易就能取得成果是不切实际的。

广西宜州市金安化工开发技术服务部自2001年1月17日成立以来，在两年半的时间里成功研制出稳定、合格的农药微乳剂技术配方，包括原来用灭多威原药参与复配的项目共86个，并且在《农药市场信息》等刊物发表有关农药的论文共11篇。其中有关农药微乳剂的有8篇。研制速度之快、品种之多、含量之高、项目及论文数量之多，特别是开发出高浓度多元复配众多的农药微乳剂，还有填补国内外空白的项目如2.5%溴氰菊酯ME（微乳剂）、12%恶草灵ME等令一些同行觉得不可思议。更令同行难以想象的是本部在理论和技术上既不依托任何大专院校和科研单位，也没有多少关于微乳理论和技术的参考资料，更是规模不大、牌子很小、人员不多。但是研制农药微乳剂的技术确实令很多同行无法想象，面对琳琅满目的高难度微乳剂项目，让人难以置信。其中就有一位农药厂的厂长对笔者说：“我最多相信一半。”

相信也好，不信也罢。检测——由用户自己去检测，自己回答自己提出的问题是最好不过的办法。那是假的真不了，真的假不了的。2.5%溴氰菊酯 ME 是国内最大的菊酯生产企业、某化工集团技术研究中心建议本部开发的。样品经他们检测，溴氰菊酯有效成分含量为 2.60%，结论是"很稳定"。

本部从事农药微乳剂的开发研究工作完全是从无意中发现微乳而起，对微乳有着极其浓厚的兴趣，凭借着物理化学的功力，不断探索、发现、总结、创新而取得的。又如开发 2.5%溴氰菊酯微乳剂，难度极大，大量的试验结果以得到满管的溴氰菊酯针状结晶而告终。但是经过历时半年之久的二百多次试验，终于成功开发出第一代含二甲苯的微乳剂，到第二代不含三苯的微乳剂，然后再开发出含有增效剂的药效较好的第三代 2.5%溴氰菊酯微乳剂。技术配方也不止一个，外观更是多姿多彩。在此基础之上，进而开发出低含量的系列产品项目 0.5%、1.5%的溴氰菊酯微乳剂就轻而易举、不在话下了。

三、探讨微乳

自从 1940 年斯查罗曼（Schulman）发现微乳以来，有关微乳的理论和应用研究有了很大的发展。现在科学界对于微乳的本质以及微乳形成的机理有了比较统一的看法。如微乳形成和稳定需要达到 $10^{-5} \sim 10^{-3}$ mN/m 的超低界面张力。这个结论是正确的。但是对于农药微乳剂来说，达到这个超低界面张力形成微乳后还不能解决问题。无数的开发农药微乳剂复配试验表明，达到这个超低界面张力形成微乳后的很多农药微乳剂并不符合农药标准要求的稳定程度。有的采用多加表面活性剂的办法也不能解决问题，而且有时还起反作用。可见关于农药微乳剂的可靠的稳定理论现在仍然是个空白。

所谓可靠的微乳稳定理论就是根据所提出的理论能够配出符合农药标准要求的稳定的农药微乳剂来。在目前尚未看到这个理论，所以是空白的。笔者认为采用逆向思维也许有助于解决这个问题。因为目前并不是没有符合农药标准要求的稳定的农药微乳剂，而是隐藏在稳定的农药微乳剂里的客观规律没有很好地被揭示出来。大量的复配试验数据显示，微乳的稳定性是有规可循、有律可找的。因此可以从稳定的农药微乳剂着手，只要所配的农药微乳剂是经得起时间考验的，是符合农药有关稳定的标准要求的，稳定性是真正过硬的，那么这个农药微乳剂的技术配方就好比“深山藏古寺”中挑着水向深山里走的僧人一样，只要跟着他，就一定能够寻找到那座神秘的古寺。

注：本文发表在《农药市场信息》2003 年 13 期。

农药微乳剂药乳反比规律的发现

微乳液的形成，表面活性剂是决定性的因素。农药微乳剂（ME）是微乳液科学研究的一个重要分支。在不同的农药品种、不同含量、众多的农药微乳剂中，农药有效成分和乳化剂之间的重要关系，能用科学的数量来表达吗？它们之间的关系有规律吗？

笔者从宏观的角度，用科学的统计方法从自己大量的、不含“三苯”的复配试验和已被应用的农药微乳剂的配方中，总结发现了农药微乳剂中农药有效成分与所用乳化剂之间的反比规律。

一、农药微乳剂药乳反比规律

农药微乳剂药乳反比规律简述如下：相同组分的标准农药微乳剂，农药含量越高，单位农药有效成分含量耗用的乳化剂越少；反之则越多。

用微乳液的概念叙述为：相同组分的标准微乳液，浓度越高，单位浓度耗用的表面活性剂越少；反之则越多。

1. 本规律的前提是“标准农药微乳剂”。把农药微乳剂限制在“标准”的范围之内。我们面对的、讨论的是已经配成或已经生产应用了的“标准农药微乳剂”。

2. “标准农药微乳剂”。

适用于本规律的农药微乳剂必须符合“标准农药微乳剂”的要求。没有标准的农药微乳剂只能是乱麻一团，无从比较。没有科学合理“标准”要求的农药微乳剂，在不同地区、不同气候条件下将会出现严重的不良后果。但是我国目前还没有制订出农药微乳剂的国家标准和行业标准。这里的“标准”指的是农药微乳剂在（−8±2）~（54±2）℃的温度范围冷冻1天、冷藏7天和热贮14天试验，微乳剂始终保持单相、透明流动的标准液体状态。符合这一要求的为本文的“标准农药微乳剂”。

“标准农药微乳剂”中的“标准”的确定，是从农药微乳剂的应用出发的。在不同地区、不同气候条件下应用，都能保证所用的农药微乳剂的微乳稳定性。下限（−8±2）℃比较适应我国北方地区气候条件。上限（54±2）℃比较适应我国南方地区的气候条件，笔者现在所在工作单位，7月份的气温在室外阳光下高达48 ℃、仓库在40 ℃以上，可见上限低于50 ℃是不行的。

二、试验材料

1. 配制“标准农药微乳剂”所用的农药原药、有机溶剂、乳化剂以及其他助剂的质量要符合有关国家标准和行业标准要求。

2. 配制用水为蒸馏水。

①蒸馏水pH值：25 ℃时，pH值5.0~7.5。

②阳离子试验。取蒸馏水样20 ml于试管中，加入2~3滴氨缓冲液（pH值为10），加入2~3滴铬黑T指示剂，水呈蓝色为合格。

三、配制标准农药微乳剂

1. 配制标准农药微乳剂的方法为反相法。

2. 为了让同行或有兴趣的读者了解农药微乳剂是否具有环

保性及其负面影响程度，本文公开 2 个配方以供复配和验证。

①表 1 中第二组 1 号的 0. 20%甲氨基阿维菌素苯甲酸盐 ME (g/g)。

配方为：甲氨基阿菌素苯甲酸盐 0. 20%、乙醇 15%、乙二醇 3%、环已酮 5%、乳化剂 1602#10%、蒸馏水 67%（补余）。

②表 1 中第二组 2 号的 0. 50%甲氨基阿维菌素苯甲酸盐 ME (g/g)。

配方为：甲氨基阿维菌素苯甲酸盐 0. 50%、乙醇 20%、环已酮 5%、乳化剂 1602#15%、蒸馏水 59%（补余）。

上面两方都是 2003 年 9 月开发复配的配方，现在看来也许不是最佳的，但是符合标准要求。

四、结果

为了列表和叙述方便，本文把单位农药有效成分乳化成标准农药微乳剂，所需要的乳化剂的用量定义为微乳剂的微乳值。即

$$微乳值（W）=\frac{表面活性剂用量（\%）}{农药有效成分含量（\%）}$$

表 1　不同组分和含量的标准微乳剂的微乳值

组号	序号	农药微乳剂名称（ME）	编号	乳化剂用量/%	微乳值
	1	0. 5%阿维菌素	20504	15. 00	30. 00
	2	0. 9%阿维菌素	020529-1	20. 00	22. 22
	3	1. 0%阿维菌素	020529-2	20. 00	20. 00
一	4	1. 8%阿维菌素	20705	24. 50	13. 61
	5	2. 0%阿维菌素	020705-1	20. 00	10. 00
	6	5. 0%阿维菌素	特 1#	10. 00	2. 00
	7	10. 0%阿维菌素	特 2#	10. 00	1. 00

（续表）

组号	序号	农药微乳剂名称（ME）	编号	乳化剂用量/%	微乳值
二	1	0.20%甲氨基阿维菌素苯甲酸盐	309001	10.00	50.00
	2	0.50%甲氨基阿维菌素苯甲酸盐	309002	15.00	30.00
	3	1.0%甲氨基阿维菌素苯甲酸盐	0309002-1	20.00	20.00
	4	5.0%甲氨基阿维菌素苯甲酸盐	特3#	13.00	2.60
	5	10.0%甲氨基阿维菌素苯甲酸盐	特4#	16.00	1.60
三	1	2.5%高效氯氟氰菊酯	81202	11.00	4.40
	2	5.0%高效氯氟氰菊酯	081104-1	16.00	3.20
	3	10.0%高效氯氟氰菊酯	特5#	18.00	1.80
	4	15.0%高效氯氟氰菊酯	特6#	17.00	1.13
	5	20.0%高效氯氟氰菊酯	特7#	20.00	1.00
四	1	0.50%溴氰菊酯	041230-1	17.00	34.00
	2	1.50%溴氰菊酯	3004	25.00	15.66
	3	2.50%溴氰菊酯	特8#	27.00	10.80
五	1	5.0%氯氰菊酯	050328-3	15.00	3.00
	2	10.0%氯氰菊酯	特9#	25.00	2.50
	3	15.0%氯氰菊酯	特11#	30.00	2.00
六	1	1.70%联苯菊酯	0308015-2	16.00	9.41
	2	2.50%联苯菊酯	051004-3	20.00	8.00
	3	5.0%联苯菊酯	041222-1	28.00	5.60
七	1	3.0%啶虫脒	21220	15.00	5.00
	2	5.0%啶虫脒	040117-1	20.00	4.00
八	1	4.50%高效氯氰菊酯	30302	21.00	4.66
	2	5.0%高效氯氰菊酯	030302-1	21.00	4.02
九	1	3%（吡虫啉1%+氟虫腈2%）	404012	18.00	6.00
	2	3.5%（吡虫啉1.5%+氟虫腈2%）	040326-4	20.00	5.71

（续表）

组号	序号	农药微乳剂名称（ME）	编号	乳化剂用量/%	微乳值
十	1	2.4%（阿维菌素0.20%+氯氰菊酯2.20%）	03007-2	23.00	9.58
	2	2.7%（阿维菌素0.20%+氯氰菊酯2.50%）	011205-1	20.00	7.41
	3	5.50%（阿维菌素0.50%+氯氰菊酯5.0%）	特11#	15.00	2.73
	4	7.0%（阿维菌素1.0%+氯氰菊酯6.0%）	特12#	18.00	2.57
	5	11.0%（阿维菌素1.0%+氯氰菊酯10%）	特13#	24.00	2.20
十一	1	2.0%（联苯菊酯1.0%+啶虫脒1.0%）	31103	15.00	7.50
	2	3.0%（联苯菊酯1.50%+啶虫脒1.50%）	040119-1	16.00	5.33
	3	4.0%（联苯菊酯1.50%+啶虫脒2.50%）	030717-2	18.00	4.50
	4	5.0%（联苯菊酯2.0%+啶虫脒3.0%）	特14#	20.00	4.00
十二	1	1.50%（阿维菌素0.20%+啶虫脒1.30%）	303013	15.00	10.00
	2	3.0%（阿维菌素0.40%+啶虫脒2.60%）	031009-2	20.00	6.67
	3	4.0%（阿维菌素0.50%+啶虫脒3.50%）	20730	20.00	5.00
	4	15.0%（阿维菌素10%+啶虫脒5.0%）	特15#	10.00	0.67
十三	1	1.70%（阿维菌素0.2%+高效氯氰菊酯1.50%）	010327-7	15.00	8.82
	2	2.0%（阿维菌素0.2%+高效氯氰菊酯1.80%）	11112	15.00	7.50
	3	3.50%（阿维菌素0.5%+高效氯氰菊酯3.0%）	21121	15.00	4.28
十四	1	20%（高效氯氰菊酯1.50%+杀虫单18.50%）	30602	18.00	0.90
	2	30%（高效氯氰菊酯1.50%+杀虫单28.50%）	010325-2	20.00	0.67

(续表)

组号	序号	农药微乳剂名称（ME）	编号	乳化剂用量/%	微乳值
十五	1	20%（阿维菌素 0.20% + 杀虫单 19.80%）	0203003-1	15.00	0.75
	2	30%（阿维菌素 0.20% + 杀虫单 29.80%）	10401	20.00	0.67
	3	35%（阿维菌素 0.20% + 杀虫单 34.80%）	特 16#	16.00	0.45
	4	40%（阿维菌素 0.20% + 杀虫单 39.80%）	特 17#	17.00	0.42
十六	1	22%（氯氰菊酯 2.50% + 杀虫单 19.50%）	特 18#	25.00	1.13
	2	32%（氯氰菊酯 2.50% + 杀虫单 29.50%）	特 19#	20.00	0.63
	3	40%（氯氰菊酯 2.50% + 杀虫单 37.50%）	特 20#	17.00	0.43
十七	1	20%（溴氰菊酯 0.25% + 杀虫单 19.75%）	特 21#	25.00	1.25
	2	25%（溴氰菊酯 0.25% + 杀虫单 24.75%）	特 22#	25.00	0.80
	3	30%（溴氰菊酯 0.25% + 杀虫单 29.75%）	特 23#	23.00	0.76
	4	35%（溴氰菊酯 0.25% + 杀虫单 34.75%）	特 24#	20.00	0.57

五、分析与结论

表 1 中，标准农药微乳剂共用 10 种不同的农药原药品种。除氟虫腈外，其余的都是目前开发、登记、生产和使用中有代表性的重要农药。用这 10 种农药复配出单剂 8 组共 30 个项目。二元组分 9 组共 31 个项目，合计为 17 组 61 个标准农药微乳剂，具有代表性、广泛性和先进性。如表 1 中的特 1#～特 24#农药微乳剂，绝大部分是目前没有登记生产的高难度项目。从表 1 中可

以看出，17 组 61 个不同组分、不同含量的标准微乳剂，无一例外地符合“农药含量越高，单位农药有效成分含量耗用乳化剂越少；反之则越多”这一药乳反比规律，证明这一规律是完全正确的。

六、农药微乳剂药乳反比规律的意义

1. 根据农药微乳剂药乳反比规律，国家应大力鼓励开发、登记、生产、使用高含量有效成分的农药微乳剂，有条件地限制开发、登记、生产和使用一些低含量有效成分的农药微乳剂，以利节约资源、降低成本，最大限度地降低对环境的负面影响。高含量和低含量是相对的，应根据各种不同的农药品种和不同组分而定。

2. 农药微乳剂的反比规律对农药微乳剂有效成分耗用乳化剂的用量有一个比较客观的认识。并不是什么农药品种、什么含量的农药微乳剂，耗用乳化剂都是“农药原药的三倍以上”的，也有很多是三倍以下甚至是不到一倍的。更不是农药微乳剂农药含量越高，耗用乳化剂越多的正比关系，恰恰相反，是反比关系。

3. 应用这个反比规律可以判断所复配同系列的标准微乳剂中，乳化剂用量是否正确。如果在复配相同的农药组分、不同含量的系列标准微乳剂时，出现高含量的微乳剂耗用乳化剂的微乳值比低含量的微乳值大，说明这个高含量的微乳剂耗用的乳化剂超标，需重新复配。

4. 农药微乳剂是水性化绿色环保的农药制型。之所以出现多耗用乳化剂或者所用的有机溶剂对环境造成一定的负面影响的现象，不完全是剂型本身的问题，主要是复配微乳剂的技术跟不上微乳剂剂型高含量、环保化要求。世上没有十全十美的农药剂型。从环保的角度看，只要在农药制剂里，哪怕只加进1%的水分取代等量的有害有机溶剂，都是值得提倡和鼓励的。有1%就有2%……为什么不可以继续发展下去呢？不要轻言放弃，更不能过早下否定结论。

从反比规律揭示的农药含量越高所用的乳化剂越少来分析，可以肯定随着时代的进步、科技的快速发展，今后复配的农药微乳剂的含量将会越来越高，耗用的乳化剂越来越少。溶剂的环保化程度也越来越高。但是最高是多少？最少又是多少？这个极限目前谁也说不准。所以对待农药微乳剂更多的还是要进一步深入研究，逐步认识到微乳液至今还有很多不为人知的奥秘，进而不断完善农药微乳剂的复配技术，才能真正揭开农药微乳剂的“庐山真面目”。

七、农药微乳剂反比规律的解释

为什么“标准农药微乳剂，农药含量越高，单位农药有效成分含量耗用乳化剂越少；反之则越多”？

现以表1中第三组的5个相同组分，不同含量的高效氯氟氰菊酯ME为例来解释这个问题。

先做个简单实验：用20%高效氯氟氰菊酯ME稀释，分别配制2.5%、5%、10%、15%的高效氯氟氰菊酯ME。由于微乳剂是溶于水的，所以首先用蒸馏水作为稀释液。

实验目的：能否用微乳值等于1的20%高效氯氟氰菊酯ME，配成微乳值也等于1的2.5%、5%、10%、15%的高效氯氟氰菊酯ME。

第一步：分别准确称取相当于2.5%、5%、10%、15%高效氯氟氰菊酯有效成分含量的12.5 g、25 g、50 g和75 g 20%高效氯氟氰菊酯ME于烧杯中，如表2所示。

第二步：分别加进补足 100 g 余额的蒸馏水，如表 2 所示。

实验结果：如表 2 所示。

1. 加水搅拌后，2.5%、5%、10% 高效氯氟氰菊酯稀释液变浊。

2. 加水后 15%高效氯氰菊酯稀释液搅拌后仍透明，但热贮样透明度变差、变浑。

3. 微乳剂溶于水也是有条件的。

表 2　20%高效氯氟氰菊酯 ME 配制成低含量的试验结果

序号	农药微乳剂	加序号 5/g	加蒸馏水/g	状态	结果
1	2.5%高效氯氟氰菊酯液	12.5	87.5	浑浊	不合格
2	5%高效氯氟氰菊酯液	25.0	75.0	浑浊	不合格
3	10%高效氯氟氰菊酯液	50.0	50.0	浑浊	不合格
4	15%高效氯氟氰菊酯液	70.0	25.0	热贮变浑	不合格
5	20%高效氯氟氰菊酯 ME	0.0	0.0	透明	合格

分析与结论：

1. 从上面实验结果可知，要想用微乳值等于 1 的 20% 高效氯氟氰菊酯 ME 配成微乳值等于 1，用水作稀释剂的 2.5%、5%、10%和 15%的高效氯氟氰菊酯 ME 是不行的。

2. 要想以标准的 20%高效氯氟氰菊酯 ME 为母液，用稀释的方法配成对应的标准微乳剂是完全可行的，但必须把上述对应的 12.5 g、25 g、50 g、75 g 的不含农药有效成分的稀释液体，按照 15%、10%、5%和 2.5%的高效氯氟氰菊酯 ME 的要求加进需要的溶剂、水和乳化剂，而不只单纯地加进水。同时在足够的乳化剂作用下，分散、乳化成微乳液，可以变成 15%、10%、5% 和 2.5%的高效氯氟氯菊酯微乳剂的组成部分。因此 87.5 g 耗用的乳化剂比 75 g 多，75 g 耗用乳化剂比 50 g 多，50 g 耗用乳化剂比 25 g 多，多耗用乳化剂就是要增加微乳值。所以“标准农药微乳剂，农药含量越高，单位农药有效成分含量耗用乳化剂越少；反之则越多”。

注：本文发表在《农药市场信息》2009 年 20 期。

坚持科学发展观，微乳制剂前景广

英国工业革命时期，1814 年工程师乔治·史蒂芬逊发明了世界上第一列火车。这台命名为“布卢彻”的蒸汽机车每小时只行驶 6~7 公里*，速度和牛车差不多，绝对比马车慢。史蒂芬逊经过 11 年的努力改进，终于在 1825 年制造出另一辆“旅客”号蒸汽机车。试车的那天，与当时当地跑得最快的马车比赛遥遥领先。

现在火车已成为世界各国重要的陆上交通运输工具，享有“国民经济建设的大动脉”之美称。在我国，火车经过几次提速后，装载着几千吨重货物，以每小时 150 公里的高速疾驰，风驰电掣般呼啸而去，势不可当。此时此刻，谁又想到它当初比马车跑得还要慢呢？

火车的发明和发展是工业革命科学发展的成果。我国农药微乳剂的问世和发展虽然远没有火车的发明发展那么耀眼和辉煌，但是农药微乳剂作为一种节约资源环保型的新剂型、新技术，和火车诞生的新技术有共同之处，那就是技术复杂、道路曲折、市场广阔、发展迅速和生命力不可低估，符合科学发展观所揭示的工业技术发展的普遍规律。

* 1 公里=1 千米，全书同。

一、农药微乳剂从无到有

自从斯查罗曼（Schulman）发现并于1959年正式命名“微乳液”后，美国、日本和瑞士等国先后进行了农药微乳剂的研究和开发，美国于1974年首先研制和获得了世界上第一个农药氯丹微乳剂的专利并工业化。我国在20世纪90年代初开始研究和开发农药微乳剂，1992年安徽省化工研究院首先研究成功20%、8%氰戊菊酯微乳剂，1995年北京农业大学第一个获得并公开了20%北农一号农药微乳剂专利，从此我国农药微乳剂的研究、开发、登记、生产、销售和使用进入了一个崭新的历史发展时期。

农药微乳剂技术是复杂的，研发道路是曲折的。然而，由于市场的需要，发展又是迅速的。

1993年广东省中山市石歧农药厂发表了《10%氯氰菊酯微乳剂的研制》科技论文，但此后并未实现工业化生产的登记。原因是论文中所指出的“本剂在17~42 ℃为微乳剂，超此范围为乳状液”“微乳剂在窄的温度范围内稳定”所致，可知农药微乳剂技术之复杂性。其曲折性还在于，2002年4—6月的农药登记资料显示：福建省厦门南草坪生物工程有限公司首次在十字花科蔬菜登记了防治菜青虫的农药微乳剂乙太锐，即10%氯氰菊酯微乳剂。由此可见，从石歧农药厂研究开发此剂到厦门南草坪生物工程有限公司登记生产此剂，经历了整整十年，真可谓农药微乳剂十年磨一剑！研制开发农药微乳剂的技术难度可见一斑。

但是，由于农药微乳剂具有独特的剂型优势，其发展日益受到重视和鼓励，市场的需要加速了农药微乳剂在我国的发展。我国农药微乳剂的登记生产在1999年之前8年只有8个，平均每年只有1个登记生产。而2002年一年就有多达26个登记生产，2003年有20个登记生产，2004年据不完全统计也有20个登记生产了。到2004年，已经有多达86个不同品种含量的农药微乳剂登记，实现了工业化生产。过去研制开发农药微乳剂是十年磨一剑，而现在却是一年磨二十六剑了。发展的速度还会加快。

二、农药微乳剂有效成分含量由低到高

农药微乳剂的有效成分含量由低到高，说明我国研制开发农药微乳剂的技术水平在不断提高、日趋成熟。对农药所有的剂型来说，加工复配农药有效成分含量高比含量低难度大。对农药微乳剂来说，目前一般农药有效成分含量超过30%就算是高含量了，而等于或小于10%的可认为是低含量，10%~30%就算作中等含量了。高与低是相对的，对于那些用量少、价格高如甲氨基阿维菌素等农药，有效成分含量2%，目前也算是高含量了，而且随着加工复配技术的提高和市场价格的变化而改变。

从农药微乳剂已经登记生产的含量来看：2000年以前有效成分含量最高的为30%阿维菌素·杀虫单ME 1个品种。而进入21世纪后，就有30%吡虫啉ME、30%壬菌铜ME、30%机油·硫磺ME、30%毒死蜱ME等4个，40%炔螨特ME 1个，42%百草枯·乙草胺ME 1个，50%丁草胺ME 1个，56%阿维菌素·炔螨特ME 1个。若从报道和作为技术转让成熟的项目来看就更加丰富多彩了。有海南正业开发的40%毒死蜱ME 1个，广西宜州市金安化工开发技术服务部开发技术转让项目中32%、40%氯氰菊酯·杀虫单ME 2个，30%、40%高效氯氰菊酯·杀虫单ME 2个，30%、35%溴氰菊酯·杀虫单2个，35%、40%阿维菌素·杀虫单ME 2个等项目。今后高含量的农药微乳剂的登记生产会逐步增加，有利于降低包装成本、运输成本和使用成本，促进农药微乳剂的发展。

三、农药微乳剂成本由高到低

产品成本是企业最重要、最敏感、最过硬的核心指标，是关系企业兴衰存亡的指标。农药微乳剂要在竞争激烈的农药市场站稳脚跟、立于不败之地，就必须在质量和成本两个方面下功夫。这是竞争的需要，也是企业生存发展的需要，因此可以肯定农药微乳剂产品成本将会不断降低。随着加工复配技术日新月异，不断改进和提高，成本降低的幅度大到什么程度实难预料。根据笔者多年来从事微乳剂研究、开发的情况来看，农药微乳剂助剂成本包括除农药原药以外的所有组成微乳剂的化学辅助原料，包括溶剂、表面活性剂、助表面活性剂、增效剂、稳定剂、防冻剂和染色剂等助剂，评价和比较农药微乳剂的原料成本只能通过其使用的助剂成本来反映。因为不管是用什么农药剂型进行比较，同含量不同剂型制剂所用的农药原药成本大都是一样的，所以不同的剂型用其不同助剂成本来反映制剂的原料成本是比较准确可靠的。在我们进行研究开发的微乳剂项目中，有理由、有根据做到80%左右的项目原料成本比同类农药乳油要低，只有20%左右的项目原料成本比同类农药乳油成本偏高或持平。

我们的结论是农药有效成分含量在中低水平的农药微乳剂，原料成本一般比同类农药乳油低，容易降低产品成本。因此在开发中低含量农药制剂项目时，对那些既可以加工复配成乳油又可以加工复配成微乳剂的农药原药，应当首先选择加工复配成农药微乳剂。因为它既有剂型优势又有价格竞争优势，这将是大势所趋，具有普遍性。

四、微乳剂与水剂、水乳剂和乳油的关系和作用

农药行业相关人员都知道农药水剂是由不水解或不易水解的水溶性农药原药或其水溶性盐类，以及用化学方法处理使其溶于水再加少量助剂加工复配而成的制剂。在水剂真溶液中，农药原药是以分子、离子或络离子的状态存在，整个制剂是强极性亲水憎脂的。乳油制剂则是用有机溶剂，一般是甲苯和二甲苯等溶解不溶于水或难溶于水的农药原药，再加助剂加工复配成真溶液而得，整个制剂是非极性亲脂憎水的。由此可见农药水剂和农药乳油都是走向极端的剂型。它们各自单独用于杀虫灭菌除草时，可以说都没有充分发挥它们应有的作用，充分暴露出它们对靶标无可奈何的缺点。

昆虫表面是一个天生的、比较完善的、由蜡质和水组成的两相防御、自我保护系统。整个表皮的结构由上表皮、外表皮、内表皮和真皮 4 个部分组成。上表皮几乎覆盖整个虫体的表面，上表皮是由蜡质和蛋白质组成的脂溶性强的第一道防线。因此单纯的农药水剂，尽管是以分子或离子的形式进攻也难以透过。而乳油兑水后变成的乳状液，尽管其液珠直径比水剂农药分子、离子直径大得多（100~10 000 μm），也容易渗透攻入。

昆虫的外表皮和内表皮是由几丁质和蛋白质组成的亲水性强的第二道防线，脂溶性强的乳油在此受阻，由于液珠颗粒大更不易长驱直入，相反水剂则容易通过。

如果杀虫剂要做到既要攻入害虫表面的第一道防线，又要顺利通过第二道防线的话，那么这个杀虫剂的理化性能就应该是既亲脂又亲水，而且液珠的直径越小越好。只有具备既有较大的脂溶性又有相应水溶性的纳米粒子才能顺利穿透害虫的表皮，起到

最佳的杀虫作用。当施用这种制剂时，亲脂性的农药就会首先攻破害虫的上表皮脂溶性的第一道防线，然后，亲水性的农药也会主动攻陷害虫表皮亲水性的第二道防线。此时可以说，害虫抵抗是没有用的，想不死都难。具备这种一箭双雕效果的制剂正是农药微乳剂，非它莫属。因此杀虫剂应以脂溶性强的农药和水溶性强的农药混配而成，农药微乳剂为最佳剂型。

由农药水剂加脂溶性的农药原药和助剂可以加工复配得到农药微乳剂，而由农药乳油加水溶性的农药原药和助剂也可以加工复配得到农药微乳剂。因此从加工复配的技术角度看，水剂和乳油都是微乳剂的一个中间体或中间产品。而处在乳油和微乳剂之间的水乳剂则是微乳剂的半成品。也就是说微乳剂是水剂、水乳剂和乳油进一步加工复配的最终产品。在这里笔者无意否定水剂、水乳剂和乳油。相反正是水剂、水乳剂和乳油的各自作用和长处才成就了微乳剂的优势。

注：本文发表在《农药市场信息》2005 年 8 期。

农药微乳剂减少乳化剂用量的途径

国外跨国公司至今尚未将农药微乳剂在我国进行登记，是什么原因，无须去计较。因此，我国农药微乳剂是目前唯一一统中国农药市场，独领风骚的农药剂型和产品。经过近三十年的探索和发展，时至今日，中国农药微乳剂数量之多、含量之高、质量之佳令世人瞩目。国外农药公司不进军中国微乳剂农药市场，是因为中国闭关自守？还是中国农药市场不够大？都不是。可以肯定的是很多国外农药公司也一直在开展对农药微乳剂的研究、开发、生产和销售。尽管微乳液和农药微乳剂是外国人最先发现和开发应用的，也取得了很多农药微乳剂的专利，农药微乳剂水平在世界上曾经遥遥领先。但是就像乒乓球运动是英国人发明的一样，现在执世界乒乓球牛耳的却是曾经被认为“东亚病夫”的中国人。

浏览一些外国农药微乳剂专利产品，特别是早期的专利产品的参数，不难看出，要想拿这些专利产品到中国市场去出售，恐怕连中国的大门都进不了。原因是微乳稳定性差，微乳透明温度范围太窄。根本不适应幅员辽阔、南北冬夏温差变化大的中国农业现状的要求。

为什么国外公司不把锐劲特、敌杀死做成药效更佳的微乳剂而分别做成悬浮剂和乳油制剂？是悬浮剂比微乳剂更稳定还是乳油比微乳剂更环保？都不是。当然外国公司有其自由选择农药剂型的权利，但是原因可能是要把氟虫腈和溴氰菊酯复配成标准的农药微乳剂谈何容易。5%氟虫腈 ME 和 2.5%溴氰菊酯 ME 是目前最难复配成标准农药微乳剂的农药剂型品种。可见中国农药微乳剂市场的钱也不是那么好赚的。

然而，5%氟虫腈 ME 和 2.5%溴氰菊酯 ME 这两个农药微乳剂剂型品种，中国人却很容易就能把它配成合格的、符合笔者提出标准的农药微乳剂。如果市场需要，复配生产比 2.5%含量更高的溴氰菊酯 ME 都能搞定。因此，中国人没有必要否定自己的农药微乳剂的剂型和产品。

中国农药公司要想海陆空、全方位、全天候占有中国农药微乳剂市场，就必须进一步在竞争核心的质量和成本上下功夫，练绝招，不长他人志气。才能令外国农药微乳剂“从哪里来，回哪里去。”

要降低农药微乳剂成本，减少乳化剂用量是最佳途径，也是关系到我国农药微乳剂生存发展的关键。

农药微乳剂在保证产品质量的前提下，能够减少乳化剂的用量吗？回答是肯定的。

目前国内不同的科研院所、生产企业和专业人士复配农药微乳剂的技术水平不一样。因此同组分、同含量的同类产品的配方也不同，所耗用的乳化剂差别也较大。不可否认，由于复配技术的落差，存在着滥用、乱加、多加表面活性剂的现象。但是在激烈竞争的现实下，市场迫使企业降低成本，将会通过试验逐步调整到比较科学合理的使用量水平。

企业之间的生产配方是保密的。也许正是因为这样，可能有些农药同行人士以自己的农药微乳剂配方耗用大量的乳化剂或以某些复配水平比较低的厂家耗用较多的乳化剂为依据，而对农药微乳剂怀有质疑和否定。这是可以理解的，但也是片面的。笔者在《农药微乳剂药乳反比规律的发现》一文中，公布的编号为“030302”的 4.5%高效氯氰菊酯 ME，是用高效氯氰菊酯晶体和不含“三苯”的助剂配成的，耗用的乳化剂为21%（W=4.66），笔者也认为乳化剂耗用是多了，太多了。如果笔者以自己的配方耗用太多的乳化剂为依据，去否定世上的4.5%高效氯氰菊酯ME的话，那就是大错特错了。

笔者在海南正业中农高科股份有限公司工作时，查阅了该公司2006年用27%高效氯氰菊酯苯油复配生产的4.5%高效氯氰菊酯ME的生产配方，耗用的乳化剂为14.90%（W=3.33）。上述两者比较，笔者的配方却存在着可以减少28.57%乳化剂用量的空间。天大地大，别的生产厂家耗用的乳化剂可能更少。所以没有充足的理由去否定4.5%高效氯氰菊酯ME的生产和应用。

4.5%高效氯氰菊酯ME耗用的乳化剂减少了用量，其微乳值由笔者复配的微乳值4.66减为3.33。甚至比笔者公布的5%高效氯氰菊酯ME的微乳值4.02还少。农药微乳剂药乳反比规律还适用吗？

笔者也同时查阅了该公司2006年用相同原料生产的2.5%高效氯氰菊酯ME，其耗用的乳化剂为13.50%，微乳值为5.4。由此可见，用海南正业的复配方法配出来的2.5%和4.5%高效氯氰菊酯ME系列产品，同样适用农药微乳剂药乳反比规律，说明此规律与正确的复配方法无关，只和标准要求有关。

农药微乳剂减少乳化剂用量的途径包括以下方面。

一、复配生产高含量的农药微乳剂

根据农药微乳剂药乳反比规律，复配生产高含量的农药微乳剂，将会比生产低含量的同类农药微乳剂大大减少乳化剂的用量。这是一条最佳的途径。

二、提高复配农药微乳剂的技术水平

1. 观念要更新

要实现复配生产高农药含量的农药微乳剂，就必须要提高复配技术水平。要提高复配技术水平首先要更新观念，提高对农药微乳剂的认识，要客观地对待农药微乳剂。因此要重视它，要深入地、全面地、系统地研究它。

简单地说，在农药微乳剂中，除了表面活性剂、可溶性助剂和水外，凡加进去的不溶于水的农药和其他的不溶于水的有机溶剂和助剂统统都要消耗表面活性剂，才能把不溶性的物质分散乳化成 10~100 nm 的微乳液。因此首先要把好进入制剂的一切物质的第一关。

复配农药微乳剂的技术是综合性的。它牵涉到水、各种有机溶剂、各种农药原药、各种表面活性剂、各种农药助剂等的化学、物理性质的知识，以及影响农药生物活性等多学科的特点和应用，才能作出比较合理的选择。标准农药微乳剂一般都不是一配就成功的，都是经历很多次甚至是无数次的失败试验才获得成功的。因此要提高农药微乳剂的复杂技术水平，就必须多做试验，从中总结经验，汲取教训。只有比较好地掌握复配农药微乳剂的技术后，才能复配出高含量、高质量、高药效的农药微乳剂，才有可能有效地降低乳化剂的用量。

2. 技术要创新

在提高复配农药微乳剂技术水平的同时，要立志追求技术创新。想法要与众不同，技术要独辟蹊径。烯唑醇也是很难配成稳定的、符合标准要求的农药微乳剂的高难度的农药。非常容易析出烯唑醇结晶破坏单相微乳液的稳定性。有关资料显示，国内生产的稳定的 5%烯唑醇 ME 耗用的乳化剂用量为 25%~28%。

笔者在江西博邦生物药业有限公司曾为某农药公司复配专供出口的5%烯唑醇 EC（乳油）。乳油耗用 12%的乳化剂。200 倍水稀释液是显蓝光的透明乳液，稳定性在 3.5 小时以上。其他指标均符合农药乳油标准要求。实例对比说明，5%烯唑醇 ME 耗用的乳化剂的量是 5%烯醇 EC 的 2.08 倍。但是笔者在这里以极其负责的态度通报：笔者用国产普通的乳化剂，只用 12%的用量就可以复配出符合标准要求的至少 3 个配方 5%烯唑醇 ME。其含水分为 28%~36%，200 倍水稀释液为单相透明的微乳液，稳定性在 3.5 小时以上。相比之下，5%烯唑醇 ME 乳化剂用量减少了 50%以上，与 5%烯唑醇 EC 耗用的乳化剂等量，这就是技术创新。没有创新的技术，很难取得突破性的成功。

三、不溶性农药与可溶性农药复配

可溶性农药可以溶于水中，但作为农药使用也需要加进适当含量的乳化剂。选择不溶于水的农药与合适的可溶于水的农药复配成微乳剂也是减少乳化剂用量的途径之一。如笔者在《农药微乳剂药乳反比规律的发现》一文中列举的 13 个，分别是阿维菌素、高效氯氰菊酯、氯氰菊酯、溴氰菊酯等不溶性农药选择和可溶性的农药杀虫单复配成微乳剂。其微乳值（W）都比其他复配的农药微乳剂少得多。微乳值一般都少于 1，这里不再复述。

四、表面活性剂的选择

笔者自 1996 年涉足农药微乳剂领域至今，用各种可配的农药原药复配出有四元组分、三元组分、二元组分和单元组分的杀虫、杀螨、灭菌、除草的各种标准农药微乳剂约 200 个。所选用的表面活性剂都是国产乳油用的普通表面活性剂，用这些乳化剂完全可以复配出多组分、高含量、高质量的标准农药微乳剂，没有必要一定要用进口的、高乳化性能的、昂贵的表面活性剂，也无须专门选用微乳剂专用乳化剂来复配。一句话：农药微乳剂国产化完全可以满足复配各种农药微乳剂的需要，关键是复配技术。

选用什么型的表面活性剂，用量多少都只能通过试验技术来决定。O/W 型农药微乳剂一般选用 HLB≥10 的非离子型表面活性剂或和阴离子型的表面活性剂搭配混用。使用各种表面活性剂要少一点框框，多一点尝试。一个制剂多的可以用到 4~5 种表面活性剂，少的只用 1 种。要坚信如果所选择复配的农药组分和含量在客观上是可行的话，通过不断的复配试验，一定能找到理想的乳化剂和用量。

五、助表面活性剂的作用

助表面活性剂的作用主要是降低表面张力，提高微乳界面膜的牢固性和柔顺性，起到稳定微乳的作用。助表面活性剂一般以醇类为代表。但是笔者认为，凡是起到上述作用的其他非醇类的助剂都可视为助表面活性剂。DMF，它既是农药的溶剂也是农药微乳剂的助表面活性剂。实践证明，选择得当的助表面活性剂也能减少乳化剂的用量。

表面活性剂，不管是非离子型还是阴离子型或阳离子型，其结构都是由亲水基和亲脂基构成的。而助表面活性剂同样也是由亲水基和亲脂基构成的。只不过作用强弱不同而已。助表面活性剂起不到表面活性剂独当一面的分散乳化作用。但是它的亲水亲脂性质能起到协同作战、保卫胜利果实的巩固作用。复配农药微乳剂非用助表面活性剂不可，无可替代。

六、溶剂的选择

溶剂的选择对降低表面活性剂的用量十分重要。溶剂首先要尽量选择对所配的农药原药溶解度最大的，这样用量就少。如果是非极性溶剂耗用的乳化剂也少。如果是极性溶剂耗用的乳化剂就更少。因为极性有机溶剂能起到把不溶性农药溶解后拉下水的作用，自然耗用的乳化剂相对减少。所以笔者坚持不用对环境有害的非极性溶剂“三苯”复配农药微乳剂。选用极性溶剂，实际上起到减少乳化剂的作用。

七、水的作用

水也是溶剂，而且是极性最强的溶剂。O/W 型农药微乳剂应尽量加大用水量以降低乳化剂的用量和成本。农药助剂在水中，物质的阴阳极性基团在水的强极性作用下，得到有效的调整和梳理。因此水能起到溶解、牵制、阻隔、平衡的作用，有助于微乳剂的稳定。

八、特殊助剂的应用

复配农药微乳剂时，加进一定量的特殊助剂能起到别的助剂起不到的稳定和减少乳化剂用量的作用。例如复配溴氰菊酯、氟虫腈、烯唑醇等高难度的农药微乳剂时，如果没有特殊助剂的参与，是很难或者根本配不成达到标准要求的农药微乳剂的。又如笔者已经公布的5%、10%、15%氯氰菊酯 ME，在这三个 ME 里都加进了不同含量的特殊助剂。它们分别耗用的乳化剂含量为15%、25%和 30%。若不加特殊助剂的话，5%氯氰菊酯 ME 耗用的乳化剂为25%，增加了66.66%乳化剂的用量。不加特殊助剂的话，10%、15%氯氰菊酯加再多的乳化剂也配不成标准的ME。

特殊助剂可以帮助把难度高、含量高的农药配成标准的农药微乳剂。所谓特殊助剂，不一定就是高科技产品或者进口昂贵的农药助剂。实际上笔者用的特殊助剂都是中国制造的国产化的助剂。之所以其为特殊，只是因为目前可能只有笔者将其用在这些特别的农药微乳剂上。如果大家都用了，也就不特殊了，成了普通的助剂了。

从笔者解释农药微乳剂药乳反比规律的理论可以看出，实际上消耗在农药原药有效成分上的表面活性剂是很少的，其微乳值(W)可能都少于1，或者都是小于1的。而大量消耗乳化剂的是加进去的各种农药助剂。因此农药微乳剂减少乳化剂用量的途径是很多的，方法也是不少的。随着农药科技的进步和发展，农药微乳剂减小乳化剂用量的多少也将与时俱进。

注：本文发表在《农药市场信息》2010年7期。

从生产配方谈农药微乳剂环保型的开发

工业产品生产配方是企业的最高机密，也是企业赖以生存和发展的根本。因此农药生产厂家的生产配方对外是绝密的，对内是相对保密的。为了防止泄密，一般的警示牌如“非生产人员止步”“谢绝参观”已不能满足保密的要求。所有的农药企业都制定了严格的保密制度并采取了相应的保密措施，如采取按行政和技术等级接触不同类别的生产配方，此外有的企业对员工规定了“五不要”：即不该看的不要看、不该听的不要听、不该问的不要问、不该说的不要说、不该记录的不要记录，以此来作为企业的厂规。

有的农药企业对生产配方完全实行数字化编码。如乳化剂500-70A#，用量为3%，编码为“805-1#3”。由公司下达给生产部投料车间的生产配方如同谍报人员发出的密码一样神秘。有的企业给农药原药和所用的农药各种助剂编码数字有10多位，就像居民身份证号码一样复杂。有的企业以拼音字母和阿拉伯数字相结合进行编码。如乳化剂500-70A#，用量为3%，编码为“EST-2#3”。也有的企业用中文加数字编码的，如环己酮5%编码为“特4#5”。这些企业招聘的投料班操作工素质也是相对较高的，待遇颇丰，这些企业不怕外来人参观，参观人员即使随便翻阅真实的配方投料记录，也很难看懂配方内容。

笔者就曾经为4个农药企业制订了不同版本的配方编码，如果不是企业内部出问题和人员流动，外人是很难破译密码的。

本文下面介绍的农药生产配方一是笔者工作过的农药企业曾经用过的微乳剂，二是农药企业现在仍然使用得比较好的配方，三是笔者独自研发的微乳剂。供大家参考。

本文主要是从环保的角度探讨农药微乳剂的变化，而要探讨环保型微乳剂就需要从生产配方中所使用的有机溶剂去评估。由于目前国家有关部门还没有明确规定哪种有机溶剂不能用，哪种有机溶剂限量使用，因此本文将生产配方中含有两种对环境造成负面影响的有机溶剂，而且用量大的评为不环保的配方。只含有一种有害的有机溶剂且用量少的配方评为相对环保的配方。完全没有有害的有机溶剂的配方评为环保配方。从农药微乳剂生产配方的演变去探讨农药微乳剂的发展是最真实的，也是最有说服力的方法。

一、农药微乳剂生产配方的演变

现以97%的高效氯氟氰菊酯原药复配成2.5%高效氯氟氰菊酯微乳剂为例，配方中均以质量百分比浓度计量。

1. 2007年以前海南省某农药企业原创生产配方（海南版）

高效氯氟氰菊酯2.5%，二甲基甲酰胺10%，二甲苯5%，甲醇8%，正丁醇5%，异丙醇2%，乳化剂14%，地下水补余为53.4%。

分析与结论：有机溶剂用量为30%作为溶剂和助乳化剂。其中有害有机溶剂二甲基甲酰胺、二甲苯、甲醇总量为23%，占所用有机溶剂76.67%，微乳值（M）为5.6，用水量只有53.4%。

从生产配方不难看出，在2007年以前，使用的有机溶剂的种类和含量不受任何约束，只要能配成稳定的微乳剂就可以生产。该生产配方用了3种对环境有负面作用的有机溶剂，而且用量大大超过了溶解2.5%高效氯氟氰菊酯原药的实际用量，既浪费又不环保，成本也特别高。

2. 2008 年山东省某农药企业生产配方（山东版）

这是笔者应聘到该企业后独自研发的生产配方。

高效氯氟氰菊酯 2.5%，二甲基甲酰胺 5%、环已酮 2%、甲醇 5%，pH 值调整剂 3%，稳定剂 1%，乳化剂 11%，蒸馏水补余为 71.4%。

分析与结论：有机溶剂用量为 16%，从现在看来，用作溶剂的有机溶剂也是过量的。有害溶剂二甲基甲酰胺、环已酮、甲醇总用量为 12%，占有机溶剂的 75%。用水量 71.4%，微乳值（M）为 4.4。

该生产配方使用有机溶剂也没有受到任何约束，只追求制剂的稳定。虽然配方拒绝了“三苯”，但也使用了 3 种有害溶剂，是不环保的。成本与海南配方相比虽然有所下降，但也不是最佳配方。

3. 2009 年江西省某农药企业生产配方（江西版）

该企业的生产配方是某化工公司提供的。

高效氯氟氰菊酯 2.5%，二甲苯 3%，正丁醇 1%，乳化剂 12%，自来水补余为 80%。要求把 pH 值调到 4.8。

分析与结论：使用有机溶剂总量为 5.0%左右，溶剂和助乳化剂的用量比较合适；有害溶剂二甲苯 3%，占有机溶剂的 60%左右，正丁醇为低毒溶剂；微乳值（M）为 4.8，用水量比较多。

从生产配方来看，大大减少了有机溶剂和有害有机溶剂的数量和用量，大幅度地降低了生产成本。该生产配方的研制者已经意识到有害溶剂对环境造成的负面影响的问题，做到只使用一种有害的有机溶剂，而且使用二甲苯的用量已经与配制水乳剂用二甲苯的用量相当或更少。该生产配方已经向环保型的农药微乳剂迈进了一大步，是相对环保的或准环保的农药微乳剂生产配方。

4. 2010 年河南省某农药企业生产配方（河南版）

这是笔者应聘到该农药企业后独自研制的生产配方。

高效氯氟氰菊酯 2.5%，二甲苯 2%，乙醇 1%，异丙醇 2%，正丁醇 1%，乙二醇 2%，冰醋酸 1.4%，乳化剂 10%，蒸馏水补余为 78%。

分析与结论：使用有机溶剂为 9.4%，使用的有机溶剂多了些。但其中乙醇、乙二醇、异丙醇、冰醋酸为微毒类，酒和醋酸还是人们餐桌上的饮料和调味剂；正丁醇属低毒类；有害溶剂二甲苯只占有机溶剂的 21.28%；微乳值（M）为 4.0，用水量 78%也是比较多的。

此生产配方是笔者意在江西版的基础上进一步减少二甲苯用量而研制。虽然只减少了 1%的二甲苯但也不容易。此配方的二甲苯有害溶剂可以说和 2.5%高效氯氟氰菊酯水乳剂用量相当或更少，是相对比较环保的生产配方。

5. 2011 年以后在安徽省宁国市朝农化工有限责任公司研制的生产配方（安徽版）

该生产配方是笔者独自研发的生产配方。

高效氯氟氰菊酯 2.5%，碳酸二甲酯 2%，乳化剂 10%，助乳化剂、抗冻剂、pH 值调整剂共 5.4%，蒸馏水补余为 80%。

分析与结论如下。

（1）本生产配方选用的乳化剂，不使用对环境有负面影响的壬基酚聚氧乙醚类系列产品，选用河北蓝星助剂厂生产的高纯度的农乳单体复配。微乳值（M）为 4.0，助乳化剂是微毒类的低级醇类。

（2）有机溶剂用量为 7.4%，所用的有机溶剂均为无毒或微毒的有机溶剂。该生产配方选用的有机溶剂为 1992 年被欧盟列为无毒的环保性能优异的碳酸二甲酯，代替二甲苯等有害有机溶剂是其最大的特点。该生产配方属环保农药微乳剂剂型。

（3）碳酸二甲酯溶解性能比二甲苯优异，2%的碳酸二甲酯已经能够完全溶解2.5%高效氯氟氰菊酯原药的实物量。因此碳酸二甲酯同样也可以用于其他农药制剂，代替或部分代替各种有害有机溶剂作为溶剂或稀释剂使用。

（4）用水量80%也是上述配方中加水最多的一类。碳酸二甲酯市场价格与二甲苯相当，所以本配方不但环保而且产品成本也很低。

碳酸二甲酯简称DMC，是无毒、无色的透明液体。熔点4 ℃，沸点90.1 ℃，密度1.069。难溶于水，可以与醇、醚、酮等几乎所有的有机溶剂混溶。爆炸界限3.8~21.3，环保性能优异，现应用于生产异氰酸酯。

二、农药微乳剂的变化

现把上述不同时期不同厂家生产的2.5%高效氯氟氰菊酯微乳剂配方整理如表1所示。

表1　不同时期不同厂家研制的2.5%高效氯氟氰菊酯微乳剂配方

配方号	有机溶剂量/%		乳化剂用量/%	微乳值（M）	用水量/%	环保评估
	低微毒溶剂	有害溶剂				
1	7.0	23	14	5.6	53.4	不环保
2	4.0	12	11	4.4	71.4	不环保
3	2.4	3	12	4.8	80.0	相对环保
4	9.4	2	10	4.0	78.0	比较环保
5	7.4	0	10	4.0	80.0	环保

从表1可以得出以下结论。

（1）2.5%高效氯氟氰菊酯微乳剂随着时间的推移，对环境产生负面影响的有害有机溶剂使用的品种数量和用量由多

(23%)到少(2%),最后以无毒且环保性能优异的碳酸二甲酯取代有害的有机溶剂,由不环保的农药微乳剂变成了环保的农药微乳剂,实现了剂型质的变化。

(2)乳化剂的用量由14%降到了10%,与乳油用量差不多。微乳值(M)也由5.6降到了4.0。

(3)水作为农药微乳剂水性化的特色更显突出,用水量由少到多,由原来的53.4%增加到80%,意味着以水代替了80%的有机溶剂。

(4)大幅度地降低了产品成本。虽然没有列出具体的各个配方比海南版的2.5%高效氯氟氰菊酯微乳剂减少产品成本的数字,但是谁都可以从生产配方的演变得出大幅度降低产品成本的结论。成本的降低大大地增强了市场的竞争能力。

2.5%高效氯氟氰菊酯微乳剂配方以上4点实质性的变化,充分体现了农药微乳剂与时俱进的蓬勃生命力。

三、农药微乳剂变化的原因

1. 国家农药政策的作用

农药微乳剂之所以有这么大的变化,首先是国家从政策上鼓励农药剂型向水性化环保的剂型发展。人们环保意识不断增强,食品安全的呼声高涨,促使农药企业的思维、理念必须向环保型的方向发展,否则就没有出路。

2. 农药微乳剂剂型的可变性

农药微乳剂的剂型并非天生的非环保性。农药微乳剂可以配成非环保的,也完全可以配成环保的制剂。农药剂型环保与否,应该说完全掌控在复配者的手中,与剂型无关。复配者技术水平有差异,要想提高剂型的环保性,提高复配者的复配技术也是关键。此外也不能因为不加入DMF、环已酮和苯类等有机溶剂就下结论认为复配不出环保的农药微乳剂，因为配制环保农药剂型一定会有更多更好的技术和配方。

3. 市场竞争机制作用

没有市场竞争就没有优胜劣汰，没有竞争就没有农药微乳剂的发展，市场竞争离不开产品成本价格的竞争。很明显上述 5 家农药企业的 2.5%高效氯氟氰菊酯微乳剂生产配方的演变是受到市场竞争机制作用而演变的。在同一个农药市场，由于山东版的 2.5%高效氯氟氰菊酯微乳剂上市，价格更高的海南版 2.5%高效氯氟氰菊酯微乳剂便要下架。当江西版的同样产品亮相时，山东版的同样产品也迟早要出局，山东版只能把自己的产品铺货到江西版的产品没有到达的地方去。山东版的市场受到挤压，空间变得越来越小，自己的产品将被市场淘汰出局，促使山东版的老板意识到生产配方需要重新调整和完善，或者重新开发新的环保型成本更低的 2.5%高效氯氟氰菊酯微乳剂新产品。如果不与时俱进，登记 2.5%高效氯氟氰菊酯微乳剂的三证就成了一张废纸，相信没有哪一个农药企业老板会轻易放弃。笔者是山东版的研发者，已经看到了农药微乳剂市场的变化，因此必须开发出河南版和安徽版的 2.5%高效氯氟氰菊酯微乳剂。

市场竞争是农药微乳剂向环保型转变的动力，市场竞争也是农药微乳剂赖以生存发展的生命力。

四、农药微乳剂与有机溶剂

复配农药微乳剂，特别是复配难溶解的农药原药的农药微乳剂，都需要使用有机溶剂溶解才能复配。因此如何选择合适有机溶剂是关键。此外现有的有机溶剂少说也有数千种，而且还在不断地发现和合成新的有机溶剂，因此选择的余地也是在不断扩宽的。笔者也发现和使用了与碳酸二甲酯性能相似或更好的有机溶剂产品来复配微乳剂和水乳剂，而且复配的产品还申请了国家专利。如果国家出台农药制剂禁用和限用的化学有机溶剂的有关法令，将是对所有农药剂型制剂的一个考验，但是这对农药微乳剂来说也许是件好事，它将大大地促进农药微乳剂的新生和更大的发展。

注：本文发表在《农药市场信息》2013年10期。

微乳剂与热力学平衡

微乳剂属热力学稳定体系。这是许多科技前辈研究了大量的微乳剂后得出的科学结论。实际上所有的农药制剂的稳定性都与制剂的热力学平衡有关。农药制剂出现的物理化学变化如粉剂结团结块、发黏、分解、悬浮率降低，以及液体制剂出现的变浊、分层、沉淀、结晶、乳化性能变差、有效成分分解率超标等都是农药制剂处于热力学不平衡状态所造成的。所以所有的农药制剂不管是固体、液体、气体制剂都应力求使其处于热力学稳定状态或基本接近处于热力学稳定状态才能保证农药质量符合剂型标准要求。

热力学稳定体系也就是体系处于热力学平衡状态。如果体系里的各个性质不随时间而变化，则体系就是处于热力学平衡稳定状态。

热力学平衡包括以下三个平衡。

一、热平衡：即体系的各个部分温度不随时间而变化，始终是相等的。

二、化学平衡：体系的组成、含量不随时间变化。

三、机械平衡：体系各部分之间没有不平衡的力存在，客观地看不发生相对移动。

按照热力学观点，当体系的状态发生了变化，则它的一系列性质也随之改变。如果体系里有扩散或者化学变化在发生，那么该体系就不处于热力学平衡，就是属于热力学不稳定状态。在实际中有不少例子，虽然它们不是真正处于热力学平衡，但是只要它们的变化是非常慢的，在相当长的时间内仍觉察不到，或者其变化在规定的允许范围之内，仍然可以把它当作热力学平衡来处理。例如在常温常压下氢和氧的混合物有发生反应而生成液态水的趋势，那么这种体系并没有满足化学平衡的条件，但是实际上如果不加热或不加催化剂则该反应是非常缓慢的，以至几年之内也觉察不到有什么变化。所以尽管实际上它并不满足化学平衡的条件，但仍然把它看成是处于热力学化学平衡的状态来处理。因此，农药制剂在规定的二年期或五年期内，有效成分的分解率以及各项规定的技术指标仍然保持在标准的范围之内的话，仍然可以把这些制剂当作热力学稳定体系来看待。微乳剂由于分散相处于分散极限状态，而且表面张力降到了最低点甚至表面张力是负，整个体系满足了热力学平衡条件，因而属于热力学稳定体系。但是，如果既不满足热力学平衡条件又在规定的试验和贮存期内有关指标超标，那么所配制的微乳同样是属于热力学不稳定体系。

如何使微乳剂满足热力学平衡条件而处于稳定状态？首先要有正确的微乳理论作依据，在技术上用热力学的方法去解决也许是比较有效的。

热力学是以三大热力学定律为基础，研究当体系变化时热、功、能三者之间能量转化、能量效应的科学。热力学是以很多质点所组成的系统为研究对象，在处理问题时采用宏观的方法，不必知道体系内部的结构，只需知道其起始和终了状态。通过外部状态的变化推知体系内部性质的变化。从而可以知道如何去改变条件使过程的变化发生改变，达到所需的目的。

也就是说，不需要知道微乳的内部结构，只要从客观上知道复配时起始所用的原药、助剂和水的组成、含量，通过检测得知其是否稳定或产生结晶、分层、变浊、沉淀等一系列终了时的状态，就可以判断是什么原因造成了这些结果，从而改变条件使其发生新的变化，达到稳定状态的目的。实践证明这是可行的、有效的。

用微观的方法研究微乳的内部结构，探索解决微乳剂出现的问题是传统的重要手段。可以说自从发现微乳以后就一直沿用微观的方法去研究微乳的秘密并取得了重大成果，如揭开了微乳的本质和微乳形成的机理等。但是与微观研究的方法相比，用热力学宏观的手法去研究解决复配微乳剂的技术问题就显得简单便捷而有效。实际上，宏观的现象也就是事物微观变化的客观反映，它们之间并不矛盾，是统一的，是研究微乳的宏观和微观的两种有效的方法。

注：本文发表在《农药市场信息》2003 年 12 期。

农药微乳剂保密性探讨

农药企业花了很多的人力、物力和财力去开发一个制剂产品投放市场时，首先最怕的是别人仿冒，使企业蒙受重大损失。农药微乳剂相对于其他剂型来说，微乳稳定性高的农药微乳剂有着保密性良好的自我保护功能。除非由于企业内部管理不善或种种原因泄密，否则外人是难以破解配制方法和仿冒的。因此生产高标准微乳稳定性的农药微乳剂对企业创建品牌，有着不可代替性，对独占市场非常有利。

农药微乳剂有什么密可保？微乳剂无非就是水加油和表面活性剂，再加些助表面活性剂之类的东西而成的透明液体嘛。神神秘秘，故弄玄虚。

现在选择20世纪、我国在1999年以前就已经登记生产了的、比较简单、有代表性的农药微乳剂3个：有效成分含量最低的0.1%三十烷醇ME，二元脂溶性原药复配的1%阿维菌素·高效氯氰菊酯ME（0.2%阿维菌素+0.8%高效氯氰菊酯），脂溶性原药加水溶性原药二元复配的20%阿维菌素·杀虫单ME（0.2%阿维菌素+19.8%杀虫单）。请没有接触过这3个微乳剂研发生产的你，在这3个剂型里任意选择一个按照括号里的组分含量进行自由配制。如果能在3个月或30天、3天、3个小时内完成并经质检合格的话，说明你和你的单位在开发农药微乳剂方面有相当的技术水平和能力。如果半年之内甚至一年有余仍然拿不下，样品质量时好时坏不稳定的话，虽不敢说有人会拜倒在农药微乳剂的石榴裙下，至少可以肯定有为数不少的同仁能够亲身感受到微乳剂确实有玄妙之处了。

一、农药微乳剂是多学科交汇的结晶

开发一个质量过硬、微乳稳定性高的农药微乳剂并非易事，它汇集了表面科学、化学、物理学、热力学、农学、生物学、环境科学和高分子科学等多种学科领域的精华而成，实践证明单靠一两门学科难以开发出有实用价值意义的农药微乳剂来，因此技术复杂性是农药微乳剂自我保护的最重要的内在条件。

二、相图的困惑

相图是物理化学、化学热力学等学科用相律来研究平衡体系中相组成随温度、压力、浓度的改变而发生变化的关系图或状态图，一般是在温度和压力恒定的状态下，通过大量试验实测数据绘制而成。研究者通过相图研究体系的相关关系，从而寻找出新的发现或规律来指导科研或应用于生产。

把相图应用于农药微乳剂的研究的目的就是把有价值的微乳剂，通过科学检测得到大量数据绘制成相应的相图。通过研究相图来发现农药微乳剂所存在的区域，从而寻找到新的最佳农药微乳剂配方，因此相图便成为研究农药微乳剂的有用工具。对于两组分体系相图是用直角坐标来表示，三组分体系是用正三角形来表示，四组分体系是用正四面体来表示。例如微乳剂是由水、油、表面活性剂和助表面活性剂等四个组分分别在正四面体的顶角上来绘制四组分相图的。但是对于一个五组分体系来说，要想在三维空间内用一个多面体相图来表示各相区是相当困难的。何况实际上很多农药微乳剂是由七八个组分甚至十几个组分才构成稳定的农药微乳剂呢！怎么绘图？也许可以采用压缩或合并组分的办法来绘制似三相图，那是为了绘图而绘图了。若把希望寄托在这种失真的相图去发现或破解农药微乳剂更深层次的技术问题显然是徒劳的。

三、克隆稳定的农药微乳剂难

时下克隆已成为高科技的代名词。牛羊可以克隆，如果需要或合法的话连人都可以克隆。为什么克隆微乳稳定性高的农药微乳剂难呢？难并不等于不可能，正所谓“没有什么是不可以的”。要克隆别人的微乳剂首先要破解该微乳剂的配方，利用现代高科技的检测仪器和技术，不惜重金可以做到。但是得到所有组分、含量的数据并不意味着就可以克隆成功了，因为检测的是产品或样品的结果，而不是整个生产过程和方法。例如检测一个电子元件或一个关键的零部件时得到的是各种元素含量的准确百分数字时，最多只能说已经破解了一半。而如何把这些元素冶炼加工成原件的特殊合金材料才是关键技术诀窍的更重要的另一半。仿冒者一般不具备这种技能，若具备这种水平，他就会自己研发更好的产品了。

四、着色与微乳稳定性

农药微乳剂如果所用的原料是无色的话，那么加工复配出来的微乳剂一般也是无色透明的。为了某些需要也可以适当染色，使其具有某些色彩特色和防伪功能，增加仿制的难度。着色与不着色对于某些微乳剂来说是有区别的。仿冒者模仿着色时可能会造成微乳稳定性变得更加不稳定，容易变浊而原形毕露。

生产高标准稳定性的农药微乳剂是保证产品自我保护的有效手段。如果生产低标准稳定性的农药微乳剂，特别是在使用温度范围内就出现清浊不可逆或清浊可逆的微乳剂的话，仿冒者是很容易得手的。因为你的产品本身就不稳定，他完全可以用你的品牌来鱼目混珠。此时用户分辨不清，连生产者自己也分不清。如果你的产品微乳稳定性是采用高标准生产的，在标签或广告上就可以大书特书“若发现此剂型在-10～56 ℃温度范围内变浑浊者是假货！”仿冒者的假货就不会那么肆无忌惮了。

农药微乳剂在使用温度范围内由清澈、透明的液体变成浑浊不清的液体有两种结果。一种是变浊后当温度回升或下降到原来清澈、透明的温度时，会自动变成清澈、透明的液体，谓之清浊可逆性。第二种是变浊后，当温度回升或下降到原来清澈、透明的温度时不会自动再变成清澈、透明的液体，谓之清浊不可逆性。之所以会出现这两种现象主要是所使用的表面活性剂受温度的影响，影响到与水结合的氢键的牢固程度不同所造成的。因此在使用温度范围的标准内，不论是清浊不可逆或可逆都说明了该微乳剂是不稳定的。

清浊可逆的微乳剂在短时间内可以做到清浊可逆没有沉淀，长时间就不保险了。例如以热天变浊、冷天变清的农药微乳剂来说，变浊了的微乳剂由于表面活性剂脱离了原来体系而造成浓度差。由于热天时间长，长时间的不均匀性的浓度梯度，势必造成不可逆的分层和沉淀。同样冷天变浊、热天变清的农药微乳剂其结果与上面一样，对于清浊变化温差小的微乳剂就更加不能作为商品了。所以生产在使用温度范围内即使是清浊可逆的农药微乳剂也是不可取的。

综上所述，高标准微乳稳定性的农药微乳剂的保密性是其他剂型制剂所不能与之相媲美的。这是农药微乳剂显示出的又一个剂型优势。

注：本文发表在《农药市场信息》2005 年 10 期。

论农药微乳剂的剂型多样化

农药微乳剂是水性化的农药剂型。传统的农药微乳剂一般是由农药原药、溶剂、乳化剂、助乳化剂、水、抗凝防冻剂、pH值调整剂、稳定剂、增效剂和着色剂等10种成分组成，除农药原药和水以外的其余8种成分统称为农药助剂。但是配成具体的农药微乳剂制剂时，其组分有的要超过10个，因为有机溶剂、乳化剂、助乳化剂用的不只是一种而是多种。由此可见要复配一个稳定的、各项指标都合格的农药微乳剂的技术是比较复杂的，科技含量相对是比较高的。如果是多元高含量的农药微乳剂就更加不容易。

在众多的、不同类型和含量的农药微乳剂里，农药原药的组分和含量是不变的，水的组分是不变的，但是水的含量是可变的，农药助剂的组分和含量也是可变的。本文就是以农药微乳剂里的水和农药助剂的变化，来论述O/W型农药微乳剂的剂型多样性。

一、缩水农药微乳剂（SHME）

传统的农药微乳剂里，同一种制剂的含水量，本文以2.5%高效氯氟氰菊酯ME中的含水量为例，不同的生产厂家是不同的。如笔者发表在《农药市场信息》杂志的《从生产配方谈农药微乳剂环保剂型的研发》一文（本书第35页）中的各个生产厂家生产的2.5%高效氯氟氰菊酯微乳剂的加水量就不同。海南版的加水量为53.4%，山东版的加水量为71.4%，江西版的加水量为80%，河南版的加水量为78%等。加水量之所以不同，是由于其配方的组分含量结构不同。可以说同一个原药组分和含量的农药微乳剂里，在保证微乳剂稳定合格的前提下，含水量越多，说明所加的农药助剂越少，成本越低，环保性能相对比较好，复配的技术难度也越大。

2.5%高效氯氟氰菊酯微乳剂最多能加多少水？有没有一个极限加水量？答案是肯定的。所谓农药微乳剂的极限加水量，就是微乳剂在符合农药微乳剂标准的前提下的最大加水量（W）。随着农药微乳剂复配技术的不断提高，更好更环保的农药助剂不断创新和发现，农药助剂的用量将逐步减少，相应的加水量会逐步增加到接近这个极限加水量。

目前笔者复配的2.5%高效氯氟氰菊酯ME最高的加水量为88%。配方如下。

高效氯氟氰菊酯2.5%（用97%原药复配为2.6单位重量的实物量），乳化剂7%，其他农药助剂2.4%，水补余为88%，制剂稳定，符合有关标准要求。本剂88%的加水量在目前可能是最高的加水量，但不是极限加水量。这个极限加水量可能是≥90%。现在还没有一个厂家和科研单位生产和研制的2.5%高效氯氟氰菊酯ME加水量达到≥90%。同样其他不同类型和含量的各种农药微乳剂，笔者认为都没有达到极限的加水量。因此，目前国内所有生产厂家、外国生产农药微乳剂的生产厂家，所有生产的农药微乳剂都是加水量不足的缩了水的缩水农药微乳剂。

二、脱水农药微乳剂（DEWME）

什么是脱水农药微乳剂？

脱水农药微乳剂就是传统的农药微乳剂脱去作为组分的水分后，再减去25%~75%乳化剂的剂型制剂。应用时加水后变为O/W型的农药微乳剂。脱水农药微乳剂不能称为无水农药微乳剂。实际上无水农药微乳剂是不存在的，因为在复配农药微乳剂时，虽然不加进组分水，但是加进去的其他农药助剂都或多或少含有水分，例如500号钙盐等。

O/W型农药微乳剂的结构组成分为油相“O”和水相“W”两部分。反相生产农药微乳剂就是先把农药原药加上所需的农药助剂完全溶解成为均一的油相后，再把水加到油相中去，在搅拌下形成O/W型农药微乳剂。

脱水农药微乳剂是把生产微乳剂中已经形成的油相部分保存下来，把需要加的加水量交给用户去加。不管用户是把水加到油中，还是把油加到使用量的水中，即使用户不搅拌也能自发生成农药微乳液来应用。这样的水性化农药微乳剂其实就是农药微乳剂的油相和水相分开包装，使用时加水桶混就可以了。

这样油水分开的农药微乳剂与原来油水一起生成的传统农药微乳剂相比，除了油水分开外，还有什么值得进一步探讨的课题呢？现以笔者研发的河南版2.5%高效氯氟氰菊酯ME为例，为方便同行和读者的复配检验，现把此生产配方完全公开如下：高效氯氟氰菊酯2.5%（用97%的高效氯氟氰原药为2.6个单位重量），溶剂二甲苯2%，乳化剂10%（500-70A#3%、1602#7%），助乳化剂4%（乙醇1%、异丙醇2%、正丁醇1%），抗冻剂乙二醇2%，pH值调整剂冰醋酸1.4%，蒸馏水补余为78%。此剂在（-8±2）~（54±2）℃试验，始终保持为透明流动、单相液体的农药微乳剂状态。如果由于原材料或水质等因素影响在低温或更低温度下贮存出现液晶现象也是不混浊的。现把此配方整理，如表1所示。

表1　2.5%高效氯氟氰菊酯脱水微乳剂配方

序号	名称	高效氯氟氰菊酯/%	二甲苯/%	乳化剂/%	助乳化剂/%	抗冻剂/%	pH 值调整剂/%	水/%	微乳值
1	原配方	2.50	2.00	10.00	4.00	2.00	1.40	78	4.00
2	脱水后①	11.36	9.09	45.45	18.18	9.09	6.36	0	4.00
3	脱水后②	14.70	11.76	29.41	23.53	11.76	8.24	0	2.00

原配方脱水后的微乳油相组分结构保持不变，微乳值仍然保持4不变，但是各组分的含量都同时增加了4.5倍。如高效氯氟氰菊酯含量=［2.5%/（1-78%）］×100%=11.36%，11.36%/2.5%=4.5。其他组分含量按此计算整理得表1中的“脱水后①”。

根据农药微乳剂药乳反比规律：相同组分的标准农药微乳剂，农药含量越高，单位农药有效成分含量耗用的乳化剂越少，反之则越多。脱水后的微乳剂相同组分的高效氯氟氰菊酯由原来的2.5%含量提高到11.36%的含量，可以断定微乳值要比原来的“4”少。试验证明，乳化原配方12%的油相［1-78%（水）-10%（乳化剂）=12%］成微乳液，只需要原来乳化剂10%的50%即5%重量单位即可满足要求。因此，除乳化剂外各组分的含量在原来“脱水后①”的基础上便再增加1.29倍。如高效氯氟氰菊酯有效成分含量=［2.5%/（1-78%-5%）］×100%=14.70%。比原来“脱水后①”增加了14.70%/11.36%≈1.29倍。其他组分含量按此计算。微乳值则由原来的4降到了2（29.41%/14.70%≈2）。整理得表1中的“脱水后②”。

不管是“脱水后①”还是“脱水后②”，经“（-8±2）～（54±2）℃”标准的冷藏热贮试验都保持透明流动单相液体合格的标准状态。

脱水农药微乳剂（DEWME）与农药乳油（EC）有什么

区别?

脱水农药微乳剂外观和农药乳油相似，但本质相异。乳油加水后形成的是>100~10 000 nm的O/W型不透明乳白色外观的乳状液。而脱水农药微乳剂加水后形成10~100 nm的O/W型透明的微乳液。两者之间有着质的区别。

脱水农药微乳剂的意义包含以下方面。

1. 提高了农药微乳剂有效成分的含量。高效氯氟氰菊酯的含量轻而易举地由2.5%提高到14.7%，解决了复配稳定的高含量微乳剂的难题。只要能复配出任何一个稳定的合格的农药微乳剂，就可以复配出一个同组分、农药有效成分更高的稳定合格的脱水农药微乳剂，毫无疑问这是一条最简单最保险的复配农药微乳剂的方法。由2.5%高效氯氟氰菊酯ME配制为14.7%脱水高效氯氟氰菊酯微乳剂=2.5%高效氯氟氰菊酯ME－100%水分－50%乳化剂。再将此式公式化为：

高含量的脱水农药微乳剂（DEWME）=低含量的同组分农药微乳剂（ME）－100%水分－低含量同组分农药微乳剂（ME）耗用乳化剂的25%~75%。

2. 减少了乳化剂的用量。经试，由低含量的农药微乳剂配成高含量的脱水农药微乳剂，可以减少微乳剂用量的25%~75%，这是可行可靠的。从表1可见，微乳值由4降到了2，即减少了一半乳化剂的用量。

3. 降低产品成本。以同时生产1吨某种农药有效成分的农药微乳剂来比较，由于脱水农药微乳剂减少了100%的加水量和25%~75%的乳化剂用量，因此减少了重量和体积，也就是减少了包装和运输成本，也大大减少了乳化剂的成本。

4. 由于脱水农药微乳剂最终用户使用的是100%的农药微乳剂，因此不影响微乳剂的药效。相比之下，传统的农药微乳剂为什么要多加乳化剂呢？这是因为加水后要保持稳定的微乳液，水的参与也是要消耗一定的乳化剂的。而要保持起码两年期的稳定性就需要足够的乳化剂，甚至稍微过量才保险。而农民在应用脱水农药微乳剂时，即按说明书要求稀释倍数应用，采取现混现用的桶混方法，就可以保持微乳液的稳定性而不影响使用和药效。

如果脱水农药微乳剂是由环保型的低含量农药微乳剂 ME 演变而来，则改善了制剂的环保性能。

缺点：由于不加水，油相挥发性、易燃易爆性是其最大的缺点。

三、脱溶农药微乳剂（DESME）

什么是脱溶农药微乳剂（DESME）？

脱溶农药微乳剂就是不用有机溶剂去溶解农药原药，复配成水性化稳定合格的农药微乳剂。

关于脱溶农药微乳剂，2012 年《农药市场信息》杂志已报道了华乃震等同行只选用 12%~15%的乳化剂就可以溶解和乳化复配出 2.5%高效氯氟氰菊酯微乳剂的消息。

脱溶农药微乳剂如果农药原药是固体晶粉的话是比较难复配的，如果农药原药是液体的话就比较容易复配。

脱溶农药微乳剂的意义。

1. 不用化学有机溶剂作为溶剂复配农药微乳剂意义重大，是环保的农药剂型。

2. 节约了大量的有机溶剂，大大地降低了产品成本。

四、脱水脱溶农药微乳剂（DDME）

顾名思义，脱水脱溶农药微乳剂就是不加水、不用有机溶剂配成的 O/W 型农药微乳剂。也就是让这种脱水脱溶农药微乳剂里只有农药原药（主要是液体原药）、乳化剂、助乳化剂、pH值调整剂、抗冻抗凝剂等配成。

脱水脱溶农药微乳剂的复配不是以低含量的传统农药微乳剂简单脱去水分和有机溶剂而成。因为这样简单的脱溶已经把原来形成微乳的油相结构破坏了，最终加水形成不了微乳状液，必须重新复配才行。

笔者复配的60%仲丁威脱水脱溶农药微乳剂如下。

仲丁威60%（用98.90%的仲丁威原油复配）。

仲丁威60%、抗凝剂补余1.9%，pH值调整剂0.5%、乳化剂37%、微乳值为0.62。此剂完全符合标准农药微乳剂的要求。

60%仲丁威脱水脱溶农药微乳剂是不是环保乳油？不是。笔者复配的77%仲丁威环保乳油（用97%的仲丁威原油复配）配方是：仲丁威77%、pH值调整剂0.5%、抗凝剂补余4%（仲丁威原药熔点为28.5~31℃）、乳化剂16%、乳化值为0.21。微乳液和乳状液两者有着根本的区别，一试便知。

脱水脱溶农药微乳剂的意义。

1. 脱水脱溶农药微乳剂由于制剂脱水和脱溶，所以复配得到的是更高含量农药有效成分的农药微乳剂。

2. 由于脱溶溶剂不使用有机溶剂作溶解农药原药，降低了产品成本，也是环保型的农药剂型。

3. 脱水脱溶农药微乳剂符合农药剂型向安全、高效、经济和环保方向发展的要求。

五、固体农药微乳剂（SOME）

有报道魏方林成功研制了15%三唑磷固体农药微乳剂，特点是不用极性溶剂，外观为松散颗粒体，水稀释后为透明液体（液径<0.1μm）。

很明显，固体农药微乳剂是把农药原药油相制成颗粒，属于油水分装的脱水类型，是和水现混现用成农药微乳液的剂型。

六、农药微乳剂的剂型多样性理论依据

农药微乳剂的剂型为什么有这么多的剂型？

根据1999年2月由中国轻工业出版社出版的，由崔正刚、段福珊编著的《微乳技术及应用》一书中第86页所述，关于微乳液的形成机理为“从热力学观点看，低界面张力是微乳液形成和稳定的保证。因此比较一致的看法是，微乳液的自发形成和稳定需要$10^{-5} \sim 10^{-3}$mN/m的超低界面张力”。农药微乳液形成的三要素是水、油、乳化剂（包括助乳化剂）缺一不可。也就是说，这三要素最终共处时，只要其界面张力达到“$10^{-5} \sim 10^{-3}$mN/m的超低界面张力‘就可以’自发形成稳定性的微乳液”。由此可知。

1. 农药中的“油”并没有特别要求和规定一定要用溶剂溶解。也可以不需要有机溶剂去溶解，只要是液体的“油”就可以，这就是脱溶农药微乳剂的依据。需要溶解农药晶粉时，也没有特别要求和规定一定要用什么有机溶剂或不能用什么有机溶剂去溶解，也就是说有的农药微乳剂用DMF、甲醇、三苯等有害有机溶剂溶解农药原药来复配生产农药微乳剂，根本就不是微乳剂的过，而是生产厂家和复配者的错。

2. 微乳剂中的“水”是不可缺的。但也不是规定生产厂家一定要把水和油、乳化剂配成现成的农药微乳剂卖给农民才是农药微乳剂，农民使用时也可自己把脱水农药微乳剂加水配制成含水农药微乳液。

农药微乳剂的剂型多样性，说明农药微乳剂这个剂型的高度可变性和对溶剂的高度适应性。因此农药微乳剂朝着农药剂型安

全、高效、低毒、经济、环保方向发展是有很大潜力的。

注：①缩水微乳剂SHME和固体微乳剂SOME是取缩水和固体两个英文单词前两字母以示区别。②脱水微乳剂和脱溶微乳剂取脱水和脱溶英文单词dewatering和desolution前三个字母以示区别。③脱水脱溶微乳剂取脱水、脱溶英文单词前面各一个字母D表示。④微乳值M取微乳英文单词microemulsion字头M表示。⑤乳化值（E）取乳化英文单词emulsifiation字头E表示。

注：本文发表在《农药市场信息》2013年15期。

农药微乳剂微乳稳定保证期二至五年不是梦

农药微乳剂的剂型特点就是制剂始终保持热力学稳定的微乳状态。对微乳稳定性的要求就是在常温和正常的条件下，两年的贮存保证期内始终保持外观为单相透明流动液体的标准状态。因此微乳稳定性就是农药微乳剂的灵魂，是农药微乳剂型成功与否的决定指标，也是微乳剂最难达到的主要技术指标。只有稳定的微乳状态，才会有可靠的充分发挥微乳剂优势的药效。所以研制者、生产者、销售者和使用者都应该十分重视和了解农药微乳剂的微乳稳定性的重要性。

农药微乳剂的微乳稳定性如何检测和判定？

由于农药微乳剂国家标准还没有颁布，因此笔者只能以多年来开发研制农药微乳剂的体会作为参考和讨论，抛砖引玉。

微乳剂的微乳稳定性受温度变化的影响是较大的。因此以什么样的温度界限作为检测微乳稳定性的标准就成为关键。因为这个温度界限决定着微乳剂微乳稳定性的评判和结论。这个“温度界限”看似人为，“微乳稳定性”也是相对的。也就是说，有什么样的“温度界限”标准就有什么样对应的“微乳稳定性”。一个农药微乳剂的微乳稳定性对高标准的“温度界限”而言是不合格的；但对低标准的“温度界限”来说它又是合格的。这样说来，似乎没有一个客观标准。笔者认为，农药微乳剂的微乳稳定性是有一个比较客观的标准的。这个标准就是从实际出发，以国内外农业、全球季节气候变化和2~5年的微乳稳定保证期的需要出发为标准。因此在大量的复配试验过程中，如果发现按照某一个“温度界限”检测能满足或者比较能满足上述的需要的话，那么这个“温度界限”可以定为自己企业或行业的标准。这就是标准的科学性、先进性和实用性。所以尽管标准是人定的，但必须符合上述的“三性”，才有利于促进农药微乳剂的不断创新和发展。

本部推出的86个农药微乳剂技术转让项目，如果连过去用高毒农药灭多威参与复配，和现在用氟虫腈农药参与复配的农药微乳剂一起计算的话也有125个项目之多了。从这些大量的、无数次的研制试验中总结，认为以（−8±2）～（54±2）℃的温度范围作为检测微乳稳定性的“温度界限”比较合适。这个“温度界限”也就是农药微乳剂始终保持透明度的温度范围。太窄的透明度的温度范围对生产厂家和用户将会带来没完没了的麻烦和损失。对农药微乳剂产品质量而言，高标准的微乳稳定性是财富，低标准的微乳稳定性是包袱。

农药微乳剂的透明度温度范围并非由你所用的农药原药性质一样与生俱来。主要是科研单位或生产厂家在开发研制农药微乳剂时筛选出来、当温度超出此范围时该微乳剂就会变成浑浊不清。但是同一个农药原药组分和含量的微乳剂，不同的开发单位或生产厂家却有不同的透明度温度范围，说明是由复配农药微乳剂技术上的差异而引起的，是可以改变的。

农药微乳剂稳定性的检测项目为低温稳定性和热贮稳定性两项。其他项目的检测方法和步骤可以参照中华人民共和国化工行业标准 HG/T 2743. 6—1996《农药复配可溶性浓剂产品标准编写规范》进行。但又不能完全相同，农药微乳剂毕竟有别于农药可溶性浓剂。

1. 低温稳定性试验。试样 20 mL 密封后置于（−8±2）℃恒温 7 天，若出现浑浊、分层、结晶、液晶、胶凝五者其中之一便为不合格。若无浑浊、分层、结晶、液晶、胶凝出现，为合格。

2. 热贮稳定性试验。试样 20 mL 于安瓿中封口后（2 瓶）置于（54±2）℃恒温 14 天。无浑浊、分层、结晶、沉淀、胶凝者为合格。

凡是农药微乳剂都要做微乳低温稳定性试验和微乳热贮稳定性实验。也就是说，为了保证作为商品的农药微乳剂的剂型和外观，即使某些参与复配的农药原药对冷或对热不稳定，分解物都不允许因自然环境的温度变化，在（-8±2）～（54±2）℃的温度范围内出现变浊、分层、结晶、胶凝等对微乳产生破坏性的现象产生。

如果农药微乳剂的微乳稳定性不合格，特别是出现浑浊现象，说明此时的微乳剂剂型已经变性。已经不是微乳剂而是水乳剂了。经长期试验观察，凡在上述温度范围内试验出现浑浊的微乳剂都经不起时间的考验，不到一年，有的只有 2～3 个月即出现结晶沉淀现象。无法保证农药微乳剂在常温正常的条件下贮存期两年或两年以上的微乳稳定性。

经长期实验观察，即使农药微乳剂的微乳稳定性在（-8±2）～（54±2）℃的温度范围内试验合格，但是仍然有约 10%的试样在常温正常条件下贮存的过程中，不到两年的时间内也会出现变浊、结晶、沉淀、分层等其中之一的现象。但是该试样在这个基础之上进行分析处理，重新复配就比较容易得到贮存期达两年以上稳定的微乳剂了。其余 90%左右的样品在常温正常条件下贮存，均可达到两年或两年以上始终保持透明流动、单相液体的标准状态。因此，要保证农药微乳剂的微乳稳定性在常温正常条件下，保持两年或两年以上稳定的话，选择微乳试验温度范围在（-8±2）～（54±2）℃试验是比较可靠的。

广西宜州市金安化工开发技术服务部推出的 86 个农药微

乳剂项目，全部项目微乳稳定性都经过（-8±2）～（54±2）℃温度范围的试验。保证在常温正常的贮存条件下，二年至五年的贮存期内始终保持透明流动、单相液体的高标准状态。这就是本部的标准和向用户的保证。如果因原料来源不同和杂质等原因造成微乳稳定性不在此标准之内，本部负责使其在此标准之内。

在本部推出的86个农药微乳剂技术转让项目中，有15个项目是2001年复配试验贮存的。它们是：

（1）23%阿维菌素·溴氰菊酯·啶虫脒·杀虫单ME；

（2）23%阿维菌素·吡虫啉·氯氰菊酯·杀虫单ME；

（3）26%阿维菌素·啶虫脒·杀虫单ME；

（4）21%阿维菌素·吡虫啉·杀虫单ME；

（5）31%阿维菌素·吡虫啉·杀虫单ME；

（6）20%阿维菌素·氯氰菊酯·杀虫单ME；

（7）28%吡虫啉·高效氯氰菊酯·杀虫单ME；

（8）28%啶虫脒·高效氯氰菊酯·杀虫单ME；

（9）20%吡虫啉·氯氰菊酯·杀虫单ME；

（10）35%阿维菌素·杀虫单ME；

（11）40%阿维菌素·杀虫单ME；

（12）2.7%阿维菌素·氯氰菊酯ME；

（13）1.7%阿维菌素·高效氯氰菊酯ME；

（14）2%阿维菌素·高效氯氰菊酯ME；

（15）0.5%阿维菌素·溴氰菊酯ME。

在以上15个项目的贮存样品中，（2）、（10）、（11）已满4年跨5年，其余的也都已经有3～4年的时间了。它们至今仍然始终保持着透明流动、单相液体的微乳稳定状态，充分验证了微乳剂是热力学稳定体系的正确结论。也验证了（-8±2）～（54±2）℃温度范围试验的可行性。

农药微乳剂微乳稳定保证期 2~5 年是国内的需要，也是农药微乳剂走出国门的需要，这并非高不可攀，绝对不是梦。

注：本文发表在《农药市场信息》2005 年 4 期。

微乳杂谈

农药微乳剂的开发应用改变了人们过去只要一提起农药就会想起臭鸡蛋，似乎还闻到一股恶臭的难忘印象。自从农药加了水，微乳变得更精彩。由于微乳可以染色和香化，因此农药微乳剂不但有着先天透明纯洁的“胴体”，还可以拥有五颜六色的“亮丽外表”，如果需要的话，还可以做到只要一打开瓶盖，一缕淡淡的幽香来自农药微乳剂，这绝对不是天方夜谭。

一、微乳剂对农药的要求

从广义上来说，凡是难溶或微溶于水而溶于有机溶剂的农药都可以配制微乳剂，凡是溶于水的农药都可以与难溶或微溶于水的农药复配成二元或二元以上的农药微乳剂。也就是说通过很多办法都很难溶于任何溶剂的农药和溶解度达不到防治要求的最低浓度的农药外的所有农药都可以复配成农药微乳剂。但是根据农药的有关标准要求来说，并不是所有达到上述条件的农药都适宜配制农药微乳剂来应用的。由于微乳剂是水基化的剂型，所以遇水能水解，与水能起化学反应的农药是不适宜选配微乳剂的。从化学反应平衡原理或生成络合物等方面去抑制水解反应办法是有的。但是农药要在至少两年期内分解率不超标、微乳剂在新的化学平衡条件下缓慢水解反应而又不影响微乳剂的外观是很困难的。因此绝大部分有机磷农药是不适合复配成微乳剂的。

二、农药微乳剂剂型

农药微乳剂分为水包油（O/W）型和油包水（W/O）型两种剂型。由于O/W型农药微乳剂与环境相容性好，容易复配，成本相对较低，所以目前开发、生产、应用的基本上都是以O/W型为主。

O/W型微乳剂简单来说就是：农药原药+有机溶剂+表面活性剂/助表面活性剂+水的结构。由此可见O/W型微乳剂中，农药和有机溶剂首先被表面活性剂的亲油基吸附，然后被表面活性剂、助表面活性剂和水组成的柔韧有余的水化凝聚膜所包裹。因此O/W型农药微乳剂大大地改善了、降低了甚至消除了农药原药和有机溶剂的挥发性、刺激性、腐蚀性、可燃性、爆炸性和难闻的气味。从而提高了农药生产、运输、贮存、使用的安全性，改善了环境状况。

W/O型微乳剂的结构正好与O/W型微乳剂相反。水体系被油体系所包裹，因此溶解在有机溶剂里的农药体系在液—气界面上暴露无遗，尽管有表面活性剂的作用，可想而知W/O型的农药微乳剂绝对不会默默无闻的。因此在开发农药微乳剂时，应尽量选配O/W型的微乳剂型为好。

O/W型微乳与O/W型乳油本质上都是油分散相在水连续相中形成水包油结构的分散体系。但是两者之间又有不同之处。

O/W型乳油在兑水使用之前是透明的、均一的、百分百的油相或者是含油99.7%以上的油相。只有在兑水使用时在乳化剂的作用下，油相乳化成粒径为100~10 000纳米的水包油型不透明的白色乳状液分散体系。

O/W型微乳剂在兑水使用之前就已经是百分之百的水包油

型透明的稳定的分散体系了，其分散粒径为1~100纳米，当兑水使用时，看到的是透明的微乳液在水中溶解扩散成透明的溶液。微乳剂在使用的定量水中主要是稀释作用。假如微乳剂在稀释200倍水做与水相溶性试验时仍有乳化现象生成乳白色半透明或不透明液体的话，第一说明该微乳在水中分散的质点颗粒较大接近乳状液的颗粒，第二说明该微乳与水稀释的倍数小于200倍，稀释倍数较小，第三与该微乳剂配方有关。高质量的微乳剂可以做到在规定的检测时间内与水任意倍数稀释而不浑浊，始终保持透明、与水一色。

如果水基化剂型里的所有农药组分，不管是单剂、二元或二元以上的所有农药都是水溶性的话，那么这个剂型实质上就是水剂而不是微乳剂，若冠以微乳剂的话就是矮化水剂了。因为在这个剂型里，不管兑不兑水都不存在油包水和水包油的结构，而是农药（溶质）以分子或离子的质点均匀地分散于水（溶剂）中所得的溶液体系，所以水基化剂型里，至少有一种农药是难溶或微溶于水而形成微乳的才称得上是微乳剂。

其实农药水剂是水基化农药剂型的最高境界，它属于真溶液液体剂型，质点在水中的粒径一般为0.1~1纳米。若水剂中加入适当的表面活性剂、增效剂等助剂的话，则其展布性、润湿性、渗透性、安全性将是其他剂型所无法相比的，所以农药水基化首先应选配成农药水剂应用，但是可以配成水剂应用的农药品种十分有限，远比不上微乳剂的可配范围广泛。

三、复配微乳剂，功夫在水里

现在全国范围内推行“无公害食品行动计划”，我国加入WTO后农业又是最受影响的行业。因此随着农药剂型结构的调整，农药剂型朝着安全、高效、低毒、低残留的水基化环保型的绿色农药发展方向已成大势所趋。农药水基化是能够化得起来的。

但是由于技术上的原因，农药微乳剂的登记、生产到目前为止全国不超过 100 家，约占全国2 000多家农药企业的 5%，其中有很多农药微乳剂品种是转让生产的。所以有能力自主开发生产农药微乳剂的企业肯定要比 100 家少。即使按 100 家计算，平均 20 个农药企业开发农药微乳剂项目也只有 1 家成功。

为什么开发农药微乳剂要比开发农药乳油制剂相对来说难度要大呢?

由于习惯了长期在非水的介质条件下开发乳油产品，而且复配乳油的技术已经基本定型。又有适合各种类型农药的商品化了的复配乳化剂供应，因此总是成功多于失败，很容易出成果。现在不同了，要在农药里放水，这是复配乳油的大忌。企业要发展，自身要生存，因此不但观念要转变，知识要更新，操作也要从头越，爱拼才会赢。尽管如此，在复配微乳剂时结果总是失败多于成功。

微乳剂离不开水。如果微乳剂里没有水那就不是微乳剂而变成了可溶性液剂或乳油了。微乳剂与乳油相比最突出的显著区别就是多了一个水组分，问题就在水里。制剂里由于有水的参与，整个体系的性质变得复杂化了，有些是发生了根本性的变化。例如原来体系是绝缘的或电的不良导体，由于水的加入变成导电了，原来是易燃易爆的现在变得安全多了，原来是与水不相溶的现在变成与水融为一体了，等等。因此只有加深对水的认识，重视水的作用，重新研究水与农药、水与有机溶剂、水与表面活性剂和水与助剂的关系作用，才有望从困境中走出来。

水可以载舟也可以覆舟，水可以助你一臂之力配出高质量的微乳剂来，水也可以把你所想开发的理想的微乳剂搞得一塌糊涂、一败涂地。只有磨炼“水上功夫”，开发农药微乳剂才有可能获得更多的成功。

注：本文发表在《农药市场信息》2003 年 15 期。

市场呼唤农药微乳剂 国家标准早日颁布

我国农药微乳剂在理论研究和应用方面已经取得了相当的成果。到本文发稿为止，据笔者统计（除卫生杀虫剂外）已有78个不同农药品种含量的农药微乳剂实现了登记生产使用。其中单剂30个、二元复配47个、三元复配1个。包括了杀虫剂、杀螨剂、杀菌剂、除草剂、植物生长调节剂等种类。参与复配的农药种类有有机磷类、氨基甲酸酯类、拟除虫菊酯类、烟碱类、沙蚕毒素类、无机物类、植物源类和微生物类等基本农药种类。农药微乳剂的研究、试验、登记、生产和使用目前正处在一个上升发展、竞争开发的旺盛时期。

但是由于农药微乳剂的国家标准至今还没有正式颁布，行业没有一个统一的、权威的国家标准去规范农药微乳剂的质量。因此目前市场上部分农药微乳剂产品良莠不分，真假难辨。用户不知该相信谁。

什么是农药微乳剂？

要判断是不是农药微乳剂，首先必须规范什么是微乳液，才能客观地给微乳剂下一个准确的科学定义。要解决这个权威性的重大问题，就得回到20世纪去请教请教首次命名“微乳液”的微乳开山祖师斯查罗曼（Schulman）。1943年斯查罗曼首次提出了水、油在大量的阴离子表面活性剂和助表面活性剂（一般为中等链长的醇）存在时能自发地形成透明的或半透明的另一种不同的分散体系。这种分散体系可以是油分散在水中（O/W型），也可以是水分散在油中（W/O 型）。分散质点为球形，半径为10~100纳米，是一种热力学稳定体系。经过 16 年的研究论证后，斯查罗曼于 1959 年首次将上述体系命名为“微乳液”。从此以后微乳液的研究和在有关领域的应用，都以斯查罗曼关于微乳液形成的机理和他的双重膜理论为基础。例如“几何排列理论”就是在斯查罗曼的“双重膜理论”基础上加以发展而提出的。微乳液发展到今天，已经成为表面科学应用表面活性剂的一门高新技术。虽然斯查罗曼的理论不十分完善，但是关于微乳液的本质特征，也就是什么是微乳液已经基本界定。在此基础之上，中国轻工业出版社于 1999 年 2 月出版的由崔正刚和殷福珊编写的《微乳化技术及应用》一书中，给微乳液下的一个明确的定义为：微乳液是两种不互溶液体形成的热力学稳定的、各向同性的、外观透明或半透明的分散体系，微观上由表面活性剂界面膜所稳定的一种或两种液体的微滴所构成。

根据斯查罗曼的研究以及农药微乳剂的实际情况，定义中的“两种不互溶液体”指的就是水和油。这个“油”指的既是与水不互溶的液态农药原药，也包括用溶剂溶解农药原药后与水不互溶或者溶解度很少的溶液。用这种油和水、表面活性剂、助表面活性剂配成的符合上述定义的微乳液就是农药微乳剂。根据上述定义，农药微乳剂必须具备以下四个条件：①由水和油两种不互溶液体形成；②外观透明或半透明的分散体系；③热力学稳定的体系；④由表面活性剂所稳定的微滴是各向同性的。

因此不管国家是早是迟颁布农药微乳剂国家标准或行业标准，只要农药商品贴上农药微乳剂（ME）的商标，就必须具备上述的四个条件，缺一不可。否则就不是农药微乳剂或者是不合格的农药微乳剂。这就是农药微乳剂的基本准则。可以预见，可以肯定，拿这个准则与将来的国家标准相比，区别的是国家标准在这个准则之上更全面，要求更高。如果某些农药微乳剂连这个基本准则都达不到的话，那么离未来的国家标准就太远了。现在改还来得及。

现在用这个准则为尺度去衡量市场上的农药微乳剂，就会很容易地发现有以下几种不合格的农药微乳剂。

1. “张冠李戴”微乳剂

用某些水溶性大的农药原药或用某些完全水溶性的农药原药的盐类配成的水溶性单剂（AS 或 SL）却戴上了微乳剂（ME）的帽子。这个制剂不符合“由水和油两种不互溶液体形成”的条件，而是由完全溶于水的一种液体形成。

如果在完全水溶性的农药溶液里加进与水不相溶的有机溶剂以示符合“两种不互溶液体形成”条件的话，那就是画蛇添足了。不要忘记：农药微乳剂是农药的微乳剂，而不是与农药无关的微乳剂。

2. “喀斯特”微乳剂

喀斯特是石灰沉积岩地貌的称谓。石灰岩是远古时代碳酸钙、碳酸镁盐类在海洋里沉积而成。市场上某些农药微乳剂由于产生沉淀结块，从瓶里取出，掷地有声，不符合微乳剂是热力学稳定体系的条件。

3. “步步高”微乳剂

微乳剂分成两层，甚至三层，一层比一层高。不符合微乳剂是热力学稳定体系的条件。

4. “星光灿烂”微乳剂

微乳剂由于出现液晶或结晶，在阳光下闪闪发光。不符合微乳剂是热力学稳定的各向同性的条件。

5. “千呼万唤始出来”微乳剂

微乳剂由于出现凝胶，黏稠、流动性差，用时倒半天才慢慢流出来，显得羞羞答答的。不符合微乳剂由表面活性剂所稳定的微滴各向同性的条件。

6. “春夏秋冬”微乳剂

市场上有的农药微乳剂微乳稳定性非常之差。由于受到季节气温变化的影响而变态。有的春天是微乳剂，到了夏天就变成了水乳剂。有的夏天是微乳剂，到了秋天就析出微晶满瓶皆是悬浊液了。有的秋天是微乳剂，到了冬天就变白胶凝了。有的冬天是透明的微乳剂，到了春天就变成悬浮剂了。不符合微乳剂外观透明或半透明的分散体系的条件和热力学稳定的条件。

还有的出现兑水200倍时不到一个小时就析出结晶、沉淀等质量问题。

农药微乳剂是公认的环保型的剂型。如果农药微乳剂产品本身都自身难保，怎么去保护环境呢？

造成这些农药微乳剂质量问题的原因，第一个原因是没有国家强制性的统一标准去执行。所以生产厂家各吹各的号，就低不就高，自己说了算。

第二个原因是技术不过关，没有掌握研制、生产微乳剂的全部技术。有的明知质量不过关，却以过去复配乳油的经验为依据，抱着边做边改的想法，实在不行就招聘人才来解决。谁知招聘会上不是招不起高层次的人才就是这方面的人才难招。没完没了的质量问题，跟着来的是生产越多、不合格产品就越多。最后把企业拖垮，这样的教训实在不少。

第三个原因是某些企业引进农药微乳剂项目，转让农药微乳剂技术时“不看罗衣只看人”。某些企业在引进项目、转让技术时往往只以对方牌子大小、权威声望、利益关系、交情深浅为准。有的甚至是以顶头上司说了算，认定某单位某个人的项目肯定可靠，技术成熟。而不去认真看看，验证即将卖给你的这件“罗衣”的产品质量是否过关。

现在由于种种原因，同样有些个别的、牌子大的“信得过”的“国家免检产品”的单位，生产出“信不过”的免检产品时有报道。例如2004年10月16—18日，中央电视台公开曝光的河南省个别“信得过”的大企业生产“国家免检产品”——知名度很高的“豫花牌面粉”严重产品质量事件。当地的人们谈“豫花牌面粉”色变、不敢吃面食，就是一个很好的说明。

如果反过来“只着罗衣不看人”的话，结果就不同了。聪明的买主货比三家，只有看中价廉物美的“罗衣”才掏钱，而不去看重这件“罗衣”是谁卖的，才是精明的顾客。

我国已加入世界贸易组织（WTO)，因此在制定农药微乳剂国家标准时要与世界接轨。建议要以世界农业、气候为起点，制定出适合全球生产、运输、贮存和使用的标准。中国人是很聪明的，不要降低标准，自己贬低自己。只有严要求的高标准，才会有高质量的农药微乳剂产品。

注：本文发表在《农药市场信息》2004年23期。

农药微乳剂的生产及市场前景

我国自1990年开始开发农药微乳剂以来，据不完全统计，到2003年已有60个不同农药品种、含量的农药微乳剂（卫生杀虫微乳剂除外）实现了工业化生产。1999年以前登记生产的农药微乳剂一共只有8个，到2003年4年共新增52个，平均每年新增13个。其中有效成分含量最高者为50%乙草胺微乳剂。单剂26个、二元复配34个。包括了杀虫剂、杀螨剂、杀菌剂、除草剂、植物生长调节剂等种类。参与复配的农药种类有有机磷类、氨基甲酸酯类、拟除虫菊酯类、烟碱类、沙蚕毒素类、无机物类以及植物原类和微生物类等基本农药种类。农药门类结构比较齐全，功能应有尽有。可以说农药微乳剂的开发推广应用已有一定规模、初见成效，在农业上只要农作物病虫草害出现的地方，都有可能看到农药微乳剂的踪影。

农药微乳剂工业化生产之所以加快，是市场需要、技术成熟和工业生产的有利条件使然。

一、生产微乳，技术可靠

众所周知，从技术的角度看任何一个项目能否工业化生产，首先要看这个项目技术是否可行，产品质量是否稳定可靠。农药微乳剂发展到今天，从上述众多的厂家上众多的项目、生产众多的农药微乳剂产品投放市场的现实看，可以充分证明农药微乳剂的生产技术是成熟可靠的。微乳稳定性是微乳剂的灵魂。要判断微乳剂技术是否成熟可靠，只要检测产品是否达到有关农药标准要求的微乳稳定程度，即可以得出结论。

开发农药微乳剂要根据农业上的需要，科学地选好原药组分和有效成分含量，掌握一定的复配技巧，适应微乳剂的特点和要求，才能够筛选出合格的农药微乳剂来。

从不同的样品无数次的试验结果来看，在特定的条件下，很多农药微乳剂项目可用的配方不只是一个，而是很多个。如5%氯氰菊酯微乳剂，至少可以选配出8个以上的稳定的配方来供工业生产。说明生产农药微乳剂的技术可靠性是具有普遍性的。

二、乳油设备、微乳操作

生产农药微乳剂的设备和生产乳油的设备基本一样，因此生产乳油的设备完全可以用来生产微乳剂。生产农药微乳剂与生产乳油相比最大的区别是增加了大量的水组分，因此要按照农药微乳剂的生产规程操作。一般生产乳油的工人都具备生产微乳剂的操作技能，稍加培训即可上岗。

三、降低产品成本是关键

尽管农药微乳剂有着对生物表皮穿透力强、药效好、低残留、水基化更符合环保要求等诸多优点。但是要企业生产成本比同组成同含量的乳油低的农药微乳剂那就十分困难了，有些项目甚至是不可能的。所以降低生产成本使产品成本比乳油低或者与乳油成本持平，便成了生产农药微乳剂的关键因素。

能降低生产农药微乳剂的产品成本吗？

1. 农药微乳剂产品成本高的原因分析

微乳剂在水中分散的粒径一般在10~100纳米，乳油在水中的分散粒径一般在100～10 000纳米，两者大小相差最大可达1 000倍左右。农药有效成分作为分散体，其分散的粒径越小则其表面积就越大，反之就越小。因此配微乳剂的农药有效成分所需要的表面活性剂来吸附、润湿、分散、乳化、增溶和包裹的量肯定要比等量农药有效成分的、粒径大、面积少的乳油多，这就是所有微乳剂耗用的表面活性剂比乳油多的根本原因。如果掌握得不好，多加或滥加则成本更高。加多少合适因农药的品种、含量及所用的其他助剂不同而不同。一般来说，农药微乳剂所加的表面活性剂在10%～30%，大大高于乳油所加之量，这是微乳剂产品成本高的第一个因素。

成本高的第二个因素是农药微乳剂所选用的助剂比较讲究，不像生产乳油常用的三苯价格便宜。

在技术上，三苯完全可以作为微乳剂的助剂之一来应用。例如甲苯，不管是从理化性能特别是溶解性能，还是从经济的角度去评估，它都是复配阿维菌素微乳剂和乳油的理想溶剂。但是绿色环保型的微乳剂拒绝三苯的参与。

第三个因素是生产配方。生产配方决定产品成本的低和高。同组成、同含量的农药微乳剂往往因不同的配方而成本各异，因此筛选科学的最佳配方便成为生产农药微乳剂的头等大事。

第四个因素是添加增效剂。添加增效剂的微乳剂要比单纯的微乳剂药效好、成本高。特别是添加脂溶性强的增效剂时，要多耗的表面活性剂的量一般在一比一左右。所以在评价微乳剂的成本时应该把药效、安全、环保的效益考虑进去才比较合理。同剂型不同成本的微乳剂要做药效对比试验，货比三家。

2. 降低生产农药微乳剂产品成本的途径

第一，生产农药微乳剂与生产乳油相比，需要较多的表面活性剂这是无法改变的客观现实。但是选择用量少、效果好、价格便宜的表面活性剂来应用，就能把微乳剂产品成本较大限度地降下来。实际情况正是如此，所以选择最佳的表面活性剂是降低产品成本的第一个有效途径。如果表面活性剂的用量降到 10%～15%的话，就有望在成本上与乳油一比高下了。

第二，精选生产配方。选择药效好、含水组分高的微乳剂配方来生产。生产农药微乳剂以水为助剂是最为廉价的原料，也是降低农药微乳剂产品成本最有效的办法。生产上可用之水有去离子水、软水、蒸馏水、开水和自来水等水种。生产农药微乳剂对水质的要求因品种而异，也和复配技术有关，一般来说蒸馏水已满足绝大多数生产农药微乳剂用水的要求。

第三，原料国产化。生产农药微乳剂除了水之外还有其他有机溶剂、表面活性剂、稳定剂、增效剂、防冻剂和助乳化剂之类等原料，这些原料都应国产化，也能够国产化。本部开发的 86 个农药微乳剂项目所用的原料立足于国内，完全实现了国产化。用户无须担心买这买那买不到，国内化工市场的产品任你挑，进口的原料只要价格合适也可以用。

因此，生产农药微乳剂要大幅地降低产品成本，就必须充分发挥水为基质的优势作用，原料国产化，最大限度地降低表面活性剂的用量，选择最佳的配方生产。

广西宜州市金安化工开发技术服务部自主开发研制的农药微乳剂项目配方，用国产的表面活性剂目前最低用量为 10%，含水量最多者为 70%。因此所有农药微乳剂项目比一年前复配的同样项目产品成本下降较大，有 60%以上的项目比同组分、同含量的乳油成本低。

现以本部自主开发研制的，外观为红色透明的 0.2%甲氨基阿维菌素苯甲酸盐微乳剂为例：除 0.2%甲氨基阿维菌素苯甲酸盐原药以外的全部助剂——包括表面活性剂、水、有机溶剂、助乳化剂、增效剂、染色剂等 6 种原料成本为 2 105 元/t。若以生产 0.2%甲氨基阿维菌素苯甲酸盐乳油常规用的甲苯、二甲苯等芳香烃为溶剂生产，则全部助剂的成本要4 000元/t以上。用价格更为便宜的低级醇类生产或以上述两者有机溶剂混用生产，则全部助剂的成本也要超过3 000元/t。都比生产微乳剂成本高。这绝对不是个别现象，现再把同系列的农药微乳剂的助剂成本列于下：0.5%甲氨基阿维菌素苯甲酸盐 ME 为2 850元/t，1.0%甲氨基阿维菌素苯甲酸盐 ME 为3 615元/t，2%甲氨基阿维菌素苯甲酸盐·高效氯氰菊酯 ME 为3 919元/t，3.2%甲氨基阿维菌素苯甲酸盐·氯氰菊酯 ME 为3 440元/t。以上剂型全部都加有增效剂，与乳油相比孰高孰低？因此大大地增强了该农药微乳剂在农药市场中的竞争能力。

四、商机无限

农药微乳剂是目前国家提倡鼓励农药剂型朝着水基化环保型方向发展的剂型之一。特别是在高毒农药限期退出农药市场的今天，为生产农药微乳剂提供了难得的机遇。由于农药微乳剂有着独特的剂型优势，只要产品价格合适，它的应用正在为广大用户所接受。

2003年22期的《农药市场信息》杂志以“菊酯类农药可望在水稻田开放使用”的报道，向广大农药企业及业内人士传递了2003年8月5—6日在北京“农业部召开第七届全国农药登记评审委员会第一次全体会议”的重要信息。毫无疑问对所有采用菊酯类和用菊酯类复配的农药剂型都是一个好消息。对水稻来说，特别是对防治水稻大螟、二化螟、三化螟、纵卷叶螟、稻苞虫、稻蓟马的特效农药杀虫单直接与菊酯类复配成二元，杀虫单直接与菊酯类、吡虫啉复配成三元微乳剂的生产应用，无疑是很多农药企业的选择，也是农民朋友最省钱、省工、省时的综合防治水稻害虫比较理想的制剂。虽然上述配伍简单，但可开发可生产的品种却不少，无奈乳油却难以涉足。相反在这个类型里，微乳剂却是最能大显身手、最能突出展示自己价廉物美的竞争优势的，从而为微乳剂发展提供了前景广阔的市场大舞台。

注：本文发表在《农药市场信息》2005 年 3 期。

微乳分析与战略

在众多的农药微乳剂产品中，20%阿维菌素·杀虫单微乳剂是目前登记生产、使用的农药微乳剂中的热点，也是农药微乳剂中比较具有代表性的剂型。更重要的是油溶性原药和水溶性原药首次配成微乳剂应用，具有突破性的典型。分析这个制剂，进一步认识这个剂型，对农药微乳剂的开发和发展有着十分重要的意义。

一、微乳分析

阿维菌素是来自土壤中微生物灰色链霉素的天然物质。其中以Bla组分活性最强，是优良的抗生素、杀虫杀螨剂。其特点是广谱、高效、低残留和对人畜及环境安全，对害虫有胃毒和触杀作用，又与常用的化学杀螨剂无交互抗性，因而成为目前我国工业化生产大吨位的生物农药之一。由于杀虫活性高、亩*用量小，因此极易为用户接受，发展势头强劲。

阿维菌素即使没有渗透助剂的参与，对植物叶片也有很强的渗透作用，可以杀死潜伏在植物表皮下面的害虫，残效期极长而且对植物无药害。它是防治柑橘锈壁虱、潜叶蛾、红蜘蛛、四斑黄蜘蛛、短须螨，番茄和蔬菜潜叶蝇、小菜蛾及线虫的良药。

阿维菌素易溶于丙酮、甲苯等有机溶剂。它不溶于水，对水

---

* 注：1亩≈667平方米，全书同。

十分稳定。在25 ℃时pH值在5~9不水解，这是阿维菌素能配成十分稳定的农药微乳剂的最重要的理化性质。

杀虫单属沙蚕毒素类农药。它是极其强烈的内吸、胃毒、触杀兼有熏蒸杀卵作用、无残留的优良的仿生杀虫剂。防治水稻大螟、二化螟、三化螟、纵卷叶螟、稻苞虫、稻蓟马、叶蝉、飞虱、菜青虫、黄条跳甲、小菜蛾、柑橘潜叶蛾、锈壁虱等几十种害虫有优异的防治效果。

杀虫单溶于水，和阿维菌素一样在pH值5~9十分稳定。由此可见选择阿维菌素和杀虫单配伍兼有内吸、胃毒、触杀、熏蒸以及杀卵比较齐全的作用。来自天然，回归自然，地造天成。

更难能可贵的是1%杀虫单的水溶液的pH值为4~5。这一性质为杀虫单与别的农药复配和杀虫单与阿维菌素作为母体与其他农药复配成农药微乳剂，奠定了非常牢固的基础。

众所周知绝大多数农药都是在酸性、偏酸性、弱酸性、pH值小于或等于7的介质里才稳定的。而1%杀虫单的水溶液的pH值为4~5，正好利用杀虫单这一特性来调节微乳剂的pH值从而达到制剂的稳定目的。例如菊酯类的甲氰菊酯、氰戊菊酯、氯氰菊酯、高效氯氰菊酯、溴氰菊酯和联苯菊酯无不要求pH值在4~6才稳定。因此杀虫单+菊酯类、杀虫单+阿维菌素+菊酯类复配成二元、三元农药做微乳剂无疑是一个典型的、数量庞大的、稳定的系列组合物。可以说要配多少个就有多少个，要生产多少就有多少。其组合物的有效成分含量：阿维菌素在0.2%~1.0%，菊酯类在0.25%~5%，杀虫单在15%~40%范围内波动，完全可以满足农业上的需要。

杀虫单+烟碱类（吡虫啉、啶虫脒等），杀虫单+阿维菌素+烟碱类，杀虫单+菊酯类+烟碱类，杀虫单+菊酯类+阿维菌素+烟碱类又是另外一个庞大的二元、三元、四元的农药微乳剂系列组合物。

在上述两个系列的范围内，广西宜州市金安化工开发技术服务部至少已经开发了36个项目，而且已经推向市场。这些项目的技术是可行的、产品质量是可靠的、微乳是稳定的。由此可见，农药微乳剂的剂型能充分发挥杀虫单和阿维菌与其他农药复配成多品种、多系列、多元化的农药微乳剂的优势作用。

阿维菌素和杀虫单本身以及复配成的微乳剂也并非尽善尽美。阿维菌素光解迅速，只有在常温条件下贮存才稳定。中华人民共和国化工行业标准HG 2800—1996《杀虫单原药》中说明杀虫单“稳定性在50 ℃以下密闭贮存稳定”。因此含阿维菌素和杀虫单原药复配的微乳剂不做（54±2）℃热贮试验。但产品从生产之日算起二年内在正常温度贮存条件下有效成分分解率不应大于5%。以上为阿维菌素和杀虫单不足之处，只要注意科学的包装和贮存，不会影响对它们的应用。

二、微乳战略

农药微乳剂是水基化纳米级环保型的绿色农药剂型。然而只靠这些剂型优势是不够的，也是很难在农药市场里生存和发展的。

农药微乳剂立足的地方在哪里？农药微乳剂应朝什么方向发展，在农药市场里才能真正占有属于自己的一席不败之地？

1. 乳油雷区，微乳王国

农药乳油是农药微乳剂的最大竞争对手。农药乳油目前仍然处在农药生产、销售、使用的霸主地位。因此农药微乳剂的生存和发展都不能无视乳油制剂的存在和作用。

如果20%阿维菌素·杀虫单能够用三苯或低级醇配成稳定的乳油的话，可能20%阿维菌素·杀虫单微乳剂早就销声匿迹了。为什么？答案很简单：因为乳油成本低。微乳剂的剂型优势不敌乳油的价格优势。

从这里可以得到启发：20%阿维菌素·杀虫单微乳剂今天在农药市场里能够站稳脚跟、发扬光大，是因为0.2%阿维菌素+19.8%杀虫单不能复配成廉价的乳油制剂。这个结论也许不够准确和全面，有不同看法也在所难免。

杀虫单的化学名称为1-硫代硫酸钠基-2-二甲氨基-3-硫代硫酸基丙烷，是极易溶于水的离子型的有机化合物。其原药所含1%~6.5%的杂质是无机强电解质食盐和硫代硫酸钠。从而决定了杀虫单原药原料强亲水极憎脂的溶解性质，所以杀虫单不买三苯以及绝大多数有机溶剂的账，尽管使用表面活性剂，要想使杀虫单参与复配成有实际应用意义的乳油是非常困难的。退一步来说，即使能配成有实用意义的乳油也要被其高成本所否定。因此杀虫单+阿维菌素、杀虫单+菊酯类、杀虫单+烟碱类、杀虫单+其他农药以及本文上面所列的杀虫单参与复配的三元、四元农药微乳剂的区域，或者概括地说不水解或不易水解的油溶性的原药和水溶性的原药复配成农药微乳剂的这块广阔天地，便成了农药乳油的雷区。农药微乳剂必须也只有在“昨夜西风凋碧树”的乳油雷区建立自己的领地，成为乳油不敢越雷池半步的微乳王国，才能纵横驰骋，达到“独上高楼，望尽天涯路”的最高境界。

2. 降低成本，攻城略地

有很多农药及其组合物既可以复配成乳油也可以复配成微乳剂，一般来说配成乳油有着成本低的优势。而微乳剂在这个与乳油争夺的中间地带明显处于劣势。要改善和改变这种战略态势，使之朝着有利于微乳剂的方向发展的话，就必须重金聘请微乳人才，加大投入，付出代价。在战术上加强企业管理，精心策划市场，技术上精益求精，努力降低产品成本，只有“衣带渐宽终不悔，为伊消得人憔悴”，才能攻城略地有所得。

3. 发挥优势，逐鹿中原

农药微乳剂是国内外都提倡鼓励和加快发展的农药新剂型，要充分发挥剂型的优势，遵循“微乳不可贵、人命价最高”的原则。首先在人们最敏感的蔬菜、茶树、果树应用方面打造出几个农药微乳剂的名牌来。在农药市场里引起广大用户“众里寻他千百度，蓦然回首，那人却在，灯火阑珊处”的效应，何愁逐鹿中原不成？

注：本文发表在《农药市场信息》2004 年 6 期。

用微乳技术开发天王星

联苯菊酯又名天王星，是美国 FMC 公司于 1981—1983 年研制开发成功的一种含氟具有联苯结构和有一定杀螨活性的合成拟除虫菊酯杀虫剂。据《中国农业百科全书》介绍：联苯菊酯杀虫活性高，属神经毒剂，主要起触杀和胃毒作用。杀虫迅速，残效期长，在土壤中不移动，对环境安全，杀虫谱广，对鳞翅目、半翅目、鞘翅目、缨翅目等多种的害虫有效。对蜱螨目害虫也有一定的防治效果，可用于虫螨兼治。主要用于棉花、茶树、果树、蔬菜等作物防治各种蚜虫、棉铃虫、棉红铃虫、茶尺蠖、茶毛虫、茶小绿叶蝉、果树食心虫、柑橘潜叶蛾、菜青虫、甘蓝夜蛾和红蜘蛛、叶螨等。联苯菊酯对螨类有一定的抑制作用，对茶小绿叶蝉和螨类的防效明显优于溴氰菊酯和氯氰菊酯。

目前登记、生产、应用的联苯菊酯的剂型主要是乳油、可湿性粉剂和悬浮剂。在国内外，目前联苯菊酯微乳剂的登记、生产和应用仍然是个大空白。

用微乳技术开发天王星是根据联苯菊酯本身的特性、价格以及有关茶叶的绿色壁垒而提出的。

一、国产化价格回落

据不完全统计，目前国内登记生产联苯菊酯原药的企业有：江苏扬农化工股份有限公司、江苏常隆化工有限公司、上海康泰生化科技有限公司、河北成安县漳洛农药厂、湖北沙隆达农药股份有限公司和江苏太仓农药厂等7家，基本上实现了联苯菊酯国产化。

95%以上的联苯菊酯原药的价格由1999年进口的280万元/t降到了目前的70万元/t，而且今后还会降。在1999年开发联苯菊酯复配制剂时，考虑到用户的接受程度只能象征性地加进0.3%联苯菊酯参加复配。虽然只有0.3%，但是每吨制剂含联苯菊酯原料成本就高达8 400元，相当于现在含1.2%联苯菊酯的成本。因此现在应该是时候用联苯菊酯进行有效的复配应用了，抓住这个时机，加大力度开发。

二、茶园菊酯首选天王星

据有关报道："2002年底至2003年初，欧盟、德国和日本纷纷制定了2003年茶叶农药MRL新标准。"这个标准定得很严，规定残留量阿维菌素为0.02 mg/kg，乐果为0.05 mg/kg，四螨嗪为0.55 mg/kg，等等。因此有关专家建议"在向欧洲出口茶叶的生产基地立即停止阿维菌素、乐果、四螨嗪的推广应用"。到2001年7月1日，欧盟对茶叶中规定执行的农药残留限量已达108项。也就是说有108种农药或有毒物质残留量不得超标，有些禁止使用的农药不允许检出。

我国是茶叶出口大国，每年出口20万t左右，由于茶叶农药残留量的问题，出口量正在逐年减少，经济损失是巨大的。因此茶园用药或者所有的农副产品作物用药都应该讲究选择、科学用药。再不能是有什么药就用什么药，哪种便宜就用哪种药，哪种杀虫治病快就用哪种药，完全无视农药残留量的危害和影响产品质量的习惯是到了非改不可的时候了。这种改是时代的要求，也是一种规律，自然促使你非改不可。农药残留量虽小甚至是微不足道的，但是它却是决定着产品能不能进入市场，决定着大宗买卖、大笔生意能否做成的前提。农药残留量超标就只能“打道回府”，因此绝不能等闲视之。专家建议对茶园中推广的农药品种要进行适当的调整，在菊酯类农药中，根据药效、残留和标准三方面的考虑，可将联苯菊酯（天王星）作为首选品种。原因是联苯菊酯比较安全并且容易通过 MRL 新标准的检验，欧盟将联苯菊酯的 MRL 标准定为 5 mg/kg，而在茶园中防效上低于联苯菊酯的功夫菊酯和氯氰菊酯欧盟定的标准 1 mg 和 0.5 mg/kg，因此天王星是茶园中使用菊酯类农药的最佳选择，非它莫属。

为了更有效地发挥联苯菊酯的药效和更保险地降低茶叶农药残留量，理应重点开发应用联苯菊酯微乳剂。目前，广西宜州市金安化工技术服务部为了适应国内外农药市场的需要，以全新的微乳技术，以最快的速度开发研制联苯菊酯微乳剂。目前正在开发的联苯菊酯微乳剂系列产品项目有：1.7%、2.5%、5.0%联苯菊酯 ME 和 2%、3%、4%、5%联苯菊酯 · 啶虫脒 ME 等 7 个品种，外观主要是黄色、棕色和红色。这些微乳剂适用于茶园，也适用于菜园、果园和花卉园林等，上述全部合格的项目将于 2004 年初推向市场。联苯菊酯微乳剂剂型亮丽、纯洁、高雅，在农药百花园中是其他菊酯类无法取代的一朵，希望得到农药企业和用户的喜欢。正是：奇花丽雅洁，但愿美人折。

注：本文发表在《农药市场信息》2004 年 2 期。

高浓度多元复配农药微乳剂的开发

微乳通常是由油、水、乳化剂和助乳化剂组成。它是由粒径为 10~100 nm 的乳滴分散在另一种液体中形成的胶体分散体系。微乳的乳滴多为球形，间或有圆柱形。大小比较均匀，始终保持均匀透明，经加热也不能使之分层。微乳多属热力学稳定系统。

关于微乳的形成机制，科学界看法尚不统一。1940 年 Shulman 对微乳进行了系统的研究，认为界面张力起重要作用。在乳化剂与助乳化剂的作用下，微乳中不仅出现了超低界面张力，而且出现负的界面张力，因而微乳极其稳定。

另一些学者不同意负界面张力之说。因为有少数的表面活性剂能使界面张力降低到临界值（10^{-2} mN/m），不加助乳化剂也能形成 O/W 型微乳。但是形成 W/O 型微乳，必须达到超低界面张力（$\leqslant 10^{-4}$ mN/m），这时 W/O 型微乳中的水滴才能大量地形成棒状聚集体。

毫无疑问，这些经典学说，对配制微乳剂都有着重要的指导意义。根据上述微乳的本质和形成机制的理论，开发高浓度多元复配农药微乳剂是可行的。因为它没有对微乳剂的组成和浓度界定。只要达到临界值或小于超低界面张力值，符合微乳的质量要求，都可以制成微乳剂。

所谓高浓度是相对低浓度而言，一般含有效成分 20%以上。

一、充分发挥农药微乳剂的优势作用

开发高浓度多元复配农药微乳剂能够更充分地发挥微乳剂在农药应用上的优势作用。众所周知，农药微乳剂与其他农药剂型相比，有很多突出的优点，堪称是纳米级绿色农药。但是目前农药市场，基本上是清一色的低浓度单剂和二元复配的微乳剂。而且数量也不多，这是很不相称的。

对于某些农药品种来说，若复配成微乳剂，它的应用就会大大增加，而且是其他剂型所无法取代的。如：杀虫单。

杀虫单是1975年由我国贵州省化工研究所自主创制的具有强烈的胃毒、触杀和内吸传导作用，并兼有熏蒸、杀卵作用的神经传导阻断型杀虫剂。无抗性、无残留，它和杀虫双是防治水稻螟虫的特效药剂。杀虫谱广，对水稻大螟、二化螟、三化螟、纵卷叶螟、稻苞虫、蓟马、叶蝉、黏虫、负泥虫、飞虱，蔬菜菜青虫、菜螟、黄条跳甲、银纹夜蛾、菜毛虫、盲蝽、小叶蝉，柑橘潜叶蛾、锈壁虱等几十种害虫有优异的防治效果。而且对钉螺及其卵有特效。广泛用于水稻、玉米、茶树、甜菜、甘蔗等作物，现已是我国大吨位的农药品种之一。但是，目前杀虫单的剂型单调，基本上以杀虫单原药粉剂包装上市为主。由于不加或难以加进合适的乳化剂，因此难以发挥应有的药效。另外就是含量不同的吡虫啉、噻嗪酮、井冈霉素与杀虫单复配的可湿性粉剂，其他剂型寥寥无几。原因何在？其最主要的原因就是杀虫单本身的性质难以与其他农药复配成液体制剂，特别是乳油制剂。因此它的应用受到了一定的限制，没有充分发挥杀虫单在复配制剂中的优异作用。要实现扩大杀虫单与其他农药品种复配应用，选择微乳剂是杀虫单展现自己本领的最佳复配剂型。

二、杀虫单可以复配成高浓度多元的农药微乳剂

选择杀虫单来复配成高浓度多元组分的农药微乳剂也是由杀虫单本身的性质决定的。实践证明，它能与阿维菌素、吡虫啉、啶虫脒、高效氯氰菊酯、氯氰菊酯、溴氰菊酯等菊酯类和灭多威等氨基甲酸酯类农药复配成高浓度的二元、三元、四元组分农药微乳剂。

高浓度多元农药微乳剂优点更多：扩大了杀虫谱；综合防治能力更强；使用时省工、省时、省力；运输成本降低。对企业来说，由于复配高浓度多元微乳剂技术复杂、难度高，因此不易被仿制，有利于保护企业和消费者的权益。

三、农药微乳剂质量

农药微乳剂的质量要从市场的角度去要求和提高。

微乳剂的研究人员都知道：微乳剂在冷藏过程中有些样品会出现浑浊现象。这时清澈、透明的微乳液变成了浑浊液，当温度上升超过某点温度后，浑浊液又慢慢变成了清澈、透明的微乳液。这本来是这个配方的微乳剂因温度低于浊点温度而出现浑浊的属性。但是，若农药微乳剂的浊点在使用温度范围内出现的话，对作为商品的农药微乳剂是很不利的。为什么？

1. 剂型不符

农药微乳剂在使用温度范围内出现浑浊现象，用户明明买的是微乳剂，得到的却是“水乳剂”，用户有上当受骗之感。此时双方有理说不清。

2. 市场需要，也是目前农民意识的定位

在使用温度范围内，要求农药微乳剂不出现浑浊现象是市场的需要，否则就容易造成农药市场的混乱。

地方质量监督部门和市场执法人员在农药市场打假时，根据请教有关专家的意见，经常宣传教导农民识别假冒劣质农药的方法：若农药出现与剂型不符、浑浊等，便是假冒劣质农药。尽管厂家在商标上加以说明——“出现浑浊不影响药效”云云，都是无济于事的。

3. 用加水稀释变浊的微乳剂来做现场简单的检验，证明这是货真价实的农药微乳剂

虽然得到清澈、透明的溶液，但也不能说明问题。因为农药可溶性液剂、水剂用水稀释时也同样得到清澈、透明的溶液。

假如某一农药微乳剂商品在温度下降到 10 ℃时就变浑浊的话，那么这个商品在中国大地的冬天和初春就只能在南方少数省份亮相，而 80%的市场已经丢掉。

同时，由于微乳剂是以水为基质的液体制剂，因此比较容易因低温而冷凝、冻结，这对生产和使用来说也是不允许的。因此，微乳剂在使用温度范围内应保证有满足用户需要的流动性。

一般来说，农药微乳剂在低温出现的浑浊问题和流动性问题可以通过复配技术加以解决。但是，有关资料显示，包括国外的农药微乳剂在内，有相当数量的农药微乳剂都无法避免在使用温度范围内出现浑浊的现象。只有默认其清浊可逆性的存在为合格。

广西宜州市金安化工开发技术服务部推出的所有农药微乳剂，向企业承诺、向用户保证，在（−8±2）~（54±2）℃的自然贮存、使用的范围内：

①两年内不出现浑浊现象，始终保持清澈、透明的单相液体状态；

②不冷凝，不冻结、保持如水般的流动性。

四、农药微乳剂成本

农药微乳剂的成本和其他制剂一样，是以在提高和保证药效的前提下尽量降低成本为原则的。农药微乳剂的原料成本与乳油制剂比较，谁高谁低？由于微乳制剂加的乳化剂比乳油多，一般来说微乳剂的成本要比乳油高些。但也不完全如此。

1. 成本可比性

所谓成本可比性就是对某些农药品种来说，它既可以配成乳油也可以配成微乳剂。两者成本可以直接进行对比，一目了然。现以本部推出的项目自比如下。

①24%高效氯氰菊酯·灭多威微乳剂与24%高效氯氰菊酯·灭多威乳油对比。结果是微乳剂增加的原料成本是乳油原料成本的1.65%。

②5%高效氯氰菊酯微乳剂与5%高效氯氰菊酯乳油对比。结果是微乳剂增加的原料成本是乳油原料成本的9.43%。

上面的对比有一定的代表性。也就是说，生产高浓度的农药微乳剂要比生产低浓度农药微乳剂的成本要低，更接近乳油成本。

2. 成本不可比性

由于某些农药原药的性质关系，目前只能够配成微乳剂而无法配成乳油制剂，因而不可比。如本部推出众多的二元、三元、四元与杀虫单复配的微乳剂，都不能配成相同的乳油制剂。

3. 成本与复配技术有关

可以说，所有的农药微乳剂即使是同一个剂型配比，其组成含量相同，但具体的配方则因人而异，不尽相同。复配的技巧也不一样。所以成本和复配技术有关。例如本部推出的第一个高浓度农药微乳剂项目：20%、30%、35%、40%阿维菌素·杀虫单微乳剂。其原料成本都低，分别为：10 656 元/t、13 078 元/t、13 348 元/t和14 895 元/t。

现以“20%阿维菌素·杀虫单微乳剂”的原料成本从另一个角度去评估。该剂的乳化剂含量为≤15%，水分含量≥45%。乳油一般乳化剂含量为 5%~15%，但是配到 18%的也不少见。可以说上述微乳剂的乳化剂含量与乳油所配乳化剂含量差不多。假如此微乳剂能够配成“20%阿维菌素·杀虫单乳油”的话，那么微乳剂中≥45%的水分，就要全部用有机溶剂来代替。成本谁高谁低？在这两个制剂里，微乳剂成本肯定要比乳油低。

五、农药微乳剂的颜色

农药微乳剂的颜色一般都是无色透明的。但是出于某种需要也可以把微乳剂染色。这是允许和正常的。本部推出的微乳剂有无色、粉红色、深棕红色、棕色、棕黄色、黄色和淡黄色等多种颜色。不管是什么颜色的微乳剂都必须是清澈透明的单相液体，用水稀释时必须成透明的溶液，符合农药微乳剂的质量标准要求。

注：本文发表在《农化市场十日讯》2002 年 1 期。

农药微乳剂，十年磨一剑

1999年笔者在广东珠海绿色南方总公司研究中心工作时，从公司尘封的有关农药刊物档案资料中，有幸拜读了广东中山石岐农药厂王海文先生于1993年发表的《10%氯氰菊酯微乳剂的研制》科技论文。报道的配方自然是带有保密性质的，这是可以理解的。其中两种乳化剂用A和B代替，辅助剂不明言。但是从以后的有关农药登记的资料中并未发现该厂登记的10%氯氰菊酯微乳剂。原因可能是文章中所指出的“本剂在17~42 ℃为微乳剂，超此范围为乳状液”“微乳剂仅在窄的温度范围内稳定”。尽管如此，我国农药微乳剂的开发在当时正处于刚刚起步的阶段，能取得这样的成果已经是走在农药微乳剂科研的前列了。

2002年4—6月农药登记资料显示，福建省厦门南草坪生物工程有限公司首次在十字花科蔬菜登记了防治菜青虫的农药微乳剂乙太锐，即10%氯氰菊酯微乳剂。由此可见从石岐农药厂开发此剂开始到厦门南草坪生物工程有限公司登记此剂止，经历了十年，真可谓十年磨一剑！在这漫长的十年中，可想而知石岐农药厂必磨此剑！而厦门生物工程有限公司则不动声色地在南草坪打磨此剑；金安化工开发技术服务部也在默默地试铸磨此剑；而其他一些科研单位、农药企业也指派高手炼制此剑。功夫不负有心人，宝剑锋从磨砺出，为农药微乳剂的推广应用又增加了一件利器。

十年磨一剑，多半不是天天磨，月月磨；更可能的是翻资料、看文献、寻找有关最新微乳剂科技信息的时间多于做试验的时间。但可以肯定的是耗时十年的时间只有多不会少，其技术难度可想而知。同时也说明不管开发10%氯氰菊酯微乳剂的技术难度有多大，也动摇不了农药科技工作者为了推广应用水基化环保型的农药新剂型的决心，只要坚持就能胜利。

农药微乳剂的剂型质量和其他农药剂型质量一样至关重要，因为剂型质量绝对决定着药效质量。谁都知道，如果剂型质量过不了关的话，那么此剂型的项目再好也只能成为泡影。10%氯氰菊酯微乳剂的开发研制之所以花了十年的时间才成功，其最主要的原因就是剂型质量久攻不下。

农药微乳剂的剂型质量就是微乳剂的质量，它和很多因素有关。研制农药微乳剂如果只满足于微乳剂的稳定性的话，那是不够的，因为按照单纯的形成微乳液的模式：原药或溶解了的原药+乳化剂+助乳化剂+水。复配出来的尽管是稳定的微乳剂其药效不一定能达到最高境界。要进一步提高药效还得要增加一些有利于防治的助剂。但是增添了这些助剂后，毫无疑问地又增加了复配的难度和成本。这就意味着在技术和管理上提出了更高的要求。实践证明，不管是增加了水溶性的或是油溶性增效剂都能复配出稳定合格的农药微乳剂来满足药效的需要。成本也是可以降低的。现以金安版的10%氯氰菊酯微乳剂为例，简介如下：外观为黄色透明液体，加有两种作用不同的增效剂；各项技术指标均符合有关农药剂型的标准要求，微乳稳定性在(−8±2)~（54±2)℃的温度范围试验保证保持透明流动、单相液体的标准状态。原料成本：以《农药市场信息》杂志刊登的原药·助剂价格计算为13 772元/t。若以市场成交价格来计算，成本肯定还要降低。

十年磨一剑，一定能磨出高效、经济的农药微乳剂来。

十年磨一剑的精神是可嘉的。但是时代不同了，农药开发的计划、速度赶不上市场的变化和要求了。十年磨一剑显然与时间就是金钱、速度就是生命的理念相悖的，企业也是难以接受的。

由于微乳剂的剂型具有相对安全、高效和低残留的优点，所以科研单位和企业都在加大开发力度。实际上农药微乳剂的开发、登记、生产的步伐已经加速，并取得了显著的效果。例如2002年一年新增登记的农药微乳剂品种就有21个之多，比1990—2000年共登记的17个还多，可谓方兴未艾，势头强劲、冲击波不小。一年登记21个新的农药微乳产品项目，当然不是一年就可以完成的，但是至少可以说明农药微乳剂现在已经不是十年磨一剑，而至少是一年磨十剑了。

注：本文发表在《农化市场十日讯》2003年19期。

话说农药微乳剂

20世纪初国外已经成功开发出氯丹农药微乳剂。国内起步较晚，20世纪90年代才开始研究开发农用微乳剂。到2000年，10年共登记17个农用微乳剂品种，平均每年新增新品种不到2个。17个品种共39家农药企业生产，其中登记生产最多的是“20%阿维菌素·杀虫单微乳剂”共10家，有14个品种为独家生产。

由于国内外市场对农药剂型提出了更高的要求，因此国内农药微乳剂的开发、登记、生产的速度从2001年起开始升温，2002年有所加快，但总的来说还是比较慢的。其原因是多方面的。

一、农药微乳剂从零开始

没有现成的技术资料、没有教科书、大学里也没有这一课。即使提到微乳也只是个简单的概念而已。国外有公开的专利，但也有蹊跷之处，更不是一通百通。现在科研、生产单位把微乳剂视为企业的最高商业技术秘密，极其保密。一般企业不投入、不引进、不转让，难以入门，更无从谈起自主开发农药微乳剂新产品。

二、资金不足

现在农药技术市场上微乳剂新项目层出不穷，只要你提出开发什么样的农药微乳剂——如果在客观上是可行的话，总会有专家或科研单位帮你圆农药微乳剂的美梦。但是企业资金不足难以美梦成真，无法引进人才和项目。

三、对微乳剂不了解

广西宜州市金安化工开发技术服务部在成立之前，于1996年就涉足农药微乳剂领域。2001年1月17日笔者拿着《关于申请办理金安微乳剂技术服务部的报告》到所在地宜州市城西工商行政管理所办理企业注册登记时就遇到了麻烦。所长一看就问："微乳剂？什么是微乳剂？没听说。"解释不相信，所长最后表态"我是不会批准的。"无奈之余，只有改为《关于申请办理金安化工开发技术服务部的报告》，换个地方跑到城东工商行政管理所办理才获准注册登记。

有位生产农药的化工厂厂长问笔者："微乳剂到底是怎么一回事？"

又有一位农药厂厂长对笔者说："复配农药乳油我们有一套，但是开发'20%阿维菌素·杀虫单微乳剂'搞了几年搞不成。"

由此可见社会和为数不少的农药企业对微乳剂的认识是比较陌生的，因此不敢搞，敢搞的又搞不成，难下决心。

四、技术难度大，科技含量高

开发农药微乳剂并不像复配农药乳油制剂那么容易。即使有一定的感性和理性认识，翻阅收集这方面的不少资料，用心筹算，精心设计去开发农药微乳剂新产品时，在复配的过程中也经常遇到以下诸多不易解决的技术问题。

1. 不形成微乳。在复配时得到的是浓浓的白色乳浊液，根本看不到透明的微乳踪影。

2. 微乳昙花一现。透明的微乳虽然出现，但还没有看清它的芳容时转瞬即逝，很快变浑浊或析出结晶。

3. 微乳状态虽然能保持一段时间，但在常温下也经不住时间的考验。微乳逐渐变浑浊，最终出现沉淀，清浊不可逆。

4. 微乳状态在常温下稳定。但是，不是低温稳定性试验过程中变浑浊就是热贮稳定性试验过程中变浑浊，虽然清浊可逆，也不能推向市场。因为微乳剂变浑浊时已经不是微乳剂，不能当作微乳剂出售。

5. 微乳状态在常温下稳定，但是在低温试验和热贮试验时都变浑浊。微乳状态稳定的温度范围狭窄，没有商业价值，也没有实用价值。试验证明：凡是在使用温度范围内试验出现浑浊者，在贮藏期内由于受到温度变化的影响，最终都出现沉淀。

6. 微乳在低温稳定性试验过程中出现结晶或沉淀。

7. 微乳在低温或热贮稳定试验过程中出现液面浮油或底部沉油现象。

8. 微乳在低温稳定性试验过程中冷凝或冻结。

9. 微乳在低温稳定性试验过程中出现云雾现象或尘状悬浮现象。

10. 微乳在低温或热贮稳定性试验过程中出现分层现象。

11. 微乳在热贮试验过程中有气泡产生、颜色有变化。

12. 微乳在做摄氏零下规定温度试验时，出现上述低温稳定性试验时的不稳定现象。

13. 微乳在做稀释 200 倍与水相溶性试验时，虽然形成透明的溶液，但很快变浑浊或析出微晶悬浮或形成沉淀。

14. 微乳剂中农药有效成分分解或水解。

15. 复配农药微乳剂时不用“三苯”作溶剂。不用“三苯”作溶剂，说来容易做起来有时却有些难。例如本部曾经推介的

"26%哒螨灵·茶皂素微乳剂"，至今尚未找到可以取代"三苯"的理想溶剂。因此，不能把它再推向市场。

16. 降低原料成本，进一步提高农药微乳剂药效等。

综上所述，可以看出开发一个经得起时间和市场考验的符合农药有关标准要求的农药微乳剂实非易事。但是，从目前农药微乳剂品种少、数量少和高毒有机磷农药退出市场的现实来看，加大力度开发农药微乳剂无疑又是一个明智之举。市场就在手中、市场就在足下。

农药微乳剂是高科技纳米级的绿色剂型。不同的农药品种、不同的组合、不同的含量的微乳剂自然有其独特的不同的客观规律。技术手法不创新是难以开发出符合农药标准和市场要求的合格的农药微乳剂来的。创新是成功开发农药微乳剂的不二法门。

注：本文发表在《农化市场十日讯》2003 年 7 期。

农药水性化环保型和微乳剂

控制农副产品农药残留污染是个系统工程，办法也很多。农药应朝着高效、安全、经济和方便使用的方向发展。其中安全方面除了发展低毒农药外，在制剂上应少用或不用有机溶剂，以水为基质，鼓励发展与环境友好的新剂型农药品种。水性化后的农药制剂残留量与乳油相比更低，而且生产、运输、贮藏、使用安全。发展水性化环保型农药势在必行。

农药选用水作为介质是很科学的、经济的和实用的。

1. 水无毒，便宜易得。实践证明农药水性化后的制剂低毒、低残留。

2. 水的化学性质非常稳定。在密封的超高压容器里，水加热到1 000 ℃也只有千万分之三离解为氢和氧并且吸收大量的热量。水除了与易发生水解的农药发生化学反应外，对其他农药一般不起化学反应作用，有利于制剂稳定。

3. 水由于具有氢键结构和很大的介电常数，因此对各种物质都有亲和性，能形成不同程度的氢键，使物质溶解，为水性化创造条件。所以农药原药在适当的助剂作用下，可以配成不同水性化的制剂如水剂、可溶性液剂、水悬剂、水乳剂和微乳剂等多种剂型。

环保型农药水性化要根据不同的农药原药采用不同的措施复配成不同的与之适合的水性化剂型。例如微乳剂，只要该农药原药不水解或不易水解，能够溶解在有机溶剂里，一般来说都可以配成微乳剂。如果需要的话，三苯同样可以作为农药原药的溶剂配成稳定的微乳剂。但是，含有三苯的微乳剂不属环保型。所以农药水性化了并不等于就是环保型了。只有不含三苯有机溶剂的水性化农药制剂，才称得上是水性化环保型的农药剂型。

微乳剂与水乳剂都是水性化环保剂型。

实践证明要得到水乳剂很容易，但是要得到符合农药水乳剂标准要求的水乳剂并不容易。因为水乳剂属热力学不稳定体系。

微乳剂属热力学稳定体系。可以说能够配成水乳剂的农药品种都可以配成相应的稳定的微乳剂。这意味着，只要水乳剂肯往前走一步就可以进入微乳剂的殿堂。但是，如果配得的微乳剂不稳定的话，并不能据此就可以否定微乳剂属热力学稳定体系的结论，而是说明所配得的微乳离稳定的微乳剂还有一步之遥。

透明的微乳粒径一般为<50 nm，而水乳的粒径为100~50 000 nm，所以微乳的渗透作用大、穿透力强，药效比同等的水乳剂好。水乳剂花在稳定上的代价比微乳剂高，一般成功率较低。企业要开发哪一种剂型应该根据企业的实际情况而定。

微乳稳定性是指商品农药微乳剂在使用温度范围内保持微乳状态的稳定程度。微乳稳定性是微乳剂的一个重要技术指标。不同的微乳剂有其本身的特点，但是农药微乳剂作为商品使用的话必须服从市场经济规则。因此微乳稳定性就特别显得具有商业价值。

如何评价微乳稳定性，笔者认为应该是微乳剂在使用温度范围内试验始终保持“透明流动，单相液体”为合格。什么是使用温度？应把摄氏零下的某个温度到热贮温度范围定为使用温度合适。

注：本文发表在《农化市场十日讯》2002年23期。

农药微乳化水悬浮剂的存在和制备

农药水悬浮剂（SC）是我国20世纪70年代开发的水基化新剂型，也是联合国粮食及农业组织（FAO）推荐的环保农药剂型之一以及我国农药发展的重点环保剂型。它的基本特点是以水为分散相，把熔点较高的不溶于水或溶解度很少的固体农药原药有效成分，经研磨加工成0.1～10 μm粒径的制剂，然后在农药助剂作用下，在水相系统中形成分散悬浮体系。但这个悬浮体系是不稳定的。

悬浮剂在应用时，用水稀释后有悬浮液和乳状液两种分散体系。绝大多数的悬浮剂的稀释液粒径在5 μm以下，其余的都在5 μm以上。这两种分散体系也是不稳定的，一般只满足悬浮液标准测定的要求，然后在重力的作用下，用不了多少时间便逐渐产生沉淀。能否把这种不稳定的悬浮剂乳化液，变成稳定的纳米级的透明或半透明的微乳状液呢？

一、农药微乳化水悬浮剂的存在

所谓农药微乳化水悬浮剂，也就是符合制成水悬浮剂的固体农药经湿法超微研磨后，在农药助剂即分散剂、乳化剂、增稠剂、防冻剂、防腐剂、稳定剂等和水的作用下，形成的水悬浮剂，其稀释液成透明或半透明微乳状的液体的特殊农药剂型。

这种微乳化水悬浮剂是否存在呢？从理论上来说，不溶于或溶解度很少的固体或液体农药原药分子，和加进去的表面活性剂，其他农药助剂，都存在不同程度的偶极矩和分子之间的各种作用力。水是极性最大的溶剂，在上面这些物质的作用下，可以起到分散、乳化、增溶、渗透等复杂的理化作用，有效地促进微乳化。微乳化程度的大小取决于农药原药结构、理化性质以及农药助剂的作用。现以20%呋虫胺水悬浮剂（SC）为例，来探讨这个看似不可能却变成可能的课题。

1. 呋虫胺简介

呋虫胺化学名称为（RS）-1-甲基-2-硝基-3-［（3-四氢呋喃）甲基］胍，是最新一代超级烟碱类杀虫剂。它与现有的烟碱类杀虫剂的化学结构大不相同，不同点在于它的四氢呋喃基取代了以前的氯化吡啶基、氯化噻唑基。在性能方面也与烟碱不同，所以称之为“呋喃烟碱”。

理化性质：熔点94.5~101.5 ℃，闪点156.1 ℃，水中溶解度39 g/L（20 ℃）。

以上理化性质完全符合制备水悬浮剂的基本条件，并且已有20%呋虫胺SC登记生产。

2. 20%呋虫胺微乳化悬浮剂

按本文研发的配方配制的20%呋虫胺微乳化悬浮剂外观纯白细腻，pH值为6.69，密度为1.108，冷藏热贮符合农药有关标准。

再来了解一下笔者配的20%呋虫胺微乳化悬浮剂20倍和200倍的稀释液情况。稀释20倍液可保存3个月以上仍呈无沉淀透明微乳液，200倍稀释液保存至今已有半年多仍然保持无沉淀透明的微乳液状态；同时也配有稀释10倍和4倍的稀释液，以上两种稀释液均为半透明微乳液，也很稳定。可见以上稀释液的分散粒径是纳米级的体系，或者至少大多数分散粒径是纳米级的体系，这样配制的剂型才十分稳定。

二、20%呋虫胺微乳化水悬浮剂的制备

1. 研磨设备选取上海赫达科技有限公司生产的 HWLY-0.75 型蓝式研磨机以及 0.5 L 双层不锈钢拉缸配手动升降式部件。

2. 呋虫胺原药要求有效成分含量≥95%，不限定哪一家生产的，只要符合行业和国家有关标准即可。

3. 所用有关农药助剂如黄原胶、硅酸镁铝、乙二醇、苯甲酸等有效成分含量≥95%，也不限定哪一家生产，只要符合行业和国家有关标准即可。

4. 所用分散乳化剂也不限定哪一家生产，本制备所选的为表面活性剂单体，水选用本地洁净的自来水。

5. 20%呋虫胺微乳化水悬浮剂配方（%）：呋虫胺 20.0（有效成分含量），黄原胶 0.3，乙二醇 4.0，硅酸镁铝 0.70，苯甲酸钠 0.30，500# 1.0，602# 2.0，NP-10#3.0，有机硅消泡剂 0.40，洁净自来水补足 100%。此配方产品 pH 值 6～7，所用呋虫胺原药有效成分为 98.0%。

6. 工艺操作：用 500 mL 设备生产 400 g 20%呋虫胺微乳化水悬浮剂。按上述 20%呋虫胺微乳水悬浮剂配方的 4 倍量投料到研磨机的圆筒里，投料不分先后次序，用玻璃棒搅拌物料均匀即可放入研磨机的研磨篮里。然后用研磨机的升降设备使其紧密牢固后，起动砂磨机，调速为 2 000 r/min。如夏天气温高可用自来水进行夹套冷却操作，冷却水流出温度不超过 40 ℃即可，研磨时间为 2 小时。样品作稀释液试验、pH 值测定、密度测定、冷藏热贮试验及有效成分检测等。

三、农药微乳化水悬浮剂与微乳剂比较

1. 相同点

（1）都是水基化的环保剂型。

（2）都是以不溶于水或溶解很少的农药原药配制而成。

（3）使用时用水稀释都是呈透明或半透明的纳米级分散乳化液。

2. 不同点

（1）农药微乳化水悬浮剂外观为乳白色、细腻透明或半透明、不稳定的悬浮液，而微乳剂则是完全无色透明的稳定的液体。

（2）农药微乳化水悬浮剂不加有机溶剂作为溶剂来溶解农药原药，而微乳剂必须加有机溶剂。

（3）农药微乳化水悬浮剂比微乳剂使用表面活性剂少。

（4）农药微乳化水悬浮剂成本比微乳剂低，并且更环保、更安全。

四、农药微乳化水悬浮剂与水悬浮剂比较

1. 相同点

（1）都是水基化的环保剂型。

（2）都是以不溶于水或溶解度很少的农药原药配制而成的，外观都是乳白色的、细腻流动的不稳定的分散体系。

（3）加工工艺流程，操作相同。

2. 不同点

农药微乳化水悬浮剂使用时稀释液外观是透明或半透明的液

体，而水悬浮剂的稀释液外观一般是乳白色不透明的乳状液，这种乳状液经不起时间的考验，很快或很容易产生沉淀，因此有效成分相同的农药微乳化水悬浮剂的药效要比水悬浮剂好。

五、农药微乳化水悬浮剂（MS）研配的要求

研配农药微乳化水悬浮剂，主要是在水悬浮剂（SC）的基础上，更进一步使其微乳化。微乳化是一个复杂的理化过程，因此要求加进去的所有农药助剂都应有增强分散、乳化、增溶、可溶和稳定的作用。

（1）农药有效成分含量不宜太高。

（2）农药原药的选择最好有一定的较小的对水溶解度。

（3）表面活性剂的选择，除了水悬浮剂专用的分散剂外，不只注重分散性，更要重视乳化性、增溶性。因此用于乳油和微乳剂型的农药乳化剂的单体或复配的乳化剂，阴离子、非离子的表面活性剂都可以考虑使用。

（4）加进去的其他农药助剂尽量是水溶性或亲水性的。

（5）研磨的粒径越小越好，0.1~3 μm 是必要的。

（6）防冻剂选用乙二醇比较好，能起到助乳化剂的作用。

六、农药微乳化水悬浮剂的特点和意义

（1）农药微乳化水悬浮剂也就是农药水悬浮剂微乳化，有利于提高水悬浮剂稀释液的稳定性。

（2）有利于提高农药稀释使用液对植株叶面和病虫害表皮的渗透作用。

（3）有利于提高农药药效。

（4）比常规农药水悬浮剂用药量少，更经济更环保。

（5）促进对农药水悬浮的广度和深度的研究，进一步完善水悬浮的剂型朝着更高效、安全、经济、环保方向发展。

（6）微乳化水悬浮剂可以作为植保无人机喷雾农药使用。

七、20%呋虫胺微乳化水悬浮剂和20%呋虫胺水悬浮剂防治水稻飞虱田间药效试验比较

1. 材料与方法

（1）试验药剂

20%呋虫胺微乳化水悬浮剂和20%呋虫胺水悬浮剂均由江西博邦生物药业有限公司自配。

（2）试验设计

试验共 2 个处理，4 次重复，8 个小区；每个小区面积 20 m^2；小区间及试验田四周设保护行。

试验于 2019 年 6 月 5—25 日在江西省抚州市腾桥镇石池村种植大户李治军早稻田进行，水稻品种为 Y 丙优 957#。试验田浇灌良好，肥力较好，各小区管理一致，施药时水稻生育期为抽穗杨花期。稻飞虱为低龄若虫孵化高峰期，施药用 T 农-18 型背负式手动喷雾器，工作压力为 0.2~0.3 MPa，喷孔口径为 1 mm。试药当天为晴天，南风 2~3 级，日平均温度 32.2 ℃；药后 7 天平均温度最低 26 ℃，最高 35 ℃；相对湿度 70%~80%。整个试验过程中无影响试验结果的其他情况发生，试验设计如表 1 所示。

表 1　供试药剂试验设计

处理编号	药剂名称	施药剂量/（g/667m^2）
A	20%呋虫胺微乳化水悬浮剂	40

（续表）

处理编号	药剂名称	施药剂量/（g/667m²）
B	20%呋虫胺水悬浮剂	40

2. 药效调查

（1）调查时间

施药前进行虫口基数调查（剔除长翅型成虫）。药后3天、7天、14天各调查一次残虫量，与药前基数比较计算虫口减退率，与对照比较计算校正防效。

（2）调查方法

每小区5个点，每点2丛水稻，用盆拍法调查若虫数量并剔除长翅型成虫。

（3）药效计算方法

计算公式：

虫口减退率（%）=（PTO-PT1）/PTO×100

其中：PTO—施药前活虫数，

PT1—施药后活虫数。

防效（%）=（PT-CK）/（100-CK）×100

其中：PT—施药区虫口减退率，

CK—对照区虫口减退率。

表2　供试药剂防效结果（数据为4次重复平均值）

序号	药剂名称	施药剂量/（g/667m²）	药前基数/头	药后3天		药后7天		药后14天	
				活虫数/头	防效/%	活虫数/头	防效/%	活虫数/头	防效/%
1	20%呋虫胺微乳化水悬浮剂	40	340	34	89.86	20.50	93.73	10.20	96.80
2	20%呋虫胺水悬浮剂	40	331	65	80.06	49.65	84.42	29.79	90.41
3	CK		325	320		313.00		305.00	

从表2可知，40 g/667 m^2 用药后，20%呋虫胺微乳化水悬浮剂和20%呋虫胺水悬浮剂3天、7天、14天调查平均防治效果分别为 89.86% 和 80.06%、93.73% 和 84.42%、96.80% 和 90.41%。由此可以得出结论，20%呋虫胺微乳化水悬浮剂防治水稻稻飞虱的药效比20%呋虫胺水悬浮剂好，药效提高6个百分点左右。

注：本文发表在《农药市场信息》2019年19期。

农药液体制剂配方设计参考

农药液体制剂不管是一元单剂还是二元或者二元以上复配制剂的配方设计原则，均是以防治对象来选择原药的。对于防治同一对象的农药原药往往不止一两种。选择哪一种的方法：一是翻阅有关农药资料和最新的农药科技和市场信息，借鉴别人可行的实验资料来选择；二是走出去到市场调研，到农村农户了解也不失为一个很好的选择。总之选准选好农药原药是农药液体制剂配方设计至关重要、决定性的第一步。

选好农药原药后，下一步就是根据原药的物理化学性质去选择农药剂型和有效成分的含量，然后再根据剂型去选择有关的农药助剂。按照设计配方配好的制剂是否可行还要做很多相关的试验和技术测定，合格后才定型。所以农药制剂配方是一项系统工程，是多学科交汇的结晶。

一、配方设计原则

（一）选择农药原药原则

1. 选择农药原药要以符合国家有关农业发展和农药发展方向为前提。这个前提是以安全、低毒、低残留、高效、经济、方便为原则，有条件的厂家应首先选择符合上述前提的生物农药。安全就是对环境、天敌、人畜安全；低毒就是毒性低、无致畸致癌致突变作用；低残留就是易降解、符合有关要求残留量的标准，高效就是用量少、药效高、效果好；经济就是成本低，方便就是使用方便、省时省工省力。

2. 速效农药与迟效农药相结合。速效农药有利于对暴发性的病虫草害进行迅速及时的控制，如蝗虫的大面积暴发需要得到及时控制的速效农药。速效既要照顾到农民看得见的防效心理，也符合厂家、商家的营销策略，大家都有利，皆大欢喜。为了提高防治效果和降低产品成本，延长持效期、降低抗药性，又需要和迟效的农药相结合，搭配使用。例如：阿维菌素和哒螨灵复配，速效性的哒螨灵和迟效性的阿维菌素复配，已成为目前杀螨剂市场的主力军。

3. 两种或两种以上农药复配的农药制剂，其防治效果必须是防治药效相加和比相加还要多的增效作用。不能是相互抑制的拮抗作用和互交抗性的。是不是相加增效、拮抗作用和互交抗性都应通过试验用数据来说话。

4. 两种或两种以上农药原药复配要选择作用不同的农药复配，以提高药效，扩大防治对象。如胃毒和触杀相结合，触杀和内吸传导相结合，杀虫和杀卵相结合，或同时兼有胃毒、触杀、内吸、熏蒸作用等。如杀菌剂松脂酸铜，它是起触杀防治作用的杀菌剂。把甲霜灵和松脂酸铜复配成甲霜灵・松脂酸铜乳油制剂，由于甲霜灵是强内吸传导作用的杀菌剂，因此用于防治霜霉病时增强了松脂酸铜防治霜霉病的效果，同时也可对疫病进行防治，扩大了杀菌谱。

5. 农药复配的原药之间不能起化学反应作用。如酸性农药与碱性农药不能混配。

6. 两种或两种以上的农药原药复配后应有共同的稳定的 pH 值范围，以保证制剂的稳定。如阿维菌素与杀虫单复配就很稳定，因为两者在 pH 值 4~9 都很稳定，也不水解。

7. 杀虫农药与杀菌农药相结合，杀虫农药与杀螨农药相结合，农药与肥料相结合。如金稻龙就是农药与肥料结合复配很好的例子。

8. 化学农药与生物农药相结合。如中国农业科学院农业环境与可持续发展研究所研究开发的对蟑螂药效较好的生物农药绿僵菌与化学农药氟虫腈进行混配的制剂，深受用户的欢迎。

9. 选用的农药原药要注意是否有专利保护，即是否是在专利保护期内的农药。原药来源是否有保证。

10. 原药的选择应尽量瞄准最新科技成果的新药、特效药。特别是有自主知识产权的新药。

（二）剂型的选择

农药原药确定后，复配农药的剂型是根据已确定的原药理化性质来考虑的。

1. 原药不溶于有机溶剂或溶解度很少，也不溶于水的固体原药，熔点又高的可以选择复配成粉剂、可湿性粉剂和悬浮剂剂型。

2. 原药易溶于水和极性溶剂的，或在极性溶剂中有较大的溶解度者可以加工成可溶性液剂或水剂。

3. 原药不溶于水而溶于有机溶剂的可以复配成乳油制剂。

4. 原药不溶于水而溶于有机溶剂，而且原药兑水稳定的也可以复配加工成水乳剂和微乳剂。

5. 对农药原药要进一步研究了解和试验才能选好剂型。对于可以配成乳油也可以配成水性化剂型的原药，配成水性化剂型更安全和环保，是制剂发展的方向。农药微乳剂是一个很好的剂型，值得推广和应用。

（三）农药有效成分含量的确定

1. 农药有效成分含量的选定，一般是根据防治对象对该农药敏感性和抗药性来确定，以每亩的倍数用量单位来确定的。例如哒螨灵防治红蜘蛛单独使用时为每亩 15 克有效成分含量。如果与另一种作用不同的杀螨原药复配时，根据药效相加的复配原则，则只需 7.5 克与之复配即是每亩所需农药有效成分的含量。至于红蜘蛛对该制剂的抗性如何，则应该通过田间试验来决定增减有效成分含量。

2. 最低有效成分含量的选择。农药制剂有效成分含量是没有上限规定的。但是对某些高活性的农药最低有效成分含量则有规定。2001 年农业部农药检定所制订了某些高活性农药原药的含量规定，低于最低规定含量要求的不予办理登记，如有以下几种：①阿维菌素、甲氨基阿维菌素苯甲酸盐规定单剂不得小于 0.5%，含渗透剂、增效剂的单剂不得小于 0.2%，混配制剂不得小于 0.1%；②氟虫腈和吡虫啉单剂不得小于 5%，含渗透剂、增效剂的单剂不得小于 2%，复配制剂不得小于 1%；③高效氯氰菊酯和啶虫脒，单剂不得小于 3%，含渗透剂、增效剂的单剂不得小于 2%，复配制剂不得小于 1%。

（四）溶剂的选择

农药制剂里的溶剂起着溶解原药、稳定和稀释制剂的作用。因此要根据农药原药的理化性质科学地选择各种溶剂。选择农药用的溶剂的原则是尽量选择对原药溶解度大、沸点高、互溶性好、挥发性低，无毒或毒性小，无致癌致畸致突变作用，对作物无药害，对环境安全，对天敌、人畜安全，货源充足、质量稳定、价格适中的溶剂。

1. 一般常规溶剂有以下 7 种：①水、酸、碱；②芳香烃类包括甲苯、二甲苯；③脂肪烃类有已烷、环已烷、柴油、煤油、机油、重油、松节油；④醇类有甲醇、乙醇、丙醇、丁醇；⑤酮类有丙酮、甲乙酮、环已酮；⑥卤代烃类有二氯甲烷；⑦植物油有菜籽油、玉米油、棉籽油、豆油。

2. 特种溶剂包括 N, N-二甲基甲酰胺、二甲基亚砜等。

（五）乳化剂的选择

1. 按照 HLB 值去选择。HLB 值是表面活性剂的亲水亲油平衡值。众所周知表面活性剂都是由亲水基和亲油基组成的，表面活性剂的 HLB 值是表面活性剂分子极性特征的量度。它并不是一个固定不变的给定值，而是一个数值范围。当水-油-表面活性剂系统中，表面活性剂的亲水性远大于亲油性时，表面活性剂表现为亲水性，反之为亲油性。当亲水亲油值相当时，称为亲水亲油达到了平衡。HLB 值高意味着亲水性强，可以用于配制水包油型 O/W 乳油，反之为 W/O 型乳油。乳油 O/W 型 HLB 值为 8~18，W/O 型 HLB 值为 3~6。当被乳化的系统的 HLB 值与所选用的乳化剂系统的 HLB 值等值时，有望获得最佳乳化效果，乳状液最稳定。

2. 第二种方法就是采用乳化试验法选择乳化剂。现在我们所采用的就是这种方法，即取已用溶剂溶好的含有农药的溶液的十分之一重量的试样，计量滴加不同的乳化剂，滴加之量一般控制在水剂、水乳剂为 5%~10%，乳油为 10%左右，微乳剂为 20%左右。然后取加有乳化剂的试样进行有关分散性、乳化性和稳定性试验，如果合格则确定所选择的乳化剂种类和数量，不合格则继续进行类似的试验，直到合格为止。这是一项既简单又严格、既烦琐又关键的技术操作，对于初学者来说尤其需要耐心。

（六）其他助剂的选择

根据特定的用途和需要，选择不同的防冻剂、增效剂、增稠剂、着色剂、防腐剂、pH 值调整剂、稳定剂等农药助剂。选择的种类和添加量没有规定，都是根据农药制剂的需要和配方设计经过试验而确定。

配方确定后，按配方进行复配。制剂经检测 pH 值、分散性和乳化性合格后，用农药塑料瓶分装封口样品 2 瓶各 50 ml，进行冷藏热贮试验。样品经冷热贮试验到期后，外观不出现变浊、分层、结晶、沉淀、凝胶、颜色变化等即送质检部门检测。各项检测技术指标合格后送有关部门做药效及其他试验。如果上述整个过程中间出现变数，某一项不合格，配方都得重新研究，再进行设计和试验。

二、配方实例参考

现在举一个笔者研发并已投入生产的防治柑橘红蜘蛛杀螨剂的配方实例，仅供读者参考。

（一）原药选择分析

查阅有关杀螨剂农药的资料，从市场了解到防治柑橘红蜘蛛的杀螨剂种类繁多、效果各异，通过分析较为理想的应该是利用阿维菌素和哒螨灵进行复配。因为两者复配基本上符合农药原药选择的原则。

1. 符合国家农业和农药发展方向。阿维菌素虽然毒性高，但是制剂含量很低，每亩用量只有 125 毫克，使用时浓度为百万分之二十五，所以制剂是低毒的。符合安全、低毒、高效、环保、经济、低残留、方便的原则。

2. 两者复配是速效的哒螨灵和迟效的阿维菌素相结合。阿维菌素价格高，哒螨灵则便宜，有利于降低成本，延长持效期。哒螨灵持效期可维持 30~40 天。

3. 两者复配不但是药效相加而且有增效作用，更无互交抗性。

4. 两者复配也是杀螨杀虫的结合。阿维菌素不但能杀螨而且能杀小菜蛾等害虫，扩大了防治范围。哒螨灵和阿维菌素都是触杀型杀螨剂，但是阿维菌素渗透性强，可以在不加渗透剂的情况下渗透到叶面内把潜叶蛾（蝇）幼虫杀死。

5. 两者复配是化学农药哒螨灵和生物农药阿维菌素的结合，是属于强强联合的有效制剂。

6. 两者在 pH 值 4~9 稳定，对水也稳定，有利于进一步探索开发微乳剂。

7. 阿维菌素系列生物农药不断有新的品种问世上市，如甲氨基阿维菌素苯甲酸盐等，市场潜力大，商机无限。

（二）选择剂型分析

根据两者的理化性质在 pH 值 4~9 稳定和兑水稳定，因此可以复配成乳油制剂和微乳剂。

但是两者目前只能复配成含量 10%以下的微乳剂，而且成本比乳油高，缺乏市场竞争力。要复配成 10%以上的微乳剂在技术上尚未取得突破。主要是两者复配成中高含量的微乳剂不稳定，经不起冷热贮试验和常温长时间的考验，极易出现析出结晶、变浑浊等质量问题。因此从市场和技术两方面来分析考虑，本制剂选定为乳油剂型。

（三）原药有效成分含量的确定

根据张一宾、张怿主编的《农药》一书中，哒螨灵用量为每亩 15 克，阿维菌素一般为每亩 0.2~0.5 克。考虑到红蜘蛛对两者的抗药性，选取哒螨灵 15.5 克、阿维菌素 0.5 克复配成 16%阿维菌素·哒螨灵乳油制剂。

（四）溶剂的选择

从有机溶剂对两者的溶解度、毒性、成本来考虑选择，溶解阿维菌素比较好的是甲苯，溶解哒螨灵比较好的是丙酮和二甲苯。但丙酮有沸点太低、不安全和容易造成塑料包装瓶胀气等问题，因此以选择二甲苯为好。二甲苯比甲苯毒性小，所以最后以选择二甲苯为主溶剂复配。

但是用二甲苯作为溶剂复配有不足之处，由于二甲苯的溶解能力有限，特别是用含哒螨灵有效成分只有90%的产品复配效果更不理想。因此要增加一些溶解能力强的特殊溶剂参加复配，抑制制剂日后沉淀的产生。

（五）乳化剂的选择

经过实验用一般的表面活性剂500#、Tx-10#等即可。用量为10%~15%。

（六）其他助剂的选择

阿维菌素与哒螨灵复配的不同含量乳油的杀螨剂产品，市场上同类同系列的品种很多。为了竞争的需要，在市场上站住脚，进而扩大市场的占有份额，就必须要有自己的品牌特色，在药效上下功夫，因此要加入有效的增效剂5%~20%，以提高防治效果。为了使整个制剂稳定，还必须加入1%~3%的稳定剂。

最后16%阿维菌素·哒螨灵EC配方为：阿维菌素0.5%，哒螨灵15.5%，二甲苯30%~40%，特殊溶剂10%~15%，乳化剂10%~15%，增效剂10%~20%，稳定剂1%~3%。

按上述配方配好的样品经冷热贮藏，做分散性、乳化性、稳定性、有效成分分解率等检测均符合有关乳油制剂的标准要求，制剂稳定，成本和价格适中。药效实验表明制剂稀释2 000倍浓度使用时，防治柑橘红蜘蛛药效在90%以上。也就是说，用防治红蜘蛛2亩的原药，经科学配制成此乳油制剂后，能提高到防治4亩的效果，药效提高一倍。

注：本文发表在《农药市场信息》2007年13期。

论复配农药制剂有效成分的分解率

降低复配农药制剂有效成分的分解率是复配农药制剂的核心技术。农药有效成分的分解率，指的是农药制剂在常温贮存二年期内分解的百分率。

农药制剂常温贮存两年期的分解率是按照不同农药制剂的剂型标准进行测算的，例如乳油制剂是通过有关农药标准规定的冷藏 7 天和热贮 14 天后的分解率测算出来的。

农药有效成分的分解率是评价复配农药制剂稳定性的主要技术指标，是农药产品内在质量的一票否决的指标。农药制剂的外观质量也很大程度上取决于农药有效成分分解率大小。药效的好坏，决定性因素就是农药有效成分的稳定性。因此农药复配制剂有效成分分解率的大小，决定着农药产品的好坏，代表着一个农药企业的技术水平，关系到一个农药企业的生存和发展。

现在工商执法部门在农药市场上抽检农药商品时，通过随机抽样来检测农药有效成分含量是否和该商品的农药登记相符，以此来判断产品是否合格。例如农药乳油一般要求分解率小于 5%(有少数农药标准超出此范围)，如果改为随机抽样后，按该商品的剂型标准，经过标准规定的冷藏热贮后，通过检测其有效成分含量和分解率来评判合格与否，可以说，目前农药市场上的农药复配制剂至少有 80%以上的商品要下架。对于那些不管是什么农药复配都是采用“农药原药+混苯+甲醇+乳化剂=农药商品”的模式生产的产品，很多就很难过关了。也许企业会在生产日期上做文章，但是没有真正过硬的农药复配技术支撑，最终是要被淘汰出局的。

农药市场用有关农药检测标准来判定农药产品质量是否合格来规范农药市场，是公开、公正、公平地保护农民消费者权利的有效措施，也是一条实现资源节约型社会的有效途径。

一、农药有效成分不翼而飞

笔者根据自己在不同时期、不同省份和不同的农药生产企业工作所见所闻和亲身经历，从每年退货回来的农药商品中发现以下这些问题。（1）有的2.5%高效氯氟氰菊酯微乳剂全军覆灭。退货产品多达4吨的农药有效成分含量为零，高效氯氟氰菊酯分解率高达100%。“真够冤的，”生产业主苦不堪言，抱怨说，“的的确确是按2.6%加进了高效氯氟氰菊酯原药，抽检时却被判为假农药。”（2）有的灭多威乳油分解率大于90%。（3）有的炔螨特乳油分解率大于80%。（4）有的分解率大于60%的作为隐性成分被加到烯啶虫胺复配农药制剂中。（5）有的丁醚脲复配乳油分解率大于50%。（6）有的敌敌畏复配乳油分解率大于40%。（7）有的甲维盐·丙溴磷乳油分解率大于30%。（8）有的阿维菌素复配乳油分解率大于20%。（9）分解率大于10%的农药商品就十分普遍了。

对自己的产品，厂家自然心知肚明，有的是为了应对市场检查，登记有效成分含量为0.5%的阿维菌素制剂加到1.1%含量，这样即使抽检时分解率高达50%的话，也能保证自己的产品合格。因此“质量就是企业的生命”变成了“数量就是企业的生命”。

现在登记生产的农药产品里，生产时随意加进各种隐性农药有效成分已十分普遍，有的多达4个，然而要想找到一个适合多达 5 个农药有效成分共存的稳定条件是非常困难的，有的甚至是不可能的，因此就不可避免地会造成某些农药组分的大量分解。由于这些隐性农药不是抽检对象，所以分解多少算多少，反正起到一定的增效作用就行了。这些隐性农药有效成分可谓笨鸟先飞，“飞”了多少就很难估计了。

农药有效成分“不翼而飞”，我国每年“飞”掉多少？每年国内使用折百农药为 30 万吨左右，若以平均农药分解率取上述最低的 10%来计算，扣去有关农药标准规定的 5%以外，每年至少“飞”掉 1.5 万吨折百农药原药。这个数字只有少不会多，估计应该在 3 万吨以上。

不用说，读者都会明白，农药有效成分不翼而飞主要是由于农药有效成分分解率偏高造成的。那么，能在标准范围之内降低农药有效成分分解率吗？

二、农药有效成分无中生有

农药有效成分无中生有，就是农药制剂经过有关剂型标准规定的冷藏热贮后检测，结果表明农药有效成分分解率为负分解率。即农药有效成分经 54 ℃热贮 14 天后不但不分解，反而增加。可能吗？物质不灭定律在农药复配制剂里是否还适用？

“奇文共欣赏，疑义相与析。”在这里，笔者也选择了自己在不同时期、不同省份和不同的农药生产企业工作中亲自复配的 11 个项目样品为例，与广大的读者和同行探讨。

项目样品按有关农药剂型标准冷藏热贮后交质检部门用气、液相色谱仪检测，结果如下表所示。

序号	农药制剂	样品编号	农药与结果/%	样品状态	检测单位
1	30%仲丁威·三唑磷 EC	051208-2	仲丁威，-3.00	铝箔封口聚酯塑料瓶	海南正业高科公司品控部
2	15%苯丁锡·哒螨灵 EC	051229-3	苯丁锡，-1.80		
3	20%醚菊酯 EC	060622-3	醚菊酯，-1.08		
4	13%唑螨酯 EC	060706	唑螨酯，-1.08		
5	40%毒死蜱·敌敌畏 EC	080516-1	毒死蜱，-0.20	高温封口玻璃安瓿瓶	山东嘉诚农化质检部
6	20%吡虫啉 EC	080520	吡虫啉，-0.51		
7	30%灭多威 EC	080707	灭多威，-2.97		
8	13%啶虫脒·烯啶虫胺	090304-2	烯啶虫胺，-2.97		外省某农药公司质检部
9	44%毒死蜱 EC	090303	毒死蜱，-0.25		
10	30%噻嗪酮·异丙威 EC	090314-2	异丙威，-3.40		江西博邦生化质检部
11	30%噻嗪酮·异丙威 EC	090413-1	噻嗪酮，-0.39		

上表中检测结果都是事实。如何解释？

不可否认，检测仪器设备再先进，检测技术再精湛，检测人员素质再高，检测结果还是多多少少都会存在仪器误差和操作误差。正因为出现反常的结果才引起检测人员的注意，因而一般都重测才确认。

笔者认为之所以出现农药乳油剂型中农药有效成分分解率出现负数，主要原因是：农药有效成分及其分解产物和原有的分解物处在比较有利于可逆的化学反应平衡之中。农药复配制剂如果处在比较稳定的状态，则农药有效成分分解率相对偏低，否则偏高。农药有效成分及其分解产物在制剂中绝对不是处在孤立和静止状态的。在农药乳油制剂中，农药有效成分及其分解物都处在下列的动态化学平衡之中：农药有效成分 A+助剂$\underset{\text{化合}}{\overset{\text{分解}}{\rightleftharpoons}}$后的农药有效成分（A-B）+农药有效成分 B 的分解物+助剂。

如果农药有效成分 B 的分解产物不是最终分解产物如水、气体和惰性物质的话，那么分解产物同样可以进行可逆的化合反应生成农药有效成分 A。但是这种正常的化学平衡反应是不会无中生有地增加反应物 A 的，只有在农药原药带来的是原先已经分解了的有效成分分解物，参加上述的可逆化学平衡反应，才有可能增加少量的农药有效成分 A，这是完全符合物质不灭定律的。

我们知道，所有的农药原药有效成分含量都不是 100%的，生产农药原药时，最终提纯工艺不管是用沉淀方法还是用结晶方法都不可避免地会把一些同系物、反应物、分解物、催化物和其他杂质带进产品之中。如仲丁威原药中含有邻仲丁基酚，敌敌畏原油中一般还含有 2.5%敌百虫等。农药原药在贮存过程中也会随着温度、光照、时间的变化产生化学分解反应，产生一定数量的分解物质。只要这些分解物质不是分解的最终产物，只要这些分解物质存在，就会增加化学平衡式中分解物质的浓度，产生同离子效应，因而打破了正常的化学平衡，促使发生逆向化学反应，化合成新的反应物质——农药有效成分，建立了新的化学平衡，产生了农药有效成分的负分解率。

产生负分解率的另一个重要条件是农药制剂必须科学合理，否则自身难保，与负分解率无缘。

出现农药负分解率自然与农药复配技术有关。如果农药复配者经常或有过农药有效成分零点几分解率的频率出现，那么负分解率出现的可能性就会增加。

到目前为止，只发现农药乳油制剂有这一特殊现象，其他制剂尚未发现，也未有报道。

三、如何降低农药有效成分的分解率

如何降低农药制剂中有效成分的分解？这是农药生产企业最关心的技术问题，也是一个非常复杂的技术课题。因为能引起农药有效成分分解的因素很多，机理也不相同。要比较好地解决这个难题，首先要找到农药分解的原因，原因找到了，也就找到解决的对策了。

1. 农药性质是农药制剂的灵魂

农药制剂中各组分农药的性质决定着整个制剂的综合防治药效。农药性质是不能改变的，若改变了就意味着分解了。所以农药性质是农药制剂的灵魂。因此要使制剂稳定，要降低分解率，首先要极端重视所用农药的理化性质，尽量满足其稳定条件。例如阿维菌素、辛硫磷和哒螨灵在日光下易发生光化学分解，因此制剂就不要用无色的透明塑料瓶包装；马拉硫磷、乐果要避免铁、铜等金属离子接触，特别是不要用铁锈斑斑的设备、管道、阀门、贮罐生产，因为铁、铜金属离子对马拉硫磷、乐果有催化水解的作用，严重时可能由液体变为“果冻”。

2. pH 值的重要性

农药制剂的 pH 值是农药有效成分分解后用肉眼看得见的判断数字。任何农药都有其稳定的 pH 值范围，超出这个范围，就意味着农药制剂处在不稳定的状态了。

pH 值就是物质的酸碱值。广义的酸碱定义就是失去电子的物质为酸，得到电子的物质为碱。农药有效成分处在稳定的 pH 值范围，也就是处在稳定的得电子和失电子的交换动态平衡之中。如果制剂经冷藏热贮后 pH 值变化大，超出稳定的 pH 值范围，就说明电子失衡，已经发生了新的化学反应，打破了酸碱平衡。例如马拉硫磷在 pH 值 5~7 稳定，超出此范围则迅速分解。

因而复配农药制剂时，一定要弄清楚制剂 pH 值应该控制在什么范围比较合理和正确，绝对不能无视制剂 pH 值的重要性。

3. 农药配伍的科学性

如果要开发的农药新产品项目不是单剂，而是二组分或二组分以上的多组分组成，就要认真从制剂稳定的角度去选择农药配伍了。农药配伍首先要找到一个各农药组分都能和平共处或者药效相加的稳定 pH 值范围。如果经过试验找不到一个共同稳定的 pH 值范围，那么至少其中之一的农药组分有效成分分解超标难以避免。例如马拉硫磷和敌敌畏复配成乳油制剂，其中之一的农药分解率就会超标，马拉硫磷在 pH 值 5~7 稳定，敌敌畏在 pH 值 3 左右稳定，没有共同的 pH 值稳定范围。又如笔者研发的 36%烯啶虫胺·灭多威·丁硫克百威乳油产品，由于没有一个共同稳定的 pH 值范围，结果烯啶虫胺分解率高达 85.6%；但是在“25%烯啶虫胺·灭多威乳油”制剂中，由于存在共同的 pH 值范围，烯啶虫胺分解率为 4.7%，灭多威分解率为 4.4%。

因此，不是什么农药配伍的制剂，其有效成分的分解率都能控制在标准范围之内的。只有农药配伍在客观上是可以稳定相处的制剂，才有可能达到标准范围，而那些添加了这样或那样的稳定剂，科学配伍的农药制剂是最易分解失效的。现在很多农药产品分解率偏高，正是和不科学的农药配伍有关。

4. 农药剂型选择

农药剂型选择不当绝对会引起农药有效成分大量分解。例如易水解的农药选择水性化剂型，农药有效成分无疑会大量分解。如 2.5%高效氯氟氰菊酯选择微乳剂型很稳定，如果选择可湿性粉剂，分解率可能会大大超标。

5. 溶剂影响分解率

溶剂选择不当，会使农药有效成分分解率偏高。大多数溶剂都不是化学惰性的，严格地讲它们都存在着极性，只不过强弱不同而已。溶剂的极性越强，引起的亲电、供电的诱导化学反应作用就越强。例如在敌敌畏复配制剂里加进甲醇，就得不到5%以内的分解率，还有异丙醇能促使氟虫腈、丁硫克百威农药的分解，等等。

6. 乳化性影响分解率

农药制剂里添加乳化剂目的是起乳化作用，但是选择不当也会影响农药制剂的分解。例如含水的500#钙盐，若在易水解的有机磷农药里做乳化剂，必定加速有机磷的水解。又如笔者复配的两个“25%烯啶虫胺·灭多威可溶性液剂”样品，编号为08011-1的烯啶虫胺分解率为4.7%，灭多威分解率为4.4%；而编号为08011-2的样品里增加了乳化剂EL-20# 5%的含量，配方及组分含量与08011-1相同，检测结果烯啶虫胺分解率为10.90%，灭多威分解率为8.10%。

农药乳化剂品种不同，理化性质各异。pH值有差异，乳化剂之间有的是互不相溶的。有的乳化剂在低温下对水溶解度反而增大，有的变小，从而影响到水性化制剂特别是微乳剂的稳定。同一种农药制剂用不同的乳化剂，结果有着不同的分解率并不奇怪。因此乳化剂的选择不能只看乳化性能，当分解率超标时还要考虑到是否与其他因素有关。

7. 稳定剂的作用

农药稳定剂的概念是能防止和减少农药在贮存过程中有效成分分解的物质。例如笔者在海南正业高科公司复配的编号为060923-1的“30%氰戊菊酯·敌敌畏乳油”，如果不加稳定剂，敌敌畏分解率超过30%，加了稳定剂后，分解率为3.2%。

农药制剂里添加一定数量的、有针对性的专用稳定剂，是减少农药有效成分分解的有效办法。稳定剂能起到稳定有效成分的作用，但是不同的稳定剂其稳定机理比较复杂，作用也不相同，有的起到调节酸碱度缓冲作用，有的起到抗氧化作用，有的起到自己先被氧化或还原的“替身”“敢死队”和“保镖”作用，有的起到“阻隔”有效成分的保护作用，等等。要针对不同农药性质、剂型特点来选择，同时要经过试验和时间的考验来检测是否起到稳定作用，然后确定使用。

8. 载体、填充料和其他添加剂的影响

固体制剂所用的载体和填充料选择不当是影响农药有效成分分解的重要原因。载体或填充料化学成分复杂，产地不同成分性质也不同。载体和填充料中金属原子、离子、水分及非惰性物质起到不同程度催化、分解农药有效成分的作用。由于白炭黑价格相对高，所以大多数农药一般选择成本比较低的高岭土、陶土作载体或填充料，虽然也加进一些稳定剂，但分解不可避免，很多都超标。

为了使水分散颗粒剂在水里崩解，很多在水分散颗粒剂里加进了固体的酸和碱，当使用时遇水产生酸碱化学反应，迅速生成小气泡使颗粒剂崩解。有的中看不中用，原因是加进去的酸碱添加剂促使农药在使用前的分解。

影响农药有效成分分解率的因素可能还有很多，解决和避免农药有效成分分解的办法也可能还有不少，但是要真正做到一个农药制剂里把农药有效成分的分解率控制在标准要求的5%以下或零分解率和负分解率的话，最好把上述的各种导致农药分解的因素和各种防止分解的措施有针对性地综合分析，采取综合措施才有效。

“传统认为，有技术含量的产品是一门艺术，产品是天才和灵感相结合的产物”。祝愿农药界的同仁们充分发挥自己的才智和灵感，降低农药的分解率，共同提高农药产品的质量，把农药产品真正变成天才和灵感相结合的艺术精品，奉献给广大农民朋友们。

注：本文发表在《农药市扬信息》2009 年 11 期。

试论农药环保乳油剂型的开发与成本

农药乳油剂型，笔者把它分为两类。一类为传统乳油（EC），其典型的代表式为农药原药+有机溶剂（主要是二甲苯、混苯和甲醇）+乳化剂+其他农药助剂。其中有机溶剂和其他的农药助剂均不受任何限制和约束。传统乳油现在追求的是低成本，同时也给环境造成严重的负面影响。另一类为环保乳油（HEC）。

一、环保乳油（HEC）

环保或环境友好型乳油（HEC），代号 HEC 中的 H 为环保或环境中，也即取自环字的汉语拼音 HUAN 的声母 H。

“环保乳油”一词的定义，是笔者在 2008 年《农药市场信息》杂志第 5 期发表的《再论农药乳油制剂》一文（本书第 140 页）中提出的。经过这几年的不断探索和发现，又有了新的进展。现在环保乳油或环境友好乳油（HEC）的定义应为“农药原药加环境友好型农药助剂，形成透明流动的、单相液体的分散体系”。其最佳定义的典型代表式为“农药原药+环境友好型表面活性剂”，而且不添加任何其他农药助剂的透明流动、单相液体的分散体系。环保乳油追求的是高效、安全、经济和环保。

二、环境友好型农药助剂

农药助剂就是农药制剂中除去农药原药外的一切加进制剂中的辅助剂的总称，它包括表面活性剂、溶剂、矿物油、植物油、稳定剂、增效剂、酸碱调节剂、防冻剂、着色剂、填料等。而环境友好型的农药助剂指的是对人畜和有益生物无毒或低毒微毒的无尘助剂，或者加进的助剂在空气中、阳光下、水中、土壤中容易氧化还原、水解、光解或被微生物降解为无毒或低毒微毒的产物的助剂。

环境友好型农药助剂也分为两类：一类是人工合成化学助剂，另一类是从天然动植物、微生物代谢、发酵或直接提取的绿色助剂。

1. 环境友好型化学合成助剂

判断此类助剂是否无毒或低毒微毒，最有效最简便的方法就是从现代有关医药、兽药、日用化妆品、牙膏、香精、食品添加剂以及洗涤剂的配方中去找。用在这方面的助剂都是经过严格的试验检测才批准应用的，比较可靠，可以限量使用。有关环境友好型的化学助剂品种多、数量大，主要包括：乙二醇、乙三醇、丙二醇、丙三醇、十六醇、十八醇、苄醇、液体石蜡、乙酸乙酯、乙酸丙酯、乙酸丁酯、乙酸仲丁酯、被欧盟定为无毒的碳酸二甲酯等。表面活性剂有吐温类、司盘类、月桂醇聚氧乙醚类、聚乙二醇二硬脂酸类等。

2. 绿色助剂

主要包括以下 6 类。①油类：植物油类如芝麻油、菜籽油、棉子油、松节油、蓖麻油等。②脂类：糖脂类有鼠李糖脂、蔗糖脂、海藻糖脂、果糖脂，磷脂类有磷脂酰甘油等。③酸类：醋酸、柠檬酸、油酸、松脂酸、α-磷脂酸、β-磷脂酸等。④醇类：

乙醇等。⑤碱类：生物碱等。⑥表面活性剂类：茶皂素等。

值得一提的是可能有人不相信将昂贵的食用油作为农药助剂。连餐桌上名贵的芝麻油也作为添加剂是不是在作秀？笔者曾经在一个农药企业工作时，该企业就一直以5%的纯芝麻油加进含有氯氰菊酯有效成分复配制剂的乳油里。由于药效好，别的企业千方百计想仿制该产品始终不得要领，仅从外表就可以判断是不是冒牌货。为什么要加进昂贵的芝麻油？因为芝麻油含有对菊酯类农药起增效作用的芝麻素，同时芝麻油也起到封闭害虫气孔的窒息作用，增强杀伤力。在要求绿色环保农药的今天，有目的、有选择地加入绿色助剂是值得的。

三、开发环保乳油的可行性

（一）国家鼓励支持发展环境友好型的农药剂型

随着社会的进步、国家的严要求、人民的高期盼，农药的剂型已经牢牢地定格在“朝着高效、安全、经济和环境友好型的方向发展”。任何农药剂型偏离这个方向都要走进死胡同被淘汰。农药剂型是否符合与环境友好的要求，不是哪一个人说了算的，而是重在实质性，贵在公开性。如果提出的农药制剂是真真正正环保的，与环境友好的，甚至敢于公开配方，让农药同行和有兴趣的读者重复配方试验证明不假的话，肯定迟早会得到国家鼓励和支持的，没有理由不准登记、生产和应用，只不过是时间早晚而已。

（二）符合高效、安全、经济和环境友好的要求

（1）HEC农药有效成分有些要比同类其他液体剂型的有效成分高。如炔螨特HEC可以配到80%的有效成分含量，而且剂

型很稳定，分解率为3.50%。农药有效成分含量又高又稳定，肯定药效高。

（2）HEC由于不加大量的易燃、易爆有毒的有机溶剂，所以生产、运输、贮藏和使用是相对比较安全的。

（3）HEC由于除原药外只加表面活性剂和少量与环境友好的助剂，既体现了其环保性又凸显其低成本的经济性。HEC成本低是许多其他农药剂型无法与之相比的。

（三）技术可配性

为了更好地论证HEC的技术可配性、实用性和加速HEC走进农药市场，笔者有选择地公开比较好的HEC，业内同行和读者可进行验证。

1. 配成单剂

要配成单剂HEC，只要选择合适的环境友好型农药助剂就可以进行配制。但是要配成最佳模式的HEC时，先决条件是农药原药在温度为0~54 ℃时必须是液态的。符合这一条件的农药十分丰富，有辛硫磷、三唑磷、马拉硫磷、敌敌畏、炔螨特、丙环唑、速灭威、混灭威、仲丁威、乙草胺、杀草丹、野麦畏等25种之多。

现以83%辛硫磷HEC公开配方加以具体说明：液态辛硫磷83%、500-70A#4%、602#4%、1601#2%。

（1）笔者配制是用液态92.6%辛硫磷90 g，把它配成83.34%乳油。

（2）所用表面活性剂为邢台蓝星助剂厂生产（以下同）。表面活性剂用量为10%，即10 g。乳化合格，性能极佳。

（3）进行标准的冷藏热贮试验时，笔者是抽取10 mL HEC注入10 mL玻璃安瓿瓶中高温封口，进行冷藏热贮。

（4）HEC的pH值为6.91。

(5) 样品经冷藏热贮到期后，冷热样品颜色深浅一致，呈黄色透明流动单相状态。

(6) 辛硫磷分解率为 3.90%。

(7) 83%辛硫磷 HEC 又做-5 ℃冷藏试验 7 天，仍保持黄色透明流动状态。而辛硫磷纯品的熔点为 5~6 ℃，说明配成 HEC 后，辛硫磷熔点会降低。

(8) 如有液态 95%辛硫磷的话，90 g 折百可以配成 85.50%辛硫磷 HEC。乳化剂仍用同样的 10%已足够。以上所使用的原料应符合国家或有关行业标准（以下同)。

2. 二元复配

最佳模式的 HEC 完全可以进行高含量的二元复配。但其中二元之一的农药有效成分必须为液态，方可进行复配。

(1) 液态农药原药也可作为农药溶剂

根据物质溶解的相似相溶原理，可以把用量大的液体农药原药当作农药溶剂来使用。而二元复配含量少的另一元农药原药，不管它是液体、半固熔体或者是粉状、块状结晶固体，都可视为溶质来对待。我们进行了如下试验：

在常压、20 ℃恒温条件下，利用液态 92.6%辛硫磷作为溶剂，固体结晶的 97.2%毒死蜱作为溶质，辛硫磷的折百溶解度为每 100 g 辛硫磷有效成分能溶解 32.9 g 有效成分的毒死蜱。据此可以配成 80%毒死蜱 · 辛硫磷 HEC，其中毒死蜱为 20%，辛硫磷为 60%。因此液态农药原药是配制高含量 HEC 的最佳农药溶剂。

现以属于酯类农药原药，复配成二元 HEC 为例。属于酯类的农药原药，是一个非常庞大的家族。可利用的资源极其丰富，开发的潜力巨大。

①有机磷类农药属磷酸酯类。

②拟除虫菊酯类农药属酯类。

③氨基甲酸酯类农药属酯类。

④沙蚕毒素类农药中杀虫磺是酯类。

⑤杀螨剂农药中的乐杀螨、克螨特、溴螨酯、甲基吡恶磷、唑螨酯等是酯类。

⑥杀菌剂农药中的稻瘟净、异稻瘟净、克瘟散、甲基立枯磷、乙菌威、甲霜灵、多菌灵、苯菌灵、稻瘟灵等都是酯类。

⑦除草剂农药中的杀草丹、野麦果、燕麦灵、灭草灵、甲黄隆、苄嘧黄隆、吡嘧黄隆、嘧黄隆、苯黄隆、胺苯黄隆、氯嘧黄隆、燕麦枯等也都是酯类。

⑧杀线虫农药中的克线磷属酯类。

以上众多酯类农药原药只要选择得当，是可以实现多类型、多品种二元复配的。现以液态辛硫磷为农药溶剂，溶解其他农药原药，复配成如下三种类型。

一是液-液配。液态 92.6%辛硫磷和液态 87%三唑磷复配成 68%三唑磷·辛硫磷 HEC。其中三唑磷和辛硫磷的有效成分含量均为 34%，按 1∶1 比例复配。乳化剂用量为 10%。三唑磷分解率 5.6%，辛硫磷分解率 4.4%。

二是液-半固熔体配。利用液态 92.6%辛硫磷溶解半固熔体的 94%氯氰菊酯，复配成 80%氯氰菊酯·辛硫磷 HEC。其中氯氰菊酯 5%，辛硫磷 75%。氯氰菊酯分解率 5.1%，辛硫磷分解率 4.8%。乳化剂用量 10%，制剂稳定。

三是液-固配。利用液态 92.6%辛硫磷溶解结晶固体 96%高效氯氟氰菊酯（功夫菊酯），配成 80%高效氯氟氰菊酯·辛硫磷 HEC。其中高效氯氟氰菊酯 5%，辛硫磷 75%，乳化剂用量 10%。高效氯氟氰菊酯分解率 4.4%，辛硫磷分解率 5.7%，现把配方公开如下：辛硫磷 75%，高效氯氟氰菊酯 5%，冰醋酸 2%，500-70A#4%，401#4%，602#2%，制剂稳定。

（2）农药原药不相似也相溶

溶质溶解在溶剂里的过程是伴有物理和化学变化的复杂过程。现在使用的农药原药都有一定的极性，存在着范德华力能。因此不同类型的农药原药混在一起，由于相互吸引为农药的互溶性创造了一定的有利条件，但是溶解的量必须有实用价值才可配。

实验证明，只要是液态农药原药都有一定的溶解别的不同农药的能力。例如典型的磷酸酯类的敌敌畏原药，就可以溶解5%以上的非磷酸酯类的结晶体氟铃脲原药。据此，笔者利用现有的70%敌敌畏原药为溶剂，溶解5%氟铃脲复配成63%氟铃脲·敌敌畏HEC。敌敌畏含量为58%，乳化剂用量8%。氟铃脲分解率1.50%，敌敌畏分解率35%（有待完善）。

四、环保乳油成本

成本的高低是通过HEC和EC两种剂型的同类产品数据对比来体现的。现以同时生产1 t折百同类农药有效成分的产品成本对比为例。选择的EC配方都是笔者研发的生产配方或曾经使用过的生产配方。分别以77%炔螨特HEC与40%炔螨特EC，83%辛硫磷HEC与40%辛硫磷EC，68%三唑磷·辛硫磷HEC与20%三唑磷·辛硫磷EC三个作比对。因为同是生产1 t同种类的折百农药，所以原药成本不计算在内。现以乳化剂综合价为1.8万元/t，DMF为0.7万元/t，环己酮为1.5万元/t，正丁醇为1.5万元/t，磷酸三丁酯为3万元/t，亚磷酸三苯酯为2万元/t，松香为2万元/t，0#柴油为0.8万元/t，二甲苯为0.8万元/t，18#1溶剂为0.7万元/t等作为估算条件。成本对照表如表1所示。

表 1　生产 1 t 折百农药有效成分的 HEC 与 EC 成本对照

组号	HEC 与 EC	原药耗用量/t	配方及乳化剂用量/t	成本/(元/t)	HEC/EC	结果
1	77% 炔螨特 HEC	1.298	乳化剂 14.5%×1.298=0.188	3 388	22.59%	成本是 EC 的 22.59%，耗用乳化剂 188.21kg
	40%炔螨特 EC	2.500	乳化剂 12%×2.5=0.3 18#1 溶剂 48%×2.5=1.2	15 000		成本比 HEC 增加 11 612 元/t，耗用乳化剂 300 kg，比 HEC 多耗用 111.79 kg。多耗用 18#1 溶剂 1 200 kg
2	83%辛硫磷 HEC	1.205	乳化剂 10%×1.205=0.121	2169	13.95%	成本是 EC 的 13.95%，只耗用乳化剂 120.5 kg
	40%辛硫磷 EC	2.500	乳化剂 10%×2.5=0.25 磷酸三丁酯 3%×2.5=0.075 二甲苯 44%×2.5=1.1	15 550		成本比 HEC 增加 13 381元/t。耗用乳化剂 250 kg，比 EC 多耗 129.5 kg。多耗用其他农药助剂 1 175 kg
3	68%三唑磷·辛硫磷	1.470	乳化剂 10%×1.47=0.147	2 646	6.35%	成本是 EC 的 6.35%，只耗用乳化剂 147 kg
	20%三唑磷·辛硫磷 EC	5.000	(乳化剂 8%+磷酸三丁酯 5%+亚磷酸三苯酯 5%+DMF5%+环己酮 5%+正丁醇 10%+0#柴油 10%+二甲苯 23%+松香 5%)×5	41 700		成本比 HEC 增加 39 054 元/t。耗用乳化剂 400 kg，比 HEC 多耗用 253 kg。多耗用其他农药助剂34 00 kg/t

五、成本分析与结论

从生产 1 t 折百农药有效成分的 HEC 与 EC 成本对照表 1 分析，可以看出。

（1）HEC 所耗用农药助剂的成本是 EC 的 6.35%~22.5%。

（2）生产 1 t 低含量的传统乳油，耗用的农药助剂为 1 175~3 400 kg/t。因而成本比 HEC 增加 11 612~39 054元/t。

（3）由于为最佳 HEC，一滴有机溶剂也不加，只加少量的乳化剂。所以不论是生产单剂 HEC 还是生产二元复配 HEC，其成本都要大大低于 EC，也肯定要比生产同类农药品种的其他农药剂型产品成本要低。

六、农药乳化值（R）

环保乳油必须提出“农药乳化值（R）”这一概念。因为农药乳化值（R）对 HEC 有着重要意义。

1. 农药乳化值（R）的定义

农药乳化值（R）就是乳化合格单位农药的有效成分含量所耗用表面活性剂的数值。其数学表示式为：

$$\text{农药乳化值（R）} = \frac{\text{表面活性剂用量\%}}{\text{农药有效成分含量\%}}$$

例如在 77% 炔螨特 HEC 制剂中，炔螨特的乳化值 R = 14.5%/77% = 0.188。如果单位用克来计算，其含义就是乳化 1 g 炔螨特有效成分含量，需耗用表面活性剂 0.188 g。现把表 1 中的三组 HEC 与 EC 的有关乳化值（R）列表如表 2 所示。

表 2 农药 HEC 与 EC 有关乳化值（R）对照

组号	HEC 与 EC	乳化剂用量/%	制剂 R	农药 R1	助剂 R2	(R1/R)%
1	77%炔螨特 HEC	14.5	0.188	0.188	0	62.67
	40%炔螨特 EC	12	0.30	0.188	0.112	
2	83%辛硫磷 HEC	10	0.12	0.12	0	48.0
	40%辛硫磷 EC	10	0.25	0.12	0.13	
3	68%三唑磷·辛硫磷 HEC	10	0.147	0.147	0	36.75
	20%三唑磷·辛硫磷 EC	8	0.40	0.147	0.253	

2. 乳化值（R）分析与结论

表 2 可以看出，从最佳 HEC 和 EC 制剂所耗乳化剂的用量，可以准确地计算出有关同类农药剂型 EC 制剂、原药有效成分与所用除去乳化剂外的一切农药助剂的用量。

（1）制剂 R 是包括农药有效成分和所有农药助剂耗用乳化剂的乳化值的总和。从 R 值可以看出，在同类型的 EC 和 HEC 中，农药有效成分含量越高，单位农药有效成分耗用的乳化剂越少，反之则越多。这和农药微乳剂的药乳反比规律是一致的。因为不管是 EC、HEC 还是 ME，表面活性剂都是在农药有效成分与其他农药助剂中起分散乳化作用，只不过是分散的程度不同而已。EC 和 HEC 分散到微米级程度，而 ME 则更进一步分散到纳米级程度。

（2）农药 R1 是纯粹农药有效成分耗用乳化剂的乳化值。因此，农药环保乳油制剂是目前所有农药剂型的制剂中，唯一能科学地证明自己单位有效成分农药在制剂中消耗各种表面活性剂确切数据的剂型。

（3）助剂 R2，它是制剂耗用乳化剂总量 R 减去农药有效成分 R1 耗用的乳化剂的差数，是纯粹农药助剂消耗乳化剂的数值。从表 2 可以看出，农药制剂所含的农药有效成分越低，需要加进去的农药助剂就越多，因而消耗在农药助剂上的乳化剂也就越多。所以不管是什么剂型的农药制剂，低含量的制剂都要尽快淘汰才是上策。

一个农药剂型的制剂里，能够同时准确地科学地分清楚农药有效成分耗用多少表面活性剂，农药助剂又耗用多少表面活性剂，是目前其他农药剂型制剂无法做到的。唯独农药环保乳油胜任，这也是环保乳油的又一大特色。

（4）R1/R 是农药有效成分乳化值与制剂乳化总值之比，表明单位农药有效成分耗用的乳化剂占整个制剂耗用乳化剂的百分数。从表 2 可以看出，这个百分数分别为 62.67%、48.0%、36.75%。说明非环保乳油中均有乳化剂耗用在所加进去的其他农药助剂身上。

七、环保乳油的稳定性

试验证明环保乳油的单剂和相当部分的二元复配制剂，如辛硫磷与拟除虫菊酯类农药复配的 HEC 是稳定的，符合有关农药制剂的标准要求。

单剂高含量的 HEC 为什么比较稳定？因为液态农药原药在 HEC 里，除了与 pH 值 5~7 的表面活性剂长期相处以外，再没有别的不良物质干扰促使其分解而不稳定，因此所用的乳化剂不能用复配型的乳化剂。因为复配型的乳化剂可能加进了苯类、醇类以及其他未知的有机溶剂，有的甚至有相当多的杂质和水分。所以配制 HEC 要用单体含量在 99%以上的表面活性剂进行配制。500#乳化剂要用 500-70A#。

二元复配的 HEC 就有所不同了，虽然同是酯类农药结构，但也很复杂，理化性质还有很大差异，所要求的 pH 值不尽相同。相互之间可能还起一些不良的副作用，特别是原药有效成分含量低，意味着杂质多，将使制剂不稳定，所以尽量选取含量高的原药配制。

要解决部分 HEC 制剂的稳定性问题，就要为制剂稳定性创造一个二元农药都适合相处的稳定条件。所以 HEC 适当选择一些不同类型的稳定剂，特别是绿色稳定助剂是必要的。一般加入量控制在 0.5%~10%是比较合适的。

综合上述所论，环保乳油以其高效、安全、经济和环保的极大优势，将昂首阔步走向农药市场。

注：本文发表在《农药市场信息》2012 年 4 期。

再论农药乳油制剂

根据国家标准局于2003年11月10日发布、2004年4月1日实施的国家标准GB/T 19378—2003《农药剂型名称及代码》，里面公布的农药剂型就有120种之多。这些农药剂型得到国家标准局发布标准和实施，说明每一种农药剂型都有其独到之处，自成体系。农药乳油剂型是非常典型的非环保型的剂型，不用它或用其他的农药剂型代替它可以吗？农药乳油是否已经走到了尽头，没有出路？

一、乳油王国，岌岌可危

农药乳油剂型（EC）是目前农药生产、销售和使用最主要的剂型之一。自从1936—1939年瑞士科学家米勒发现滴滴涕（DDT）具有卓越的杀虫活性并在农业上使用后，伴随有机磷农药DDT出世的农药乳油剂型至今已有近七十年的历史，可谓历史悠久，技术成熟。

由于农药乳油药效高、性质稳定、加工生产容易、使用方便，因此乳油在农药市场独领风骚几十年，即使在今天的中国农药市场，虽然乳油王国称雄称霸的昔日雄风不再，但是从生产、销售和使用的总吨位来说，仍占领着农药市场的半壁江山。尽管现在农药乳油的名声不太好，但是由于农药乳油功不可没、家喻户晓，使用乳油的用药习惯早已深入农民心中。

农药乳油基本上是以农药原药、甲苯、二甲苯或混苯等有机溶剂、乳化剂以及一些其他助剂经复配而成并投入生产应用的。使用大量的易燃易爆有毒的有机溶剂既不安全，又对环境造成污染，对生产者和使用者存在着潜在的隐患。含有刺激性有害气体和恶臭也是农药乳油不受人们欢迎的原因之一。尤其是有的有机溶剂如苯、甲苯、二甲苯是致癌的元凶，由于价格便宜而用于农药乳油生产，因此叫停生产、销售和使用含有害的有机溶剂的农药乳油制剂的呼声越来越强烈。

目前使用的农药原药都是经过严格的科学试验、测试后得出无致畸、致癌、致突变的“三无”结论后才工业化生产应用的。但是在复配农药的各种剂型时，只要加进了三苯，这个剂型的农药产品就不是“三无”产品了，而变成致癌农药了。

农药乳油产品是目前农药市场最混乱最不规范的剂型产品之一。现在农药市场上的农药产品，特别是农药乳油和可湿性粉剂产品，企业得了农药“三证”后，利用这个证想加什么原药就加什么，想加多少就加多少，随心所欲，无限发挥，可以说这是个普遍存在的现象。

农药乳油也是一个垃圾桶。由于农药乳油这个剂型复配适应性很强，因此，只要世上有什么便宜的化工溶剂、混合溶剂、回收溶剂和过期的、失效的甚至是几年前报废的农药通通都可以“废物利用、改头换面”，变成“合格”的农药乳油产品，甚至是“名牌产品”。

用如此这般的农药乳油喷施农作物，生产出来的农产品消费者自然不满意，就是农药乳油家族内部也深感不安，长此下去，农药乳油非被淘汰不可。因此一场变革开始了。

首先是在农药乳油里加进水，使乳油变成水包油型水性化透明的、热力学稳定的、多姿多彩亮丽的另一种分散体系。这个体系本是从乳油脱胎而来，却不愿意接受与乳油有关系的“水溶性乳油”的名字，而标新立异为“农药微乳剂”。结果很快就得到国际认可而且好评如潮。

水乳剂也是在乳油里加水而成，它以低成本、环保型的面孔出现。它以乳白无瑕的外表来体现与乳油划清界限而另立门户，结果也得到国际农药组织的认证。水乳剂虽然不很稳定，但环保评价高于乳油。

有的农药企业没有技术，有的乳油变不成微乳剂型就干脆改头换面贴上农药微乳剂——ME 的标签，以示不与臭名昭著的农药乳油同流合污。乳油王国，岌岌可危，摇摇欲坠。

二、农药乳油，与时俱进

农药乳油要继续生存发展下去，并不是没有可能的。

1. 农药立法，清理门户

由于我国生产农药没有立法允许使用哪些有机溶剂，禁止使用哪些有机溶剂，所以无法可依。现在乳油用有机溶剂不规范，所以罪名都加到农药乳油头上。农药立法后要下死功夫，坚决执行。凡在市场上抽检到农药产品含有禁用有机溶剂者，要吊销三证，处以重罚，并且张榜全国通报，使危害人民健康的、乱加禁用有机溶剂的农药产品像过街老鼠，人人喊打、个个抵制，从而起到清理农药门户的作用。

2. 农药乳油，要环保化

首先要把乳油王国的传统领地、优势产品—有机磷这一块专利产品做好。多数有机磷极易水解，所以水性化农药剂型是不敢越这块领地雷池半步的。可以说有机磷及与有机磷复配成的制剂是乳油王国的后院。要做好有机磷乳油产品就不能无视环保和农药残留的敏感问题。因此生产乳油产品要在使用有机溶剂方面重新评估，选择环保型或比较环保型的、无毒或低毒的、价格合适的有机溶剂如乙醇、丙醇、异丙醇、丁醇、辛醇、植物油（棉籽油)、柴油、松节油、己烷、环己烷、醋酸、油酸等有机溶剂来生产乳油。今后生产农药乳油产品要有意识地逐步规范选择有机溶剂，我国限制和规范农药使用有机溶剂这一天迟早要到来的。

3. 开发生产高含量的乳油产品

农药乳油要积极面对环保问题，要逐步减少对环境的负面影响。因此要尽量减少有机溶剂的使用量，开发生产有效成分含量尽可能高的乳油产品，相信会收到立竿见影的环保效益和经济效益的。例如生产40%克螨特乳油和生产73%克螨特乳油相比，很明显生产40%克螨特乳油产品就比生产73%克螨特乳油白白多加了33%的有机溶剂，既浪费又毫无意义地喷洒到农田作物上，后果不言而喻。生产高含量乳油药效高、原材料耗用少、减少了包装运输成本，也减轻了农民的负担，既有环保效益又有经济效益和社会效益。

开发生产高含量的乳油产品也是克敌制胜的法宝。目前炙手可热的农药微乳剂是不断蚕食农药乳油市场的主要竞争对手。然而分析农药微乳剂的剂型特点的优劣时，就会发现生产低含量的农药微乳剂时具有绝对的药效成本优势，而生产中等含量有效成分的微乳剂时成本基本上和生产乳油持平，而生产高含量(≥30%)有效成分时，明显处于劣势，有的农药甚至根本配不成微乳剂来生产。即使配成，成本也高，大多数都比乳油成本高，这就是农药微乳剂的弱点。农药微乳剂的弱点正是农药乳油的优势所在。因此农药微乳剂也不能包打天下，也有无奈之处。所以水性化农药剂型取代不了农药乳油剂型，这就说明农药乳油有生存和发展的空间。

4. 出奇制胜，再创辉煌

农药乳油要想永远立于不败之地，最重要的是在技术上创新、精益求精，才能出奇兵占领农药市场的最高点，从而不战而屈人之兵，大获全胜。

笔者认为开发农药乳油的新技术有很大的潜力可挖，鲜为人知的奥妙技术实在不少。简而言之，就是现在研究农药乳油技术深度还不够，往往停留在以“三苯”为溶剂的低技术含量乳油的水平，因此要更进一步开发技术难度更大的乳油产品。现以开发杀螨剂苯丁锡乳油为例说明。

苯丁锡难溶于一般的有机溶剂，遇水易被水解，对人畜及天敌低毒，对幼螨、若螨、成螨均有效，能有效地防治对有机氯、有机磷农药产生抗性的螨类。防治效果好，持效期长达 2～5 个月。

由于苯丁锡复配成液体制剂的技术难度大，因此长期以来都是以登记生产 25%苯丁锡可湿性粉剂为主。苯丁锡遇水会水解，所以水性化剂型与它无缘。能不能把它配成既药效好、成本低又环保的乳油？回答是肯定的。

现在已经有“10%苯丁锡 EC”“15%苯丁锡·哒螨灵 EC（其中苯丁锡含量 5%）”和“10%苯丁锡·哒螨灵 EC（其中苯丁锡含量 5%）”等品种登记和 10 多家厂家生产，完全可以把苯丁锡与阿维菌素、哒螨灵、克螨特等杀螨农药复配成高含量单剂、二元和三元乳油。

三唑锡和苯丁锡一样也有共同之处，现在已有“20%三唑锡 EC”登记生产。这个在过去连想都不敢想的难题今天居然已经变成了事实，这就是一个很好的例子。三唑锡同样也可以与阿维菌素、哒螨灵复配成高含量的单剂、二元和三元的乳油。

由此可见，以苯丁锡和三唑锡为核心分别与阿维菌素、哒螨灵、克螨特复配成各种各样的高含量杀螨杀卵活性的杀螨剂起码在 50 种以上。而农药微乳剂要配成 15%哒螨灵 ME 都非常困难，很不稳定。可以说，农药杀螨剂的市场一定是农药乳油的天下。

5. 环保乳油，刮目相看

哪一种农药剂型的产品最环保？除了水乳剂、水分散粒剂等剂型为国家大力倡导发展的环保剂型外，目前，科研人员又研究开发出环保乳油。所谓农药环保乳油就是液体农药原油只与表面活性剂复配而成的水包油（O/W）型的分散流动体系。如77%克螨特乳油是由90.5%含量的克螨特原油实物量85.08%，再加上有效成分含量≥99%的表面活性剂单体14.92%复配而成，整个乳油制剂不加一滴有机溶剂，也不浪费一滴水。由于不加任何有机溶剂和水，所以原油和纯表面活性剂相安无事、和平共处、很稳定，完全达到农药乳油的有关标准要求。含量高、用量少、药效好，大量节约包装和运输成本，使用方便。随着77%高含量克螨特乳油的开发成功，有专家认为这一技术给人耳目一新的感觉并将深受欢迎。在此之前人们总是以一成不变的观念，用老眼光去看待农药乳油产品。现在重新衡量77%克螨特乳油，可以说是目前最环保的农药产品。

农药环保乳油——77%克螨特EC并不是个别现象，它的成员与日俱增，可以说凡是在使用温度范围内为液体流动的农药原油都可以复配成农药环保乳油来应用。如敌敌畏、辛硫磷、马拉硫磷、杀螟硫磷、三唑磷、氧化乐果、仲丁威、丙溴磷、氯氰菊酯、禾草丹、2，4-滴丁酯、异稻瘟净、丁草胺、甲草胺等液体农药原油都可以研究开发成环保乳油来登记生产应用。

农药剂型贵在技术不断创新。不管是哪一种农药剂型只有不断创新才能适应时代进步的要求，才能与时俱进。农药乳油明天一定会更好。

注：本文发表在《农药市场信息》2008年5期。

试论彩色农药的现状及其前景展望

植物世界，一年四季总有无数鲜花盛开，万紫千红，争奇斗艳。花儿为什么这样红？花儿为什么要这样红？答案是两个字——竞争。为的是竞争吸引传媒蜂蝶授粉，达到结果之目的。

竞争无处不在，农药市场充满着竞争。不但农药质量竞争、价格竞争、售后服务竞争，精明的农药企业家为了在农药市场一枝独秀吸引更多的顾客另眼相看，大打农药外观和内在质量的绿色品牌，连自己的农药外观是什么颜色也绝对不轻易放过。所以农药外观便成为一个耀眼的亮点，自然也就成了一个新卖点。由于水性化制剂农药容易染色，特别是微乳剂也适合和需要染色，因此彩色农药便悄然兴起，粉墨登场。

一、农药的颜色

农药制剂的颜色分为自然色彩和人工彩色两种。

农药原药溶解后，一般有无色、黄色、橙色、棕黄色、褐色等色彩。而制剂的最后颜色是包括助剂在内形成的综合自然色彩。农药制剂的自然色彩一般并不鲜艳，但色泽耐久、不易褪色是最大优点。

人工彩色农药鲜艳夺目，五颜六色，绚丽多姿，可以根据不同爱好染成自己所喜欢的颜色。人工彩色农药色泽是否耐久、不易褪色与复配技术有关。

二、彩色农药的意义

1. 吸引顾客起促销作用

由于厂家精心设计，科学配制，选择了农民群众喜欢的各种颜色改变了农药的外观，美化了农药。因此引起了视觉注意，吸引了顾客，起到一定的促销作用。

2. 安全警示作用

阿维菌素微乳剂由于含量少，无色无气味宛如清水一般。在农村有时极易引起误服，中毒事件时有发生。有的农药虽然有些小气味，但复配成农药微乳剂后，由于水包油而消除了原有的气味，与清水无异，也容易引起误服中毒。如果用染料把无色无气味的农药制剂染成鲜艳的彩色后，就会引起视觉的注意和警惕。因而偶尔倒出未用完的农药就会很容易发现，起到安全防范的作用。

3. 防伪作用

彩色农药说来容易，但并不是随便加进一些染料就可以的。不经科学研究、精心设计配制、严格检测配出来的色彩是不会稳定持久的。粗制滥造的农药不但颜色易褪色还会对制剂起破坏作用，严重的引起制剂分层、结晶和沉淀等现象产生。因此对模仿造假者也是一道难关。

4. 宣传广告作用

药效好、颜色动人的彩色农药不用多做广告也会赢得广大用户的青睐，自然起到极好的宣传广告作用。

三、彩色农药现状

彩色农药是根据农药的剂型、原药和所用助剂的性质，在不影响稳定性和药效的前提下，科学地选择染料、颜料、有色物质复配而成。例如当你走进农资一条街或者农药商城时，就会被鲜艳亮丽的各种色彩的农药品牌所吸引：有翠绿色的、蓝色的高效氯氰菊酯微乳剂，果绿色的氟氯氰菊酯微乳剂，亮绿色的阿维菌素微乳剂，绿色的泰龙微乳剂，天蓝色的蛴铃绝杀微乳剂，海蓝色的立灵水可溶性液剂，金黄色的金牌安杀宝乳油，亮黄色的丙环唑微乳剂，鲜红色的叶虫青微乳剂，红色的落红乳油和红色的高效氯氰菊酯微乳剂，等等。最值得一提的是彩色农药常青树，老牌墨绿色的除草剂克无踪，农民只要看见颜色就会知道是速效除草剂克无踪。彩色农药："浓妆艳抹总相宜"。

彩色农药的出现、兴起和发展是复配农药的客观需要，顺其自然而水到渠成的。就国内而言，彩色农药最初并非为了吸引顾客、安全警示、防伪和广告宣传而染色，而是基于复配农药制剂的需要，为了增加制剂的稳定性和黏性而增加如松香之类的助剂，因而使制剂自然地染成了淡黄色、黄色或金黄色。又如使用茶皂素作为乳化剂时，也很自然地染成了淡棕色、棕色或深棕色。这些自然色彩都十分稳定，很有特色。

真正的人工彩色农药首先是受到克无踪的墨绿色的染色和作用影响的，逐渐使人们认识到农药警示作用的重要性而引起重视。

国内彩色农药的兴起和发展从农药水性化的提倡和推广之后得到了高速的发展，特别是微乳剂的推广应用，给彩色农药提供了非常广阔的发展空间，可以说所有的微乳剂都可以制成彩色农药。

彩色农药的现状应以彩色稳定性来衡量，现在国内生产的彩色农药如海南正业等生产厂家的产品，一般都能保证在两年贮存期内稳定而不褪色。

就以最容易褪色的红色落红农药来说，笔者曾做过大量的试验，在海南，把红色农药制剂拿到楼顶，风吹雨打日晒半年而不容易褪色。若在常温和自然条件下贮存、运输、使用，两年以上是完全可以保证的，其彩色稳定性可见一斑。

四、光与颜色

农药企业要想生产彩色农药，必须对光和颜色有个最基本的了解和认识，才能生产和处理生产过程中所遇到的颜色和褪色等问题。

1. 什么是颜色

颜色是光和眼睛相互作用而产生的。我们所看到的五光十色、红红绿绿、万紫千红的颜色都是光和眼睛相互作用的结果。事实上物体的颜色是大脑对投射在眼睛视网膜上不同性质波长的光线进行辨认的结果，是物理和生理的过程和结果。色盲的人对某些颜色视而不见就是一个很好的说明。如果没有光，漆黑一片，谁也看不到颜色。因此要认识颜色，必须从了解光的性质开始。

2. 光的性质和组成

光的性质具有双重性。它是一种物质，具有物质性；同时光又是一种电磁波，具有波动性。光的组成是由英国科学家牛顿用三棱镜散射白光分解成连续的有色光谱而发现的。有色光谱的主要色调依次是红、橙、黄、绿、青、蓝、紫。我们背着太阳光喷水成雾状，也可以看到水滴折射出来的红橙黄绿青蓝紫彩虹般的颜色。由红到紫的波长从长到短，能量则是由低到高。可见光谱可以分成九个宽阔而可以互相区别的区域，用颜色环的形式来描述。

3. 光的混合

由七种单色光（颜色环上的绿光蓝光我国习惯上称为青色

光）混合得到白光。而不同颜色的光混合又得到不同的颜色的混合光。

五、彩色与风险

现以红色农药为例阐述彩色与风险供读者参考。

用染料染成鲜红色的彩色农药与原来不染色相比，自然给人以美的享受。它肯定会引起人们的关注、兴奋和激情，因而左看右看不忍离去。但是，可叹“红颜薄命”，无须多久，也许少则个把月，多则几个月不到一年，红色便逐渐减退，甚至变成橙色或其他颜色。可想而知风险伴随而生，后果不堪设想。彩色农药为什么会褪色？

如果把染料可能与农药制剂中某一成分起化学反应、染料在日光紫外线照射下分解和染料本身在不同的介质中不稳定的因素排除在外的话，应用光和颜色的理论就能找到红色农药褪色的原因。

（1）从颜色环上可知，红+黄→橙。农药原药溶于有机溶剂所生成的黄色天然色彩与所加的红色染料混合，日久之后就会逐渐变成橙色。同时红色不耐光照，而农药原药溶解后所生成之自然色彩则不易褪色，所以红色逐渐褪去而橙色慢慢显出。如果制剂加有显黄色的助剂也会产生同样的结果。

（2）如果生产了绿色农药制剂转而生产红色农药制剂时，尽管反应釜已放尽绿色农药，不要认为生产设备及管道阀门、包装设备中残留一点绿色农药没关系，若不冲洗整个系统，则红与绿互为补色，它们是要按颜色环上的规律起作用的。这时候一般是红多绿少，则红色不再鲜艳。若红绿颜色量相当则完全改变了红色。若红少绿多就变成污青绿色了。蓝色对红色的影响比较特殊。关键是量的问题。若红多蓝少则红+蓝→紫红。由于制剂里农药溶解后呈天然的淡黄色或黄色，因此在制剂里存在红+黄→橙和黄+蓝→绿色或互为补色的白色等复杂的颜色变化。如果科学地运用颜色环来指导复配彩色农药，则蓝色对红色的影响降为最低甚至对红色产生意想不到的比红色还要稳定的红紫色。其原理是：红+黄→橙，红+蓝→紫。而所产生的橙+紫→紫红色。如果掌握不好则黄+蓝→绿色或蓝光绿色。由于蓝光绿色和红色是互为补色，则制剂最终有可能变成灰白色或污青绿色了。更糟糕的是由于农药原药有效成分含量低、杂质多，溶解后呈黄褐色、棕黄色或深棕色。根据光和颜色的理论可知，颜色越深，吸收入射光的范围和数量就越多，要想染成鲜艳夺目的红色就难了。如果再增加吸收光的其他助剂，入射光可能被吸收得所剩无几，这时彩色农药就变成“无彩颜色”的灰色或黑色了。这就是风险！所以高品位的彩色农药既是多学科交汇的结晶，也是技术含量高的高科技产品。

彩色农药并非不可驾驭，随着彩色农药的不断深入研究、试验和完善，无疑将有利于推动农药的发展。

六、彩色农药发展趋势

从目前农药市场的现状来看，真正无色的农药制剂主要是农药微乳剂、水剂和可溶性液剂。尽管配制和生产彩色农药有一定的风险，但是由于彩色农药有着上述的诸多优点，因此始终鼓励着人们去不断探索和追求。谁掌握了这把双刃剑谁就优先赢得市场。

笔者在2000年转让20%阿维菌素·杀虫单微乳剂项目与厂方洽谈时向厂长介绍：“此微乳剂配出来是无色的透明液体，需不需要染色？染色又染成什么颜色？”厂长回答：“无色无特色，要染成红色。”这也许代表着一种趋势吧。

笔者接触过很多喜欢生产微乳剂的厂家，无一例外地希望染成鲜艳亮丽的颜色，但由于没有掌握稳定染色技术，他们生产的微乳剂没有染色。

其实生产彩色农药成本也很低，各种彩色农药的彩色成本大概为每吨 50~500 元。花钱少就能改变农药制剂的外观，给消费者留下美好的第一印象，这是生产者和消费者都乐于接受的快事。彩色农药发展决定于市场，市场需要彩色农药。农药市场将会百花齐放，推陈出新，迎来一个发展的新时代。

注：本文发表在《农药市场信息》2006 年 8 期。

农药应用有机硅初探

2008年初以来，受全国大面积长时间的低温冰雪多雨气候的影响，很多农业害虫比去年显著减少。北方很多地方的大田作物如小麦、玉米等农田中都找不到虫子。不用喷农药，小麦大丰收；玉米长势喜人，也无须买农药，丰收在望，农民喜笑颜开。因而，很多靠生产复配农药杀虫剂过日子的公司老板却愁眉苦脸。今年农药市场萧条，销售量比去年减少二成以上，不少农药企业减产减员，提前放假。

农药杀虫剂市场这块蛋糕虽然没有去年那么大，但是生产厂家谁都想多占一些市场份额。因此各出奇招，使出浑身解数。比较突出的是使用农用有机硅助剂。农用有机硅表面活性剂就像农药市场“冬天里的一把火”，越烧越旺。为了吸引经销商和农民的眼球，提高市场知名度，很多厂家舍得花钱在农药产品里加进了高成本的农用有机硅；但也有的厂家浑水摸鱼，在那些根本就不加有机硅的普通农药产品标签上，也赫然打出“加进美国进口有机硅……”

山东某农药化工公司2008年年初开始在新登记的10%烯啶虫胺可溶性液剂和50%烯啶虫胺水分散颗粒剂产品中加进了3%的进口美国GE公司生产的有机硅表面活性剂——Silwet408。在农药市场里，这两个有机硅表面活性剂的系列产品与同类产品相比，有着明显的优势。具制剂稳定，热贮14天，烯啶虫胺分解率少于5%，有效保证了农药烯啶虫胺的药效。加上有机硅的增效作用，在防治稻飞虱方面显著高效，深受经销商和农民的欢迎，取得了比较好的经济效益。

农用有机硅即农用有机硅表面活性剂，与现在广泛应用的各类农药表面活性剂相比，具有更好的润湿性、延展性，更强的黏附力、气孔渗透性和耐水冲刷性。因此提高了农药利用率，减少了单位面积农药用量，减少了农药残留量，提高了农产品质量。同时由于有机硅表面活性剂的毒性小，所以更符合环保要求，应用前景十分美好。

有机硅表面活性剂外观为无色透明液体，其有效成分为三硅氧烷聚醚，不同的生产厂家有效成分不相同。有机硅表面活性剂与非硅表面活性剂一样分为阴离子型、阳离子型、非离子型和两性离子型四大类。Silwet408 属于非离子的 A 型结构，经 HPLC 检测其有效成分超过 92%。

根据美国 GE 公司和中国农业大学试验研究结果："发现部分农用助剂对 Silwet 系列有机硅的性能有较大影响""研究结果表明，所有有机硅在酸、碱条件下均会水解。目前中国市场的 Silwet 系列有机硅产品的 pH 值适用范围在 6.5~7.5。"因此应用农用有机硅表面活性剂，首先要了解所使用的有机硅表面活性剂的基本性质。在配方中要根据农药有效成分的性质及使用情况进行研究后再确定如何应用有机硅表面活性剂。否则加进多少含量的有机硅都是白加，起不到有机硅应有的增效作用。相反还会破坏制剂的稳定性，增加成本，加重农民负担。

随着农用有机硅表面活性剂的不断开发研究应用，国内经销有机硅表面活性剂的公司肯定会不断增加。为了保证应用有机硅表面活性剂的质量和含量，在确定使用有机硅后，应向所提供有机硅表面活性剂的公司了解有机硅有效成分三硅氧烷聚醚的含量，并要求提供 HPLC 检测方法，不提供就不可信。提供后还要经常抽样检测，价格应以有效成分折百计算。有的经销商提供的 100%含量有机硅，实测不到 50%。

由于有机硅表面活性剂价格比较昂贵，目前 Silwet408 售价每吨 12 万元左右，因此不是超高效或高效的农药原药复配产品要慎用有机硅。

如何在各种高效农药里、各种农药剂型里应用有机硅表面活性剂还需要不断试验研究，探讨完善关键技术等问题。

根据有机硅表面活性剂的性质，在 pH 值为 6.5~7.5 的中性或近中性的农药复配制剂乳油、可溶性液剂、可湿性粉剂、粒剂、水分散粒剂等剂型里直接加进有机硅进行复配生产是可行的。在这个范围之外的酸性或偏酸性、碱性或偏碱性的上述剂型和水性化剂型里直接加有机硅表面活性剂，将会引起有机硅的水解失效，是不可行的。如果加进有机硅表面活性剂后，pH 值范围不在 6.5~7.5，在不影响农药有效成分稳定性的前提下，也可以人为地把 pH 值调整到所需的范围（6.5~7.5）来满足有机硅表面活性剂稳定的需要。

如果农药制剂一定要求在酸性或偏酸性、碱性或偏碱性的条件下才稳定，或者农药制剂是水性化剂型，以上情况是不能应用有机硅表面活性剂的，因为这明显与有机硅的根本性质相违背。但是笔者认为在这些酸性或碱性介质才稳定的农药制剂里和水性化剂型里应用有机硅表面活性剂，关键是使用的技术问题。在这种情况下，有机硅绝对不能直接加进配方里进行复配应用，应该把两者分成两瓶或两袋合二为一包装。而且要针对农药主要有效成分制剂的酸碱性在有机硅表面活性剂上下功夫。一是把有机硅表面活性剂配成 pH 值为 6.5~7.5 的缓冲液。二是把与酸性或偏酸性有效成分制剂配对的有机硅表面活性剂的 pH 值调配为 7~7.5，反之则调配成 6~7。目的是使其在现场混用时起到缓冲作用。为了起到缓冲作用，有机硅可以加进缓冲液稀释后再分装。如果高效农药以每袋 2 克灌装、以每袋 10 克有机硅缓冲稀释液配对的话，当农民使用时，先把农药有效成分的主药按使用要求兑水稀释，然后才加进有机硅稀释液搅拌均匀后喷雾，在一个小时内用完应该是可行的。但是这样做要增加包装成本，所以一般附加值低的普通农药制剂只能望而却步。

有机硅表面活性剂并不神秘。有机硅就是有机硅，它不是农药。它没有杀虫的功能，杀虫还是靠农药。从目前来看，农药制剂加进有效成分≥90%的有机硅5%的话，平均1%的有机硅增加杀虫药效1.5%左右，并没有成10倍以上的增加药效。但是，有机硅表面活性剂对高效农药能起到如虎添翼的作用，这是肯定的。

值得注意的是，笔者用一个“23%灭多威可溶性液剂”成熟的生产配方配两瓶各为100毫升的样品，一瓶加进美国进口的有机硅3%的Silwet408，另一瓶加进从另一个国家进口的有机硅3%。用同一种红色染料都染成鲜红色外观做对比试验。用10毫升安瓿瓶各封口4瓶作常规的冷藏热贮试验。另外各用铝箔袋封口10毫升样品各2袋作常规的热贮（54 ℃±2 ℃，14天）胀袋试验。结果如下表所示。

对比结果

样品	加Silwet408	加另一进口有机硅
冷样pH值	6.50	5.36
热贮14天后pH值	6.32	6.37
冷藏第2天	无结晶析出	有较多结晶析出
热贮第4天	保持鲜红色	变成纯黄色
热贮第12天	不胀袋	胀气鼓起胀袋
热贮14天灭多威分解率/%	3.20	9.77
结论	可用	不能用

因此，在确定使用有机硅表面活性剂后，特别是把有机硅直接加到配方中进行复配使用的制剂，不能像使用普通表面活性剂

那样只要制剂的乳化性能稳定合格后就放心使用。对于添加有机硅的制剂除要做上述的相关试验研究外，还要考虑研究解决以下的一些影响因素。

1. 作为农药增效助剂的有机硅表面活性剂加到农药制剂中应用，最起码的要求是不会和原药的有效成分起化学分解反应。那么有机硅里的助剂、杂质会不会和原药的有效成分起化学分解反应作用呢？从笔者的上述试验结果来看是肯定的。因此所选用的有机硅所含的三硅氧烷聚醚有效成分应该≥90%，这样有机硅里的其他助剂、有害杂质就相对减少，用起来比较安全。低含量的有机硅甚至大杂烩的有机硅里含有大量的助剂和未知物杂质、有害成分相对较多。同时受到市场竞争价格的影响，这些助剂会有变化，可能经常变化，对农药生产厂家是十分不利的。

2. 农药制剂里的农药助剂对有机硅的影响。农药制剂有诸多不同的剂型，所用的农药配方千变万化，因此所使用的各种农药助剂复杂而多样，不通过试验就不能判断有没有影响。比较明显的下面这些农药助剂，例如含水的500#钙盐、95%的工业乙醇和渗水的助剂如甲醇、乙二醇、异丙醇和丙酮等应该不用。还有凡是用有水500#钙盐参与复配的各种型号的农用乳化剂最好不用，以免带来严重后果。

3. 酸性的复配农药乳化剂2201#和0206B#也最好不用。只有全面研究和解决影响农药制剂和有机硅稳定的各种因素和做好相关的研究试验得出合格的结论后，再做药效试验，然后再应用到生产中去才比较规范和稳妥，以免造成不必要的损失。也只有这样才能比较正确客观地对待农药应用有机硅。

综上所述，目前农药应用有机硅大都是探索性地试用，初见成效。但是由于有机硅的生产厂家和经销商各吹各的号，各唱各的调，使得农药复配生产各种剂型、制剂的生产厂家无所适从。农药应用有机硅是一个新的实用性强、应用广的科研课题，也是一个新的需要多学科结合的系统工程。做到在农药制剂里使用尽可能少的有机硅表面活性剂，发挥尽可能大的增效作用和最佳的环保效益，是农药界同仁努力的方向。

注：本文发表在《农药市场信息》2008 年 19 期。

化学农药与生物农药杂谈

化学农药特别是高毒化学农药的过度生产、使用会对生态环境产生破坏，农药残留危害人体健康造成负面影响，已经引起世界性的广泛关注。据有关报道，人类赖以生存的地球，臭氧层被破坏，南北极的冰层、珠穆朗玛峰上的积雪都已受到污染。

我国是生产、使用化学农药的大国，每年几十万吨各种农药的实物量海陆空全方位、全天候洒向神州大地，休说地上害虫“三步倒”，就是专门打“地道战”的地下害虫也立即“灭杀毙”。莫说挖地三尺，都是农药矿泉水；就是“九泉之下”，秦皇墓穴，先人尸骨，十八层地狱，孤魂野鬼，只要抓来检测，结果总是阳性。因为很多“死鬼”都是化学农药中毒身亡，不检出化学农药残留才怪呢！从此天上人间，阴曹地府再也找不到一片净土。

占地球表面积 7/10 的汪洋大海、江河湖泊水面。说白了也是一个大污水池。所有天然毒物、化学合成有害物质以及组成这个世界所有物质的 100 多个化学元素，无须在神奇奥妙的门捷列夫周期表里去寻寻觅觅、朝朝暮暮，都可以在这个司空见惯的大污水池里找到。国与国之间实现了祸水资源共享。

因此，世界各国相继出台了对化学农药特别是高毒化学农药的禁止、限用的法规。其中丹麦政府早已决定从 1998 年 6 月起在全国范围内全面禁止使用化学农药。欧盟公布 2076/2002 号法规，从 2003 年 12 月 31 日起正式禁止 320 种农药在欧盟销售。到目前为止，欧盟已经禁止了多达 450 种农药在欧盟市场销售。

更严重的是由此而引起的“多米诺骨牌效应”，美国、日本等国也已经采用或即将采用与欧盟类似的做法。霎时间全球风起云涌、暴风骤雨。此时此地，我们才真正感到事态严重。涉及我国农药出口的60多种农药和广泛喷洒这60多种农药的农副产品：苹果、柑橘、番茄、黄瓜、谷物等只能出口转内销，自己品尝这些苦果了。

生物农药以其易于降解、残留低、污染小、环境兼容性好以及病虫害不易产生抗性等优点大有取代化学农药之势，并且有人断言生物农药必将取代化学农药。

但是，只要冷静地想想，看看，在一定的范围生物农药取代化学农药是完全可以的。而要全面取代化学农药，完全不使用化学农药是不可能的。生物农药和化学农药各有各的优势和缺陷。就好比中药代替不了西药，西医取代不了中医一样，各有千秋。况且市场规律，只能由消费者说了算。

生物农药能够完全取代化学农药无疑是一件好事，也是农药界奋斗发展的方向。但是生物农药要全面取代化学农药必须与化学农药相比具有以下各方面的优势，市场才认可。

1. 见效快。起码与同类化学农药一样。

2. 制剂稳定。

3. 成本价格低。起码与同类化学农药持平。

4. 贮存使用方便。

5. 水基化，残留低。

如果与化学农药相比只有一两项优势，而要农民掏腰包就不那么容易了。生物农药的推广应用是21世纪的发展方向，但是也不要忘记农药水基化同样是21世纪农药剂型发展的方向。如果生物农药仍然是以粉剂、乳油剂型当家，与化学农药粉剂、乳油剂型一样，认为生物农药不污染环境就很难自圆其说了。

化学农药能置人于死地。这人尽皆知，是真理。据世界卫生组织统计，全球每年农药中毒的人数约有 300 万，而我国有数万到 10 万人。20 世纪 90 年代以来，每年有5 000~7 000人因农药中毒而死亡。

化学农药也能促使人类长命。有人认为这是无稽之谈，是谬论，但这确是事实。中国是五千年的文明古国，在中华大地不使用化学农药、不受化学农药污染、不受化学农药残留毒害至少已有4 900年的悠久历史。但是我们的祖先，多少亿万中国人过的绝对不是神仙般的生活，而是过着“千村霹雳人遗矢，万户萧疏鬼唱歌”人不人、鬼不鬼的悲惨生活。中国人在新中国成立前的人均寿命充其量也只有 40 岁。

新中国成立后，大力发展化学农药，最大程度地满足了农业上、卫生上的需要，也送走了“瘟神”。现在中国人的人均寿命已奇迹般地达到 70 岁，而且还在不断提高。

日本是世界上数一数二单位面积上使用化学农药最多的国家，而日本也是世界上最长寿的国家。男性人均寿命为 80 岁，女性人均寿命为 82 岁。

笔者并非鼓吹使用化学农药越多越好，滥用化学农药，《寂静的春天》就会降临人间。但是这些事实至少说明合理使用化学农药、科学使用化学农药与农作物收成有正相关的关系。由于农作物的增收，促进了养殖业的发展，因此人们餐桌上的食品丰富了，生活提高了。同时传播各种疾病、瘟疫的生物媒介也被化学农药“斩尽”“杀绝”“一扫光”，有利于提高人类的寿命，难道这不是真的吗？有一弊必有一利，祸也化学农药，福也化学农药。

化学农药的生产使用是利大于弊。造成环境恶化也并非化学农药一家的责任。化学农药的弊端要克服，化学农药要向绿色化学农药发展。生物农药也并非尽善尽美，同样要克服自身的不足，才有广阔的市场，美好的前景。

“欧盟第2076/2002号法规”没有双重标准，也不是针对中国的。法规对化学农药同时也对生物农药敲响了警钟！众所周知生物农药有效霉素、苏云金芽孢杆菌-δ内毒素、土霉素和龙胆紫等同样被列入了封杀的“黑名单”，被逐出欧盟农药市场。这不能不引起生物农药界的震惊，给当前炒得炙手可热的生物农药无异于泼了一瓢冷水。

有效霉素是1972年日本武田药品工业公司开发成功的广泛用于水稻纹枯病的抗生素生物农药。而微生物杀虫剂苏云金芽孢杆菌（Bt）是1911年贝利纳于德国苏云金地区发现而得名。它是一种病原细菌生物杀虫剂，欧盟对苏云金杆菌的内在性质对环境对人体的健康影响比其他国家和地区了解得多。生产者无法自己举证自己的产品是“清白”的，而欧盟却能证明苏云金杆菌-δ内毒素与被禁止的化学农药一样，对环境对人体同样是有负面影响的。

生物农药特别是活体生物农药比化学农药更复杂、更深奥。也许是欧盟以外的国家由于对生物农药的开发应用时间比化学农药短，研究的深度和广度有限，或者说还不够全面，所以有太多的未知数。而宣传炒作上全盘肯定所有生物农药，诸如“安全无毒，不污染环境，无残留”等，因此更加忽视了这方面的深入研究，也生怕研究出不利于推广应用某些生物农药的结论来。

1998年就有报道：“欧洲农业和环保协会认为，活体组织是最复杂的，它可产生短期内不易发现的影响。杀虫剂就是一例，因为经过三十多年的研究才发现，它对人体的激素和生殖系统有影响”。是药三分毒，有一利，必有一弊。

根据有关的资料和报道，微孢子虫治蝗虫是现代比较先进效果也比较好的生物防治蝗虫的好办法。但是只适应蝗虫密度中等和3龄期以下的蝗区。微孢子虫是单细胞生物，蝗虫吃下微孢子虫后其便寄生在蝗虫的体内，2~3周发病，最后死亡。微孢子虫浓缩液，必须贮存于-20 ℃的冷冻室里。

1998年刊登在《农药市场信息》第6期上的一篇题为《蝗虫已进入暴食阶段，农业部要求打好治蝗攻坚战》的报道，报道了“初步统计山东、河南、河北、天津等9省市累计已发生夏蝗面积达1 200多万亩，约比常年增加40%，而且虫口密度高，比常年高2~3倍，河南中牟、山东无棣等部分蝗区高几十倍、甚至高上百倍”。2001年和2002年更加严重，铺天盖地的飞蝗地毯式地毁灭农作物、草原、竹林……

1. 如果只用生物农药的话，蝗虫吞下了微孢子虫后，农民的庄稼仍然是飞蝗的“最后的晚餐”。然后优哉游哉“两至三周”以后才“安乐死”。而三龄期以上的蝗虫照样产卵生儿育女，为蝗族繁衍后代。

2. 生物农药离不开化学农药。火烧眉毛的农牧民买了生物农药后仍然要买化学农药才能遏制住可怕的飞蝗。

3. 如果用联合国粮农组织推荐的化学农药锐劲特防治飞蝗的话，那就值得令人深思了。锐劲特用量小，用锐劲特5%悬浮剂防治蝗虫每亩只需10 mL。击倒速度快，用药后几小时蝗虫即被击倒。用药灵活，对蝗蝻和成虫均有效，可在任何虫龄时间用药。再大的蝗灾都可以用飞机喷洒，在短时间内大面积的消灭。也适合个体农牧民与蝗虫单打独斗。因此虽然锐动特价格昂贵，但消费者仍乐意购买。

4. 贮存苛刻，使用不方便。微孢子虫浓缩液必须贮存于-20 ℃的冷冻室里。贮存条件太苛刻，个体农牧民做不到，做不到就必然影响到治蝗效果。因此只有国家出钱，由政府有关专业部门承包才有效。

不管是化学农药还是生物农药或者是其他商品，在商品性能、价格同等或者差别不大的情形下，商品使用方便往往是赢得消费者的青睐、夺取市场的一大法宝。只要进入市场就会发现懒人皮鞋基本上取代了鞋带式的皮鞋。还有拉链衣物、方便面、傻瓜照相机、组合家具、遥控电视机等等，无不是以方便二字独占市场鳌头的。

有报道称生物农药“叫好不叫座”。其原因之一据说是农民素质低、不识货、不会用，所以不解囊。但是并非所有的生物农药都是叫好不叫座，像阿维菌素，农民既叫好也叫座，而且叫得震天响，阿维菌素已成为农药市场的宠儿。对于化学农药，也不是所有化学农药都叫好又叫座。倒是由于农民对化学农药太识货、太会用。因此很多化学农药既不叫好也不叫座。原因何在？关键是商品本身是否适合市场需要，是否价廉物美，是否使用方便，是否安全环保。市场对任何商品都是公平的、竞争的、自愿的。“羌笛何须怨《杨柳》，春风不度玉门关”。

把造成环境恶化的全部罪名都加在化学农药头上是不公正不公平的。化学工业、钢铁工业、冶金工业、制药工业、石油工业以及燃煤燃油燃气交通工具、民用燃煤燃气等是造成环境污染、温室效应、臭氧层被破坏的大户。化学农药并不能代表所有的化学工业。自然界中从未发现过的人工合成化合物已有 10 万种化学物质进入人类环境。其中有很多是有毒的化学物质，包括化学农药在内。而在世界各国注册登记的化学农药品种大约1 500种，化学农药只占 1.5%左右。

化学农药在人工合成、使用过程中对环境造成污染。而生物农药是在动植物、微生物体内进行生物化学合成不污染环境，但是在原料的贮存和提取生物农药过程中造成环境污染，有的三废排放还相当严重。

联合国南通农药剂型开发中心冷阳高级工程师在《二十一世纪初叶农药发展的主旋律》论文中指出：“就植物源农药而言，一要解决活性成份提取的工艺创新问题。现有的以浸泡、蒸发、溶剂提取或结晶、甩水的传统办法为基础的工艺所产生的废水、废渣远比合成化学农药多，这种以牺牲生产地环境来换取药物使用的做法，不符合二十一世纪的要求。”

植物源农药的原料如印楝种子在贮存过程中产生黄曲霉素。黄曲霉素是剧毒物质，是众所周知的强致癌诱变剂。黄曲霉毒素带进印楝素制剂应用，人吃了含有黄曲霉素毒素残留的农副产品，无异于蝗虫吞了微孢子虫，安全吗？

2002年4月8日和26日中国对日本出口的40吨蜂蜜，因检出生物农药抗生素残留而全部退货。

化学农药与生物农药实际上并没有绝对的分界线。所谓化学农药就是指用人工化学合成的具有特定生物活性功能的有机或无机化学物质。而生物农药是具有特定生物活性功能的有机物质在动物、植物以及微生物体内在酶的催化作用进行生物化学合成后再进行人工提取加工而成的农药。而仿生物化学农药正是脱胎于天然生物农药，是以天然产品中的活性物质作为母体，先进行模仿，后人工合成，在结构上可以完全一样也可以不一样。为了提高活性而进行结构改造，创新合成出青出于蓝而胜于蓝的仿生农药。由此可见，不管是化学农药、生物农药或者介于两者之间的仿生农药都离不开“化学合成”四个字，都是化学合成或生物化学合成的产物。

不要以为动物、微生物的体内生物化学合成的产物不能用人工化学合成的方法制造，也就是说动物、微生物的代谢产物同样可以用人工化学合成的方法获得，只要这个代谢产物有肯定的、突出的特效作用，有着巨大的商业价值，迟早会有化学家、生物化学家把它用人工化学合成出来。例如尿素，它是人类及其他哺乳类动物在体内生物合成的代谢产物。现代氮肥工业化学合成的尿素和人类、哺乳类动物排出的尿液中的尿素完全一样。在这里生物化学合成和人工化学合成已经完全没有任何丝毫的区别了。有很多生物活性物质之所以不用人工化学合成制取，是因为人工化学合成的成本太昂贵而放弃了。

化学农药与生物农药之间不是谁取代谁的对立关系，而应该是优势互补、取长补短的谁也离不开谁的双赢关系。因此有识之士很早也很自然地把生物农药与化学农药复配成新的制剂，并且已经登记、生产和使用，收到了很好的效果。例如阿维菌素与有机磷类、菊酯类、烟碱类和哒螨灵等复配的不少制剂。

生物农药在克服自身的缺点过程中不断提高和完善会有美好的未来。化学农药也不会停留在原来的水平之上。绿色化学作为21 世纪国际的中心科学已经潮涌全球。绿色化学是利用化学原理在化学品的设计、生产和应用中消除或减少有毒有害物质，没有或尽可能减少对环境的副作用。绿色化学技术是在始端实现污染预防的科学手段。因此绿色化学技术的发展受到联合国及各国政府的高度重视，有的国家已将其作为政府行为，无疑起到了助推作用。1995 年时任美国总统的克林顿设立了“总统绿色化学挑战奖”；日本制定了“新阳光计划”；1998 年中国科技大学首次举办了国际绿色化学高级研究会，制定了要在五大领域首先突破的方略，化学农药排在前列。

因此，不管是化学农药还是生物农药只能用一个标准去评价，那就是安全、高效、经济、方便、低毒、低残留和污染少；是否符合联合国、本国以及农药进口国的有关标准要求。公平竞争，能者就上；市场检验，用户自选，优胜劣汰。祝愿绿色化学农药和生物农药携手共同谱写 21 世纪的辉煌。

注：本文发表在《农药市场信息》2004 年 7 期。

农药剂型与环保

随着人们科学素质的不断提高，自我保护意识的不断增强，要求农药制剂加工环保化、食品安全化的呼声日益高涨，这是大势所趋、人心所向。这也是农药剂型发展的方向。

根据我国科学技术监督局2003年11月10日发布、2004年4月1日实施的国家标准GB/T 19378—2003《农药剂型名称及代码》中公布了120种农药剂型。除了原药（TC）、母药（TK）外，其余118种标准都是复配型的农药剂型。在118种农药剂型中，哪些剂型属于环保型？哪些剂型又属于非环保型？农药剂型环保型与非环保型区分的标准是什么？没有科学标准来界定，能说清楚和令人信服吗？现在农药剂型环保与非环保之分能不看具体情况和经过仔细的调查研究简单粗浅地定终生吗？那么应该如何规范农药剂型的环保性呢？为此，笔者根据自己的工作经验和感受谈谈自己的观点和看法。

一、剂型与农药

农药剂型是为农药服务的，是农药加工应用的方法。如果农药加工忽视了农药这个主体，再环保的剂型也不环保。

现在我们都把目光投向五种高毒农药和毒性比较猛烈的存在潜在隐患的农药，然而很多用量大的、低毒的农药也应列入禁用和淘汰的时间表之内，为什么？

（1）只要是农药，它对环境、人类都是有毒副作用的。没有可以当水喝的环保农药制剂。

（2）由于很多低毒农药亩用量大，很多每亩用量在10~100克。每亩用量那么多的农药，喷施后的分解和降解产物连同复配的农药助剂数量巨大，比每亩用量在10克以下的农药大得多。对环境的污染，对人类直接和间接的毒害，比起每亩用量在0.2~10克的高效农药来说要更大，理应被淘汰。

（3）亩用量大、低毒的有机磷农药和其他农药都应禁用和停止原药生产。大量亩用量大的有机磷农药和其他亩用量大、低毒的农药都不符合资源节约型社会要求，也不符合节能减排低碳经济的要求。亩用量大、低毒的农药，不管是用什么环保剂型生产都是非环保的产品。毒性高、亩用量大的农药更要尽快淘汰掉，如敌敌畏等。

有机磷农药是农药乳油制剂的后院和传统领地。亩用量大、低毒的有机磷被淘汰之后，既大规模地削减了农药乳油的数量，也促进了农药企业的重组，加速了农药向高效、亩用量小、相对安全环保的方向发展。

（4）支持和鼓励农药向高含量的制剂发展。根据现在登记生产的各种农药剂型产品有效成分含量，分为高、中、低三档。应先停止登记生产低档剂型产品。

低含量的低档农药产品，所加的农药助剂、填料多、体积大、重量大。人为增加对环境的污染，既浪费资源又增加包装和运输成本。

二、剂型与环保

哪一种农药剂型最环保？

1. 农药微胶囊剂

农药微胶囊剂是控制释放农药有效成分的缓释型农药剂型。

它的优点是可以延长药效，提高农药残存物的活性，降低对人畜的毒性和刺激性；减轻药害，减少农药挥发和损失，屏蔽臭味，提高与不相配农药的复配能力；具有一定的环保功能。

农药微胶囊剂是不是农药剂型中最环保的剂型？本文以化学工业出版社出版的，由宋健、陈磊、李效军编著的《微胶囊化技术及应用》一书中，第六章第六节“微胶囊技术在农药中的应用”为例，摘录一些内容和同行探讨。

“微胶囊组成”中“制备农用化学品微胶囊，可以采用的微胶囊壳材包括明胶、聚酰胺、聚脲、聚氨酯、聚酯、聚醋酸乙烯、聚乙烯醚、聚氨酯-聚脲、聚酰-聚脲。”其中明胶是比较环保的。但是“对于用明胶制成的微胶囊来说”，由于“难以控制农用化学品的持久性”而被淘汰。以上众多的微胶囊囊壁壳材，不管是脂溶性的还是水溶性的，降解或不降解的产物，对环境和人类、对有益的生物安全环保吗？

“另一种微胶囊化方法是尿素-甲醛缩聚法”。其法如下：“将 60 克尿素和 146 克甲醛混合，用三乙醇胺调 pH 值=8.5，然后在 70 ℃ 反应一小时，于是制成脲-醛预聚物（简称 U1.8F）”。下面的操作不再赘述。

整个微胶囊的生产过程中，几乎全部不受限制地使用任何有机溶剂，不管是极性溶剂还是非极性的“三苯”溶剂和有毒的化学品。甲醛是公认的致命致癌物！生产中大量使用甲醛后果甚于“三苯”，在现在其他的农药剂型中前所未有！因此该书提出“注意事项：必须注意到，胶囊化的制备费用要比常规农药配方花销大。同时胶囊壁最终对环境会带来何种影响，制备胶囊时所加的增塑剂、稳定剂、抗氧化剂和填料对环境造成的影响以及由于热、水解、氧化、太阳辐射和生物试剂对胶囊降解所造成的后果都必须加以考虑”。

消费者担心喷施过农药微胶囊剂的蔬菜、瓜果的安全性。菜农和瓜农所种的蔬菜、瓜果生长期一般就是1~3个月。喷药的时间视病虫害发生的时机而定，可能是收获前的1个月，也可能是10天、8天，菜农和瓜农不可能等农药微胶囊剂在那里慢慢缓释农药一个月、几个月以后再收获蔬菜、瓜果，并拿到市上出售。如果把没有缓释完的农药有效成分残留吃到肚子里，这时农药微胶囊剂滞留农药在人体内慢慢缓释出来，对人体还会安全吗？

农药缓释型微胶囊剂遇到暴发性的病虫害，缓释型的剂型农药担当不了重任，只有快速型高效的农药才是主帅。面对铺天盖地可怕的蝗虫灾害，要求在最短时间内消灭和控制灾情，缓释型的微胶囊剂连当个小兵仔都不合格，只能靠边站。

2. 水分散粒剂

水分散粒剂是不是最环保的农药剂型？不用引经据典，也无须瞒天过海，国内农药同行都对生产水分散粒剂的过程心知肚明，那是什么样的“环保”境界，简直是“红尘滚滚”，乌烟瘴气。原本生产的可湿性粉剂到此结束，可以包装出厂，但偏要不惜花费大量人力、财力、物力和大量地排放废气或废水，在可湿性粉剂里加些崩解剂、黏结剂等助剂造粒成水分散粒剂。其结果一是增加了成本，加重了农民的负担。二是不符合资源节约型的经济发展要求。三是增加能耗和排放量，有悖于国家提倡的节能减排的方针。大量生产水分散粒剂实在是一项劳民伤财的事情。

也许有人说，我们使用无尘湿法生产农药水分散颗粒剂，也不用任何有机溶剂生产，够环保的。

谁都懂得，不是什么农药原药都可以“湿”的，谁都知道许多农药水分散粒剂都是先用二甲苯或混苯把农药溶解后再用白炭黑吸附，然后再加填料和其他农药助剂来造粒。

当然，还有相当一部分的水分散粒剂，乃是由于生产成可湿性粉剂时无法解决结团结块、胀气等问题而无奈增加工序和成本制成水分散粒剂的。

3. 悬浮剂

农药悬浮剂分水悬浮剂和油悬浮剂两种。油悬浮剂也不环保，现在市场上大量销售的4%烟嘧磺隆就是油悬浮剂。这个油可以是植物油、矿物油，也可以是和农药乳油一样的油。

4. 农药水乳剂

农药水乳剂一般都加有非水溶性有机溶剂混苯、二甲苯用来生产水乳剂。

水乳剂由于其分散颗粒比较粗（100~10 000纳米），在重力的作用下经不起时间的考验，最终形成分层、沉淀、结团结块。为了稳定制剂，不惜采用任何的化学有机溶剂和化工原料。什么助剂能稳定或相对稳定就加什么，不管是极性溶剂、非极性溶剂还是有毒化学原料。

更可悲的是，水乳剂由于经不起时间的考验，产生大量的沉淀物无法处理，企业想找个地方倒掉都难，最后只能长期存放在仓库里。有些有能力的企业用生产农药微乳剂的方法来处理退货的水乳剂，把它制成微乳剂。水乳剂何苦呢，要借助农药微乳剂来善终。

三、用科学发展观看待农药剂型

不管是哪一种农药剂型都是人类应用农药的科技成果。任何一种农药剂型都有其长处和短处。任何一种农药剂型随着科技的进步，经过科技工作者的不断努力、深入研究都可以进一步得到完善和提高，做到更好更环保。要用科学发展观看待各种农药剂型。

哪一种农药剂型最不环保？农药剂型环保不环保不是固定不

变的，是可以改变的。不能全盘肯定，也不能全盘否定。

1. 农药乳油最不环保？

现在我把我研究的“77%炔螨特 EC”公之于众，如果农药同行和读者有兴趣的话，请你按照我的配方做重复试验，是真是假由你下结论。

配方及要求如下。

（1）要求炔螨特原药有效成分大于或等于 90%，质量要符合国家或行业标准。要用国家定点生产厂家生产的合格的产品配制。

（2）配 100 克 77%炔螨特 EC，77 克炔螨特相当于用含有效成分炔螨特 90%的原油 85.55 克。

（3）用国家定点厂生产的，符合国家标准或行业标准的表面活性剂 EL-20#补余（14.45 克）加进上述的炔螨特里，常温下搅拌均匀即可做冷藏热贮试验。

（4）配好后 pH 值在 5~7，自然形成不用调整。

用上述简单可行的办法配出的 77%炔螨特 EC，笔者称为环保乳油（EC）。整个过程不加一滴有机溶剂，不浪费一滴水，不产生一颗粉尘，无气味产生。目前有哪一种农药剂型生产不用一滴有机溶剂、不用一滴水、不产生一粒粉尘？

如果用含有效成分更高的炔螨特原油来生产环保乳油，则可以多加进些乳化剂，更稳定。也可以复配生产有效成分含量更高（估计含量在 80%以上）的环保乳油产品。乳化剂不一定要加得太多，一切以制剂稳定为准。先选择合适合理用量的乳化剂，然后再选择合适的有效成分含量的炔螨特原油搭配组成 100%，不要补加任何有机溶剂，这才是名副其实的环保乳油。

2. 农药微乳剂不环保？

据说农药微乳剂不环保是由于使用了像 DMF 这样的极性溶剂而被质疑和定性的。农药微乳剂就一定要用有害的极性溶剂才能复配和生产吗？

江西省某农药有限公司从 2009 年起用上海某科研单位提供的 2.5%高效氯氟氰菊酯 ME 配方生产农药微乳剂。用含有效成分 97%的氯氟氰菊酯生产，按 2.6%有效成分投料生产，只用 4%的有机溶剂溶解原药，其中 3%为完全不溶于水的正宗的非极性溶剂，1%为半溶于水的半极性溶剂。加 11%乳化剂，加水补余为 82.30%。经冷藏热贮后检测，高效氯氟氰酯有效成分的分解率在 1%左右，有时达到零分解率，制剂非常稳定。农药微乳剂和农药乳油一样是一种适应溶剂非常广的剂型，用极性溶剂可以生产，用非极性也可以生产，极性溶剂和非极性溶剂科学搭配也可以生产出合格的农药微乳剂。按统一制定的环保的要求完全可以复配生产符合要求的产品。如果不真正懂得农药微乳剂的复配技术，不真正复配过大量的合格的农药微乳剂，那么就可能对农药微乳剂妄下结论。

有报道称，现在珠江三角洲有的农药生产厂家生产某些农药微乳剂根本就不用有机溶剂，这是农药微乳剂又一突破性的进步。另外，用酸法生产农药微乳剂也是一种行之有效的环保复配方法，都值得支持和鼓励。

经过完善和提高的农药微乳剂和农药环保乳油产品，环保性可谓与时俱进，不会寿终正寝，而会重振雄风、再领风骚。

相反，如果其他农药剂型背上了环保剂型的耀眼包袱，不思进取、不精益求精、盲目乐观，只靠宣传、花本钱请一两个专家出来捧场是不够的。时代的进步，对环保指标的要求是不同的。今天这个指标是环保的，明天这个指标就是不环保的。今天是环保的剂型，明天有可能就变成不环保的剂型。因为别的剂型要比你这个所谓的环保剂型要先进得多、环保得多。

四、如何规范农药剂型的环保性

目前农药剂型之争，即农药剂型是否环保性的焦点，主要集中在农药剂型产品生产时添加的农药助剂上。同一种有机溶剂比如极性有机溶剂 DMF 和非极性有机溶剂甲苯、二甲苯和混苯等，如果用上述溶剂生产微胶囊剂、水分散粒剂、悬浮剂、水乳剂是环保的，得到支持和鼓励发展，而用上述相同的溶剂生产农药乳油、农药微乳剂就认为是非环保性的，这样的结论和规定有违科学和合理。

如何规范农药剂型的环保性？

国家立法或制定规范农药生产使用的农药助剂种类和使用标准，或者国家立法制定规范农药生产禁止使用的助剂的种类和使用标准。不管是哪一种农药剂型，只要添加或检出违禁助剂即采取严厉措施，治乱用重典。凡是没有使用违禁助剂生产的所有剂型农药，都是允许生产的环保型农药。凡是违法添加禁止使用的助剂生产的农药，不管什么剂型都是非法的非环保型农药。国家应最优先支持和鼓励农药剂型向水性化剂型发展。有什么有机溶剂、植物油、矿物油、各种填料比水更经济、更易得、更环保呢？

注：本文发表在《农药市场信息》2011 年 5 期。

松脂酸铜乳油沉淀的原因分析

松脂酸铜的开发应用，国内最早见于1965年由吴兴仙和徐宗稼二人撰写的一篇科学论文中，其中就有“松香铜的制备”论述。当时开发松香铜主要是用作渔网的防腐剂。由于当时的渔网主要是用棉、麻、棕等纤维织成。而海洋中存在着很多可以分解纤维的细菌。用硫酸铜虽然可以起到杀菌作用，但渔网撒在大海里，硫酸铜便因溶解在海水里而失效。松香铜不溶于水，因此对渔网上的微生物特别是水生微生物始终保持着有效的毒杀作用。

松香铜的制备和现在生产松脂酸铜的原理完全一样。从化学分子式来看，松香铜就是松脂酸铜。不同的是松香铜制成干品，使用时再用适合于纤维的溶剂溶解成为松香铜有机溶液来应用。而现在生产的松脂酸铜是湿料，是直接从反应生成物中提取后复配成乳油。

松脂酸铜作为农药应用是1995年广东省珠海绿色南方总公司首先开发的。现在生产松脂酸铜的企业有11家共5个品种。农药松脂酸铜乳油广泛用于果树、瓜菜、粮油作物，有效地防治溃疡病、霜霉病、炭疽病、叶斑病、病毒病和疫病等多种由真菌和细菌引起的病害。

松脂酸铜立足于本土资源，原料价廉充足，因而成本低是其最具竞争力的特点。若以防治黄瓜白菜霜霉病来相比，用松脂酸铜防治的每亩成本是用甲霜灵防治每亩成本的1/5。

然而，农药松脂酸铜乳油却是个比较容易出现质量问题的产品，经常遇到的是乳油出现沉淀、分层、浮油以及乳化性能变差等现象。市场上有些松脂酸铜乳油产品，其质量问题的严重性简直令人难以置信。100 毫升瓶装的松脂酸铜乳油内的沉淀结块物，甚至不能从直径为 2 厘米的瓶口中倒出来。退货之多，难以统计。由松脂酸铜乳油的沉淀和浮油而引起药害和堵塞喷雾器喷头现象时有发生。其药效可想而知。

是什么原因引起如此严重的后果呢？松脂酸铜乳油出现上述质量问题的原因比较复杂。找原因只能从化学反应、工艺、操作、原料、助剂以及有关技术等方面去分析。

一、化学复分解和水解作用

从松脂酸铜乳油沉淀物来看，都是黑绿色树脂状或黑绿色粉粒状物，这些都是松脂酸铜的复分解、水解产物和铜的化合物的混合物。

松脂酸铜是根据下面的化学反应原理生产的。

$$C_{19}H_{29}COOH+NaOH=C_{19}H_{29}COONa+H_2O \quad (1)$$

松香　　烧碱　松脂酸钠　　水

$$2C_{19}H_{29}COONa+CuSO_4=(C_{19}H_{29}COO)_2Cu+Na_2SO_4 \quad (2)$$

松脂酸钠　　硫酸铜　松脂酸铜　　　硫酸钠

从化学反应式可知：（1）式向左是水解作用。（2）式向左向右均是复分解反应。

根据目前生产松脂酸铜的湿法工艺和操作来看，不可避免地要把少量的上面两式的反应物和少量的其他反应生成物带进松脂酸铜乳油产品中去。这些反应生成物长期共存是会促使上面（1）和（2）两式向左进行复分解反应和水解作用的。

水分的存在是引起乳油制剂不稳定的主要因素之一。水分的存在容易引起乳油的分层和水解，乳油水解导致乳油出现沉淀。

乳油水解结果改变了乳油的 pH 值，也改变了乳油的 HLB 值，因而导致乳化性能变差。所以一般乳油严格规定含水量<0.3%。但是有些松脂酸铜乳油的含水量高达 2.0%以上，这是很难保证乳油的稳定性的。

二、氧化铜的生成

在生产时为了促使上面（1）式和（2）式的化学反应向右进行得比较彻底和完全；或者说为了使松香的皂化反应和钠皂转变为铜皂的反应更加完全，一般来说，烧碱和硫酸铜的用量都比理论计算的用量要多些。不同的厂家不同的原料所加过量的烧碱和硫酸铜也不同。因此这些过量的烧碱和硫酸铜在反应罐里是要进行如下的化学反应的。

$$CuSO_4+2NaOH=Na_2SO_4+Cu(OH)_2\downarrow \quad (3)$$

生成淡蓝色的氢氧化铜沉淀物迟早是要受到温度的影响，最终分解为黑色的氧化铜沉淀和水分的。

$$Cu(OH)_2=CuO\downarrow+H_2O \quad (4)$$

松脂酸铜生成时是绿色的无定形物质，它像一张网在反应的混合物里把其他的反应物、生成物、氢氧化铜或氧化铜等网罗吸附到自己巨大的表面上来，把其中相当的一部分带进了乳油产品。

三、氧化亚铜的生成

当你用透明的聚酯塑料瓶从生产车间取生产不久的 5～6 千克的松脂酸铜回实验室贮存备用时，经过一段相当长的时间或几个月后，有时就会发现在瓶底有一薄层红色的沉淀物。这是氧化亚铜和铜沉淀的混合物。

氧化亚铜是怎样生成的？

松香是松脂提取松节油后的固形物。松脂又是怎样形成的？多数专家认为：松树根部吸收水分和营养，叶绿体从空气中吸收二氧化碳，经光合作用生成碳水化合物——糖类，糖类经过复杂的生物化学变化，在木质部的分泌细胞中形成松脂。说明糖类和松脂有因果关系。

我国从 1955 年开始一直到现在使用化学采脂采集松脂。化学采脂，就是将植物激素或化学药剂涂抹在采割侧沟上，刺激松树，促进多分泌松脂或延长流脂时间以提高松脂产量。中长期化学采脂一般用亚硫酸盐酒糟液（或木质素磺酸钙）和“增产灵-2 号”作刺激剂。而使用的糟液的化学成分中，有资料表明，其中还原糖含量为 14.62%。虽然用量不多，但是说明松脂和还原糖关系密切。

尽管松香的质量检验报告单上并无还原糖的指标含量，但并不等于没有。在生产、贮存松脂酸铜的过程中，也可能因水解作用而生成一些含有游离醛基或 α-羟基酮类，具有一定还原性质的单糖或低聚糖。

现在不难理解，这些微量的还原糖在氢氧化钠的碱性条件下与硫酸铜作用，是能够将当量的二价铜还原成红色的氧化亚铜 Cu_2O 而形成沉淀的。

四、歧化反应

所谓歧化反应，就是一种相同的离子或分子由于相互传递电子或原子（团）而产生几种化合价不同的离子或分子的化学反应。结果是离子或分子的一部分被氧化，另一部分被还原。

如：$2Cu^{+} = Cu^{++} + Cu^{\circ}\downarrow$

一价铜离子　　二价铜离子　　铜原子（紫红色）

由于氧化亚铜的生成，所以一价铜离子的存在为上述反应创造了条件，诱发铜离子的歧化反应，生成了比氧化亚铜更加稳定的紫红色的原子铜沉淀。

松脂酸铜在生产加工、贮藏过程中（瓶内有空气），不可避免地要和空气接触，因此紫红色的铜原子按照下面的化学反应慢慢地变成绿色的铜锈沉淀 $Cu_2(OH)_2CO_3$就不奇怪了。

$$2Cu+O_2+H_2O+CO_2=Cu_2(OH)_2CO_3\downarrow$$

五、原料质量

生产松脂酸铜的主要原料松香的质量至关重要。国产松香松脂酸含量一般在 90%以上。此外还含有 5%～7%的碱不溶树脂即不皂化物质、小量酐类物质、碳氢化合物、机械杂质等。由于提取松香的原料、产地、方法不同，质量会有差异。松香属于不饱和环氢化芳香族酸，其化学性质较活跃。因此改变原料来源或用低级数的松香来生产，难以制得稳定合格的松脂酸铜。

六、助剂影响

1. 松节油的主要成分是 α-蒎烯，占 80%左右。其他包括 β-蒎烯、莰烯等。易共存的杂质有甲酸和其他含氧化合物。α-蒎烯分子中含有双键，化学性质比较活泼，因此松节油在空气中容易氧化聚合生成黏稠不溶性的树脂状物质，松节油的质量直接影响到松脂酸铜的产品质量。

2. 用工业乙醇作为溶剂复配松脂酸铜乳油，更加加速乳油的分层和水解作用。因为工业乙醇含有 4%～5%的水分，加得越多，沉淀越容易生成，分层更严重。

3. 乳化剂的选择也很讲究，不能只满足于乳化性能好就了事。因为有些乳化剂本身含水量比较高，即使需要也不能多加。

七、乳油含松脂酸铜有效成分太高

乳油中如果松脂酸铜有效成分过高的话，则复配时除了松脂酸铜中间体和乳化剂外，已经没有余地或者只有很小的份额加进微不足道的乳油稳定助剂了。也就是说，在这种情况下，对促进乳油稳定、防止乳油沉淀产生的一切措施都无法实施。因为这时：松脂酸铜中间体+乳化剂=100%，或者已经很接近100%了。

乳油中，松脂酸铜溶解在有机溶剂中处于接近饱和或饱和状态的话，很容易受温度的变化影响而析出。沉淀一经形成，即使温度回到原状，沉淀物在静止的贮藏过程中是很难再溶解的。因此，尽管复配的技术再精湛，高浓度的松脂酸铜乳油要比低浓度的容易出现沉淀。而且浓度越高，沉淀越严重。

关于农药松脂酸铜乳油产生沉淀的原因，包括不同的工艺操作过程、不同的管理可能还有其他一些不同的原因。但是只要对症下药总会收到良好的效果。

广西宜州市金安化工开发技术服务部经过长期的试验实践，总结了一套行之有效的预防、处理和复配技术。用本部的技术，比较有效地解决了松脂酸铜乳油产品的质量问题。

注：本文发表在《农化市场十日讯》2002年4~5期。

善待农药杀螨剂炔螨特

农药杀螨剂炔螨特又名克螨特，自1964年美国有利来路公司开始推广应用以来，由于其杀若螨成螨活性高、广谱低毒、持效期长、对天敌无害、不容易产生抗性等诸多优点，在农药杀螨剂市场上经久不衰，现在已成为世界上使用范围广、生产应用大吨位的杀螨剂品种。据最近有关资料初步估计，我国农药市场对炔螨特原药的需求约为5 000吨/年。

目前国内登记生产的炔螨特有效成分含量为27%~73%的各种不同的单剂、复配二元制剂均以乳油剂型为主。其中以生产40%炔螨特EC品种较多。其次为少量的炔螨特微乳剂、水乳剂和可湿性粉剂。

尽管炔螨特杀螨剂市场有潜力，未来前景也不算差，但是也有不足之处。如在使用上，炔螨特是感温型的杀螨剂，在气温低于22 ℃时药效差。若在低温的初春使用，不但起不到有效的杀螨作用，而且对柑橘嫩梢容易产生药害，在生产上也存在着风险。

一、炔螨特有风险

从生产的40%炔螨特EC来看，炔螨特有风险，有时甚至是毁灭性的风险，笔者在某农药公司就亲历了这种风险。通过经历这种风险，从另一个角度来看，对进一步认识农药炔螨特及开发生产应用炔螨特产品有重要意义。

40%炔螨特 EC 产品质变过程。

40%炔螨特 EC 外观为浅黄色。由于炔螨特原药是黏稠的液体，所以 40%炔螨特 EC 也是稍有黏性的透明液体。pH 值范围在 5.0~7.0。

公司把经过质检部门检测合格的 40%炔螨特 EC 配方用于生产，产品出厂后大约 3 个月后，福建片区营销部门首先反馈产品质量信息：40%炔螨特 EC 外观由浅黄色逐渐变为黄绿色，有的变成绿色、暗绿色。随着时间的推移，继而出现糊状沉淀物，再往后出现泥黄色结晶以至整个透明塑料瓶被泥黄色刺状结晶充满。因此首批退货 65 件共 325 千克，生产批号为 06022721A。此后各片区相继出现相同的过程和结果，退货不断增多，共 12 吨左右。

经公司质检部门不断取样检测，退货变质产品的 pH 值随着时间的变化不断下降，最后 pH 值降至为 2.7 左右，炔螨特有效成分也随着时间的变化不断分解。炔螨特有效成分含量由 40.50%下降为 27.50%、18.20%、10.05%和 8.41%等不同水平。

整批退货产品未发现塑料瓶胀气鼓凸或瓶盖被胀破开口的现象。

二、40%炔螨特 EC 质变原因分析

根据有关农药资料，如《中国农业百科全书》农药卷，关于克螨特的记载，其在“碱性条件下较易分解。”《农药生产与合成》一书介绍为“不能与强酸强碱相混合”。也就是说炔螨特在强酸强碱的作用下都要分解。那么哪来的强酸强碱或酸碱?

造成产品质变的原因离不开下面的四个要素：原药、配方、生产过程控制和原料。因此从这四个方面去分析，原因总是能找出来的。

1. 炔螨特原药特点分析

（1）炔螨特化学名称为2-（4-特丁基苯氧基）环己基丙-2-炔基亚硫酸酯。由此可见炔螨特最为特别的结构是“-2-炔基亚硫酸酯”即“$-OSO_3CH_2C\equiv CH$”的组成部分。炔基是由极不饱和的三价键组成的，化学性质非常活泼，因此容易在炔基两端上与氢、氯化氢、水等许多原子、原子团、分子发生加成化学反应。在合适的条件下，特别是有催化剂存在下或能起到催化作用的物质存在下，其化学反应一般分两步进行。第一步是三价键中的一个π键裂开与上述物质的一个分子加成反应，得到烯的衍生物。第二步再裂开第二个π键继续加入上述物质的一个分子而得到饱和物。这些化学加成反应生成的中间产物和其他最终产物是什么？说实在的，中国现有的农药公司的试验室是不具备分析检测的条件和技术的。但是从炔螨特 pH 值最终变为 2.7 左右这一变化结果来分析，说明最终分解产物中有强酸。可以判断在合适的条件下，亚硫酸基氧化变成硫酸，使 pH 值降为 2.7 左右。

（2）硫酸的生成和存在。假如有水存在的话，炔螨特的三价炔基还能发生加水反应，生成酮类化合物。

（3）氧化反应。如果反应生成物里存在着硫酸，硫酸是强氧化剂，三价炔基在强氧化剂的作用下，三价炔基断裂，也可生成有机酸。

（4）由于炔螨特存在三价炔基，本能地可以和加进配方中的某些助剂的分解产物起加成反应，最终也有可能生成磷酸类或氯化氢等中强酸或强酸。

（5）当时生产的工业品炔螨特原药有效成分含量为80%～85%，其余15%～20%的组成成分是什么？制剂生产厂家是不知道的。不同的原料生产厂家、不同的合成工艺线路所产生的15%～20%杂质含量组成也是不同的。这些杂质也有可能会和加进制剂的助剂起反应，把制剂复杂化。

2. 生产配方分析

从首批 40%炔螨特 EC 质变的生产配方来看，组成生产配方的组分有 DMF、环己酮、二甲苯、磷酸三丁酯、松节油和乳化剂。

经过同类合格的配方对比排查，问题可能出在配方中加进的作为稳定剂的磷酸三丁酯身上。稳定剂作用后，自己最后变成磷酸。

3. 生产过程控制

该公司有利用二乙胺和松香等物质自制黏稠剂的生产习惯，生产反应釜是专用的。但是生产忙时，生产反应釜便不加清洗继续用来生产 40%炔螨特 EC 产品，因此大量黏附在反应釜的黏稠剂进入 40%炔螨特 EC。同年 3 月笔者在外度假时，公司反馈生产信息：用此反应釜生产的 40%炔螨特 EC 产品出现尘状悬浮物较多，产品最后只是简单地过滤出厂。

二乙胺为强碱性化学品，为了保证松香反应完全，一般都比理论值需用量多加一定的量。因此二乙胺和黏稠剂进入 40%炔螨特 EC 产品，肯定凶多吉少。强碱绝对促使炔螨特分解。

生产过程中轮换生产不同的农药产品时，一般都没有对生产设备和包装生产线进行清洗。酸性的有机磷和菊酯类等产品的残留污染，无疑对炔螨特产品存在着潜在的危险。

4. 其他原料

生产配方中的环己酮是常用的农药溶剂之一，应该说环己酮对炔螨特没有破坏作用。但是所用的环己酮若是用环己烷氧化制环己酮的产品，有的生产工艺会产生少量副产品轻质油，而轻质油中含有一定的环氧环己烷。如果分离不完全会带进环己酮产品中。若环己酮中含有少量的环氧化物也是个祸害。

综合上述对诸多可能导致 40%炔螨特 EC 质变的原因的分析，可以得出比较客观的结论。

炔螨特有风险是它的化学结构特点造成的，它的性质是不能改变的。我们只能根据它固有的性质去适应它，风险是可以避免的。但是，人为无意地为它创造了合适的分解条件，危害就会发生，成为不可避免的质量事故。

生产过程中受到二乙胺等强碱性的物质污染是造成40%炔螨特EC质变的主要外因之一。

环己酮原料可能存在一定的隐患。生产过程中的有机磷等农药污染，是造成40%炔螨特EC质变的另一个外因。但是，造成40%炔螨特EC质变的最主要的可能原因应该是生产配方中加进了磷酸三丁酯。这个化学品自身变化所产生的磷酸是主要内因，稳定剂变成了不稳定剂。因此，今后在选择炔螨特稳定剂时要极其慎重。

笔者曾做过多个模拟性的破坏实验。即选择在不加磷酸三丁酯的40%炔螨特EC合格的配方中，分别加进3%磷酸三丁酯、少量的磷酸、少量盐酸，该公司生产的有机磷农药敌敌畏、丙溴磷、三唑磷，以及菊酯类农药氯氰菊酯，结果在不同的时间内均出现外观颜色变化和沉淀，与退货变质的产品有相同或相似的结果。这足以说明40%炔螨特EC产品质变的原因。

不管是实验室的模拟破坏实验还是生产上质变的化学过程，其变质机理笔者认为是这样的。

第一步是发生水解化学反应。配方中加进去的磷酸三丁酯和生产设备中残留的有机磷、菊酯类等农药，与制剂中微量的水分产生水解作用，生成少量的磷酸类和盐酸类无机酸或有机酸。由于乳油中的水分标准要求小于3‰为合格，而且磷酸三丁酯难溶于水，数量只有3%。所以在没有催化剂存在的条件下，水解反应不是一触即发的，而是需要比较长的时间才发生缓慢的化学反应。因此不影响样品和产品送检检测的合格性。甚至有的产品发货出厂后几个月内外观还看不出有什么异样。当这些水解反应进行到一定程度后，如果得不到有效的抑制，便有可能发生其他连锁的化学反应。

第二步生成的酸（H^+）是亲电试剂，袭击已经极化了的炔螨特三价键上带负电的碳原子，产生加成反应。带负电的供电磷酸基加到三价键已极化了的带正电的碳原子上，反应生成了烯类和饱和物，这些反应生成物是不稳定的。这时同时存在着未分解的炔螨特三价键和各种分解生成物。所以上面提到的所有化学反应都有可能发生。最终炔螨特分子里的亚硫酸基（亚硫酸基及亚硫酸是极不稳定的）被氧化成硫酸。磷酸三丁酯和残留的有机磷农药水解物，最终也生成磷酸类的有机酸或无机酸。所以 pH 值降为 2.7 左右。这一 pH 值，标志着中强酸磷酸和强酸硫酸的存在。

三、40%炔螨特 EC 变质产品的处理

质变的 40%炔螨特 EC 产品是可以处理和再利用的。笔者曾亲自处理了 4 吨多变质的产品并再利用，其余的质变产品也是按笔者所提出的具体方案加以处理和再利用的。

首先要抓紧时间抑制其有效成分继续分解，尽快处理利用。如果处理不及时，让其无限期停放不处理，则其农药有效成分会 100%分解，最后变成固化的黑色废物。

把质变的产品倒出来集中处理。处理时会发现不管是糊状沉淀物或者是泥黄色结晶物都很难溶于一般的有机溶剂。因此必须借助特殊的助剂化解成液体才能处理利用。然后取化解成液体的综合样，送质检部门检测有效成分含量和 pH 值。经过计算和试验，把待处理品的清澈透明液补充一些炔螨特原药复配成 40%炔螨特 EC。把 pH 值调整到合适的范围，按农药乳油标准要求冷藏热贮，经检测合格后即可以再生产。实践证明，经处理后重新复配的 40%炔螨特 EC 样

品和生产品的分解率都能达到小于5%的要求。

四、预防炔螨特乳油产品质变的措施

通过上述对40%炔螨特EC质变原因的分析，对预防炔螨特乳油产品质变可以找到一个比较可行的措施。

(1) 吸取教训，精选配方。杜绝一切引起和促使炔螨特有效成分分解的化学物质进入生产配方中。

(2) 慎重选择稳定剂。凡是稳定剂容易产生中强酸和强碱的不用，或者选择不用稳定剂的配方生产。

(3) 尽量采用对炔螨特原药具有惰性作用的有机溶剂和助剂生产，环已酮也最好不用。

(4) 尽量采购含量高的炔螨特原药来生产，减少原药中杂质的含量和影响。

(5) 包装瓶不宜选用透明无色的塑料瓶或玻璃瓶，避免光的作用。

(6) 生产设备及灌装生产线投入使用前最好用甲醇先洗一次，然后用二甲苯再冲洗一次，如果有黏稠物难以洗干净，最好先用二甲苯浸泡一定时间后再冲洗，或干脆不用这种反应釜生产，预防和避免有机磷农药及其他农药及助剂进入生产线。

(7) 严格控制产品的pH值在规定的范围之内。

(8) 严格监控生产所用的原药、溶剂、助剂的水分含量，尽量采用无水的化学物质。

五、对农药杀螨剂炔螨特生产剂型的建议

通过对40%炔螨特EC质变原因的分析，对炔螨特有了进一

步的了解和认识。因此笔者认为把炔螨特配成微乳剂和水乳剂的风险也是很高的，后果也可能是严重的。因为在分子末端含有三价键的农药在强极性的水中稳定性是个问题。

把炔螨特配成乳油剂型相对稳定。但应该配成高含量的乳油，如 73%炔螨特 EC。尽量减少溶剂和其他助剂的用量，减少干扰，从而保持制剂的稳定。最理想的方案是笔者曾经提出的、而且已经试验成功地配成环保乳油剂型，即 77%炔螨特 EC。

77%炔螨特环保乳油是用高含量（≥90%）炔螨特原药配制。配方耗用炔螨特（含量≥90%）折算成实物量重量的 85%，剩余的 15%以上为乳化剂，外观为琥珀色黏稠流动、透明的液体。由于炔螨特原药的 pH 值为 5~7，而乳化剂的 pH 值也是 5~7，所以制剂的 pH 值也是 5~7。酸碱度一样，无须调整 pH 值，同时冷藏热贮久藏不分层很稳定。乳化性能良好，其他指标均符合农药乳油标准要求。本制剂不加任何有机溶剂和除乳化剂以外的一切助剂，也不耗用一滴水，更与粉尘无缘，可以保证长时间的防治药效和长久的安全稳定。既环保又最大限度地降低产品成本，是比较好的选择。

注：本文发表在《农药市场信息》2010 年 16 期。

中国农药的文化特色

中华文化上下五千年，源远流长，博大精深。中国文化以其浓郁的神秘文化令世人瞩目。所谓神秘即神奇隐秘之意。神秘文化属传统通俗的大众本土文化。在中华文化的殿堂里，神秘文化最能引人入胜，勾人魂魄。中国农药文化基本上是以金光闪闪祥和的神秘文化来包装现代农药科学技术结晶为特征的特色文化。中国的四大发明与今天高科技的电脑、航天登月、探测火星、卡西尼太空飞船成功访问土卫六相比，也许显得古老而又渺小。但是正是由于火药的发明，中国人发明了火箭（烟花、冲天炮），现代航天器升空才成为现实。即使是现代世界上一流顶尖的科学家，用智能化的电脑也难以读懂《易经》之玄，无法破解《八卦》之谜。华夏文化，深奥莫测，奥妙无穷！

神州大地上的一草一木、一砖一瓦，无不烙上深深的古老而又先进的中华文化的印记。农药也不例外。

一、中国农药与龙

中国农药与世界农药最显著的一个不同的特点就是以龙冠名。据不完全统计就有：神龙、威龙、飞龙、宇龙、东龙、双龙、福龙、卧龙、辰龙、战龙、正龙、泰龙、速龙、毒龙、圣龙、龙跃、龙剑、龙杀、龙蛙、龙丹、龙丰、龙魁、龙通、龙发、龙宝、龙友、龙鑫、火铁龙、稻草龙、植物龙、世纪龙、金荔龙、旱地龙、盖草龙、膨地龙、克别龙、玉草龙、消敌龙、油草龙、膨果龙、威草龙、蛛锈龙、丰荔龙、抗旱龙、吞草龙、金稻龙，还有海龙星、天龙宝、龙卷风、龙克菌、龙狮风、麦龙通等以龙冠名的品牌农药。其中海南正业中农高科股份有限公司一个企业就注册登记了正龙、速龙、泰龙、战龙、毒龙和圣龙等六个之多，可见一斑。

为什么那么多的中国农药企业争相用含有“龙”字的名称作为自己心爱农药产品的商品名称呢？这就是由于农药工业受到传统的“龙”文化的熏陶，与农药产品产生了深入结合。

“龙”是中国人虚构的神奇动物图腾。是中华民族的祖先充分发挥无穷的想象力、无限的惊人创造精神打造出来的神物。在中国人心中，龙的能量极大，它能呼风唤雨，又能腾云驾雾，所以龙的地位至高无上。因此帝王自称真龙天子，百姓自认是龙的传人。人们爱龙、敬龙、惧龙的心理便升华为崇拜神话。十二地支以“辰”时代表龙，即上午 7—9 时为辰时或龙时，辰时日出东方，万物复苏，阳气萌动，生机盎然。辰时意味着人生中的早上八九点钟的太阳，是一个朝气蓬勃的时刻。预兆事业向上，兴旺发达。中国农药以龙为品牌就是与龙共舞。寓意药效神奇，能呼风唤雨，市场唯我独尊。

二、中国农药与星

仰望夜空，繁星闪烁。太阳系九大行星中金星离地球最近，少说也有四千一百万千米。太阳系外，离地球最近的恒星是半人马星座里的“比邻星”。星名是取自唐朝诗人王勃的名句“天涯若比邻”，意即它和我们太阳系是比邻。“比邻星”和地球的距离是更惊人的天文数字——四十万亿千米！相当 4.2 光年。如此深邃天外的星球，看不出它们与中国农药有什么直接或间接的丝毫关系。

但是，中国农药确确实实是和星紧密地结合在一起的。你看下面一大群的星座、星族、星云就是中国农药星光灿烂的品牌：北斗星、北极星、煞星、将星、益星、新星、玉星、仙星、锐星、霸星、沙星、瑞星、奥星、华星、三星、世星、梨星、黑星以及双子星、状元星、新五星、天杀星、快霸星、除虫星、灭霉星、锐克星、灰霉星、灭威星、灭扫星、天威星、快杀星、稻福星、杀螟星、速杀星、万福星、净杀星、杀黑星、灭力星、螨绝星、扫螨星、克毒星、顺民星、移栽星、宜佳星、快霹星、克虫星、螨克星，以及水草克星、烂秧克星、宝元杀星、铲斑灭星、旱地克星、油草克星、蚧虱杀星、蚜螨克星、果病克星、双草克星等数不清的“星”。

中国农药为何要以“星”命名？

星属于天文学星象的范畴。星象就是天上日月星辰变化的现象。据《汉书·艺文志》天文类序所说：“天文者，序二十八宿，步五星日月，以纪吉凶之象，圣王所以参政也。”意思是说，天文就是观察按顺序划分排列于周天的二十八星宿的众多恒星为主，推算金木水火土五大行星和日月运行的周期、位置和变化就可以预见国家的政治、军事、自然等凶吉发生变化的现象，以此作为帝王施政方略的依据。因此在中国形成封建社会历代对日月星辰崇拜的传统文化定格。古人祭祀星辰是为了祈求太平、福寿和万物茁壮成长，这是原始社会的产物。农药的生产使用何尝不是为了作物茁壮生长？星药在这里不谋而合。

四大古典名著是中华文化的瑰宝，它们深深地影响着现代的每一个中国人。《水浒传》里，宋仁宗出世时啼哭不止，上界派太白金星下凡在他耳边耳语：“文有文曲，武有武曲。”便马上不哭。原来是上界派文曲星龙图阁大学士包拯、武曲星征西大元帅狄青辅佐宋仁宗，因此大宋江山得以安宁。可见星可以治国安邦。农药以星取名是希望对国家对农业有重要的贡献。后来洪大尉放走“妖魔”——三十六员天罡星和七十二座地煞星。谁知梁山寨内一百零八将正是这些天罡星和地煞星的化身！从此宛子城中藏猛虎，蓼儿洼内聚飞龙。大宋江山国无宁日。可见星又可以为民除害，也与农药吻合。

《三国演义》第四十九回“七星坛诸葛祭风，三江口周瑜纵火”中写道，诸葛亮在南屏山七星坛的第一层遍插二十八星旗，结果借得三日东风，助周郎大败曹操于赤壁，神乎其神。可以说现代中国人没有多少个相信诸葛亮在七星坛上，身披道衣，跣足散发，手舞七星剑，口中念了几句谁也听不懂的咒语就东风大作。但是假如《三国演义》改版，把诸葛亮南屏山上借东风这一情节删去的话，那么这样新版的《三国演义》肯定不是丢进垃圾桶就是拿到废纸收购站了。为什么？这就是中华神秘文化的魅力！

现代流行“追星族”，这又是星的魅力所致。

据说人一出生就与天上的某一星座相呼应，人即星，星即人，人的命运与星座相连。其实中国古代的星象学家就对星命论下过定论。《三国演义》第一百零四回“陨大星汉丞相归天，见木象魏都督丧胆”中写道：是夜，孔明令人扶出，仰观北斗，遥指一星曰：“此吾将星也！”司马懿夜观天文，见一大星，赤色，坠于蜀营内。懿曰“孔明死矣！”即传令起大军追之。司马懿活学活用《易经》的“观乎天文，以察时变”，已经到了立竿见影的最高境界！更想不到的是唐朝伟大的诗圣杜甫也是个“追星族”。现以他后来写的诗句为证：“将星昨夜坠前营，讣报先生此日倾。”星的影响力就是那么巨大！

“天上一颗星，地上一口丁”虽不可信，但是星与农药相依为命却是不争的事实。如果你的杀虫星杀不了虫、灭菌星灭不了菌、除草星除不了草的话，那么这些巨星就会陨坠于市场。相反则冉冉上升，星光灿烂，前途无量，这正是中国农药以星取名的希望所在。

三、中国农药与丹

中国农药以丹取名完全是出自灵丹妙药或金丹仙药之意。企业不惜工本，花大力气做广告宣传自己含丹的农药品牌，意在将杀虫灭菌除草的功效与仙丹媲美，一试就灵。对害虫一喷就死；对病菌，药到病除；对杂草，斩草除根。可谓用心良苦。

丹是什么？中国的农药企业主，特别是农民企业家未必十分清楚。但是对《西游记》里的齐天大圣孙悟空一定熟知。孙悟空误入离恨天太上老君的炼丹房，丹炉炉火中烧，在炼丹炉旁的五个葫芦中的“九转金丹”是玉皇大帝准备召开“丹元大会”的仙丹，这个老孙却不知好歹如吃炒豆一般全部偷吃精光，一粒不剩。致使他长生不老，与天同寿，法力无边。因此在取经路上很多害人的妖魔鬼怪都不是他的对手。即使是玉皇大帝身边很多的天兵天将都败在他的手下。故事家喻户晓，老少皆知，也令农药企业家浮想联翩。这就是神奇的灵丹文化或金丹文化。因此以灵、金、丹取名的中国农药便构成了一道数目惊人的奇异风景线。

灵药有：万霉灵、快益灵、水旱灵、恶枯灵、护棉灵、秧草灵、灭害灵、克虱灵、僵苗灵、防霉灵、三灭灵、速杀灵、快杀灵、蜗牛灵、万枯灵、田精灵、斑潜灵、粟富灵、增产灵、绿杀灵、快得灵、双防灵、一打灵、用它灵、猝倒枯萎灵、抛秧用我灵、死苗回生灵、真灵、根灵、灭灵、一施灵、治腐灵、百草灵、万福灵、格杀灵、广杀灵、大灭灵、花果灵、万蛾灵、青枯溃疡灵、移栽灵、果鲜灵、地线灵、的确灵、草除灵等。

金药有：金刚、金哥、金通、金苗、金帅、金仓、金稻、金云、金艳、金尔、金虎、金龟、金雀、金蛙、金鹿、金蝶、金生、金锁、金阳光、金长城、金麦浪、金扫帚、金丰园、金腰带、金扑打、金都不得尔、金满垄、金菊生、金满利、金草克、金麦克、金来克、金博虎、金多靶、金禾素、金流星、金红果、金巨剪、金抛手、金梨生、金禾宝、金杀星、金稻丰、金通一包杀、金农立富、金谷利农、金克螨、金蚧雷、金安琪、绿野金、金棒、金得克、金药、稻白金、一帆金稻星等。

丹药有：金丹、丹妙、毒丹、爱丹、乐丹、杀丹、紫丹、雷丹、奥丹、劲丹、穗丹、秦丹、利丹、圣丹、莠丹、丹荣、同丹、黑丹、赛丹、富农丹、抑芽丹、禾茂丹、救生丹、盖丹、富田金丹、玉草丹、扶农丹、保花丹、歼螨丹、病虫丹、灭铃丹、精毒丹、杀螨毒丹、克虫丹、霜疫丹、地正丹、荣金丹、妙还丹、虱螟丹、里风丹、潜蝇丹、绿丰丹、环草丹、克线丹、丙草丹、快英丹、霜疫克丹、棉农丹、圣丹一星、棉花救生丹等。

所谓丹，就是鲜橘红色的铅丹也叫红丹，以及四氧化三铅和朱红色的辰砂也叫朱砂的硫化汞的总称。

炼丹术或金丹术作为化学的前身创始于我国公元前二世纪，要比西方炼丹术早500年。我国的炼丹者都是道家，他们以阴阳两性加五行作为指导理论和哲学基础，成果颇丰。例如炼丹家葛洪，字稚川，号抱朴子，人称葛仙翁。生于东晋太康四年（公元283年），著有《抱朴子》神仙方术一书。葛洪是世界上第一个发现化学反应可逆性的炼丹大师。他说“丹砂烧之成水银，积变又还成丹砂。”就是说，将朱砂硫化汞加热分解出水银，水银与硫作用又变成红色硫化汞。假如在当时就设有诺贝尔奖的话，葛洪肯定是诺贝尔化学奖的得主。

然而铅汞之丹有毒！那些当了皇帝想升仙，梦想长生不老的封建主“服食求神仙，终为药所误。”不但不能延年益寿，反而白白送命。炼丹术在中国1 200年漫长的岁月里，不知毒死了多少帝王和权贵。人都可以毒死，用作农药杀虫剂自然就成了灵丹妙药了。

四、中国农药与中国神话

中国农药以神和神话有关来命名商品名的色彩非常浓重。人类从原始社会开始就对神灵、神仙崇拜，认为神能主宰一切。现代中国农药以神和神话有关的内容来命名，并不是说农药企业和职工信神，而是刻意追求其农药产品科技含量至高无上，尽善尽美，企盼药效达到超凡脱俗神奇的境界。因此就有：花神、茶神、树神、瓜神、神尔、神功、神锄、神剑、神奇、六神、神果丹、无蝇神、灭蝇神、克草神、神冲旺、神液、神农液、叶菜神、神杀、神农乐、神威、大力神、卵虫子神杀、护苗神、神农丹、神丹、神螨丹、神果丹、棉神丹、雷诺神丹、神雨、神枪手、神威特以及麦仙、仙锄、仙草、仙露、仙星、八仙、瓜仙、仙鹿、仙农、仙卫和天王、天将、天蟾、铁拐、常娥、老君、大阎王、菌仙优、齐天大圣、天菊、天蝎、天除、超凡等。中国农药真神！

五、中国农药与中国功夫

中国农药以中国功夫的韬略、招式、兵器以及功夫的效果来命名屡见不鲜。目的是借助中国功夫了得、闻名世界的声誉，象征该农药同中国功夫一样厉害，克虫制胜、药到病除，甚至“闻到死”。

以功夫命名的有：正华功夫、功夫小子、绿色功夫。

以功夫的韬略、招式和功夫效果命名的有：一网打进、一网打尽、穿透杀、通杀净、斩草除根、猛扣重、杀死快、立当杀、齐打内、一扫光、狂扑、扑击、刺击、快击、狠击、一击、千击、齐击、疽击、击中、诀斗、诛杀、诱杀、蛮杀、诛灭斗毒、迅斩、斩除、全杀、格杀、菊杀、巨力杀、擒敌、擒除、妙手、怪手、杀手、无敌杀手、特级杀手、无情杀手、飞斩、善擒、斩杀、好打、铁打、屠敌等。

以功夫拳脚命名的有：拳头、铁沙掌、霹雳掌、掌心雷、三步倒、五步倒、五步杀、七步倒、七步杀、百步倒、百步死。

以功夫所用兵器命名的有以下分类。（1）以棒命名：威力棒、强棒、当头一棒、金禾棒、好棒、泰棒、顶棒、棒打桃小、农棒、金棒等。（2）以刀命名：弯月刀、猛火刀郎、飞刀、快刀、烟科一刀、两面快刀、奇螟刀、绿刀、蔗刀、蓝刀、大铡刀、免刀、蛾刀、刀拦、万刀、锐刀、农刀、一刀切、夜战刀等。（3）以剑命名：神剑、农剑、玉剑、安剑、绿剑、红剑、蚜剑、劈螟剑、赛剑、护田剑、科达利剑、速剑、鸿剑、绿盾剑、多灭剑、蚜螨神剑、科大利剑，以及百剑除、剑乐、剑锄、剑立箱、虱螨剑客、剑力通等。（4）以箭命名：快箭、暗箭、令箭、天箭、一箭杀、劲箭等。（5）以铲命名：巨铲、金铲、铲霉铲斑灭星等。（6）以枪矛命名：飞枪、快枪、枪手、神枪手、好矛等。（7）以戈命名：飞戈、干戈、圣戈等。（8）以盾命名：金盾、清盾。（9）以斧命名：快斧。（10）以鞭子命名：铁鞭子。（11）以锤命名：千锤。

中国功夫刚柔结合、出奇制胜、保家卫国；中国农药给农民增收、致富强国。中国农药与中国功夫殊途同归，相得益彰。

六、中国农药与神州大地

中国农药的根基土壤就是神州大地。因此中国农药以中国的社会政治、军事、经济、科技、文化、人文景观、名胜古迹、山水景物、风土民情等来命名的极多，可以说数不完，道不尽。

1. 与社会政治有关命名的有：东方红、东风、红日、红旗、舵手、大解放、风雷激、全无敌、爱国、忠臣、大功臣、一把手、老村长等。

2. 与军事有关命名的有：农司令、雷司令、西葫芦元帅、麦帅、金帅、螨门军、绿先锋、灰霉先锋、战将、绿猛将、飞将、好兵、骑士、武士、先锋、生物导弹、杀虫导弹、地雷、轰炸机、战鹰、歼击2号、核击、东旺螨炮、轰天雷、一炮轰、大扫荡、抗击、截击、伏击、十面埋伏、主攻、泰丰奇兵、快冲、三光、消灭光、全歼、军星、敌扫光、一炮净、一炮响、克敌、追到底、清敌、速毙敌、必屠尽、杀杀杀、灭灭灭、班师等。

3. 与经济有关命名的：长虹、铁牛、妙药、红果、米乐、农牛、粮友、豆的、油的、宝牛、黑羊、佳果、田老鸭、极品红、蓝凤凰、水虎、百草、百业新、丁子香、三得利、必得利、世界蛙、超宝、财宝、小康等。

4. 与科技、文化有关命名的有：孔字、满江红、千堆雪、棉状元、农状元、海状元、田秀才、秋香、莫愁、稻歌、螟歌、苹歌、豆歌、村歌、永歌、草离离、矮脚虎、田归农、及第、华生、椒博士、铜大师、铜博士、蛙博士、稻博士、植保博士、科宝、科雨、科惠、科胜、思科、科丰、园丁、网虫、农大夫、农知音、亚牛哥、医毒、病飞、解毒、消毒、止毒、扫毒等。

5. 以名胜古迹、人文景观命名的有：绿长城、黄山、九华山、天目山、井冈、古城、乐山奇等。

6. 以山水景物、风土民情命名的有：新景象、青天、飘云、阳光雨露、青山、万山红、飞燕、大鹏、绿鹰、猛雕、绿太地、八千里、一片青、山水一秀、一条河、百千浪、一路风、夏日、巧媳妇、拔草妞、江风、禾睦、果艳、梨亮、蕉丽、荔香、瓜康、小儿郎、绿哥、果民乐、农家富、农林乐、闲妻良田、巴郎、耘乐、满堂红、庄园乐、秋收、赛得马、千里丰等。

7. 以祥和取名，祥和即吉祥和谐。一般都由带有金、银、宝、玉、富、贵、安、康、福、旺、盛、发、乐、喜、美、吉、顺、利、爱、秀、丽、隆等吉祥和谐的字组成。如：金山、金童、金喜、金满堂、金玉满堂、金玉福、金农宝、金永安、金乐福、金凤凰、金利来、银象、银露、银果、聚宝、绿宝、茂宝、宝康、加宝、玉民欢、玉夫闲、玉力、富村、富农、同富、富万农、贵星、春安、晚安、麦安安、宝丽安、安福、康福多、四季康、富康达、康力威、健康、福地、福气多、万德福、地旺、麦旺旺、欣旺、农家旺、旺盛、田盛、万得盛、旺发、润发、发发发、年年乐、全都乐、长生乐、新农乐、大喜、喜讯、锄喜、喜功、喜洋洋、果美、蕉美、苗美、影美、吉事能、百吉、吉星、顺利、顺安、事事顺、百顺、见大利、必利必能、爱心、田茂新秀、新秀、丽生、甘丽、长隆、好隆、隆利，以及千禧、好兆头、上升、桂冠、好讯、福寿、四季青、四季红、好百年等，数不胜数。

以上 7 个系列的农药品牌代表着中国农药的文化特色，也基本上涵盖了中国农药商品名的命名范围。

七、外国农药中国化

由于历史原因，中国农民的平均文化水平和购买力一般都比较低。加上进口农药的价格都比较高，对洋名字的洋农药未必趋之如鹜，有所敬而远之。

例如，广西有些地方的农民把呋喃丹叫“湖南丹”。过去在市场上，有一农民与经销商发生争执，农民说：“明明是湖南生产的湖南丹，偏偏要起个古怪的外国名字叫什么呋喃丹，故意让农民看不懂，好以进口农药卖高价钱!”弄得经销商啼笑皆非。这个农民只认湖南丹不认呋喃丹，这也难怪。因为他根本就不懂这里的呋喃是什么，他只知道湖南是真的。所以他只认湖南丹(克百威)，不认呋喃丹（克百威)。

外国农药要打进中国的农药大市场，中国农民是最终的消费者。农民与中国传统的本土文化息息相关，不了解、不认同、不适应这一点，要做农民的生意并非易事。

其实很多聪明的老外早就做了很多关于中国文化特点的前期可行性研究工作，入境随俗成了他们的共识，最终十分地道地把外国农药中国化了。你看下面这些品牌与正宗的中国货有什么区别？它们是：库龙、天王星、福星、太阳星、巨星、万灵、来福灵、霹雳灵、快灭灵、特富灵、广灭灵、千金、金秋、金鸡、金鸟、金豆、仙生、仙亮、天马、灭菌丹、杀草丹、硕丹、克菌丹、功夫、歼灭、拿捕净、快杀敌、敌杀死、毒死、奋斗呐、兰盾铜、速箭、除尽、可杀得、速扑杀、除敌、百螺杀、万得利、农达、克无踪、玉农乐、农地乐、农思它、安绿宝、克菌宝、宝收、米满、地草净、土菌消等，这些品牌都中国化了，农民基本认同了。

以上所论也许和部分国内农药企业在命名自己的农药商品名时的寓意相违或者相去甚远，但是中国农药的文化特色始终伴随你的农药产品走遍天涯海角，无须在你的农药商标上打印“中国制造”的显赫印记，世人就已经承认是正宗的中国制造了。外国农药中国化，更能说明中国农药文化特色的魅力。

注：本文发表在《农药市场信息》2005 年 23 期。

研究开发氯虫苯甲酰胺

氯虫苯甲酰胺是美国杜邦公司开发成功的具有全新杀虫作用机理的新一代农药杀虫剂。关于氯虫苯甲酰胺的防治范围，杜邦的 PPT 如是说：氯虫苯甲酰胺高效广谱，对鳞翅目的夜蛾科、蛀果蛾科、卷叶蛾科、粉蛾科、菜蛾科、麦蛾科等害虫均有很好的控制效果。还能控制鞘翅目象甲科、叶甲科，双翅目潜蝇科，烟粉虱等多种非鳞翅目害虫。

该产品在我国乃至全球申请了专利登记，专利 2021 年到期。专利产品康宽——200 g/L 氯虫苯甲酰胺悬浮剂（SC）在 2008 年进入我国。该产品在我国水稻上防治二化螟、稻纵卷叶螟、稻飞虱等主要害虫，通过长时间、大面积的示范推广应用，已经取得了非常优异的防治效果。从很多单位试验和农民实际应用情况来看，每亩只需 2 g 的氯虫苯甲酰胺有效成分含量，对二化螟、稻纵卷叶螟的防治效果都在 95%以上。该药持效期长、微毒、残留量少，对施药人员安全，对稻田有益鸟类、昆虫、鱼虾安全。毫无疑问，氯虫苯甲酰胺将是防治水稻害虫的主打药剂，市场霸主。因此各农药企业应抓紧时间，在氯虫苯甲酰胺专利保护期间进行各种含氯虫苯甲酰胺的农药剂型研究开发，为专利期满后及时申请登记生产应用做准备。

目前，研究开发氯虫苯甲酰胺和各种剂型早已成为各农药企业共同关注的焦点和热点。氯虫苯甲酰胺已成为实验室里的特殊角色。笔者从 2009 年开始接触和研究氯虫苯甲酰胺，利用氯虫苯甲酰胺配制液体制剂时，氯虫苯甲酰胺显示出极其不同的特性，这一特性也是氯虫苯甲酰胺配制成液体制剂时的最大难点。

一、理化性质和剂型

氯虫苯甲酰胺即氯虫酰胺、康宽、KK 原药。

分子结构：3-溴-N-［4-氯-2-甲基-6-（甲氨基甲酰胺基）苯］-1-（3-氯吡啶-2-基）-1-氢-吡啶-5-甲酰胺。

氯虫苯甲酰胺纯品为白色结晶，比重 1.507 g/mL，熔点 208~210 ℃，分解温度 330 ℃，蒸气压（0-25F）6.3×1012 Pa。溶解度（20~25F）：水 1.023 mg/L，丙酮 3.446 g/L，乙腈 0.711 g/L，甲醇 1.714 g/L，二氯甲烷 2.475 g/L。

从理化性质可知，氯虫苯甲酰胺配成悬浮剂、可湿性粉剂、水分散粒剂是可行的。而要配成乳油、水乳剂、微乳剂、可溶性液剂就不容易了。

二、技术是关键

氯虫苯甲酰胺复配成液体制剂，技术是关键。无数次复配表明：氯虫苯甲酰胺不管是配成单剂还是与其他可以配伍的农药复配成不同含量的二元液体制剂时，如果不采取有效的措施，制剂都经不起冷藏热贮的检验，制剂都会析出大量的氯虫苯甲酰胺结晶沉淀物。

1. 有的制剂在常温下就析出结晶。

2. 有的制剂热贮期间无结晶析出，当热贮时间 14 天到期后从恒温箱取出进行检测时，打开安瓿瓶时便由透明液体变成半瓶或满瓶氯虫苯甲酰胺结晶析出，致使检测无法进行。

3. 有的制剂虽然经得起冷藏热贮和检测的考验，但在比较短的时间里，比如 1 个月便大量析出结晶沉淀，没有商品应用价值。以上剂型即便配成乳油也如此，这是不少厂家遇到的共同难题。

因此，要想得到理化性质稳定或比较稳定的氯虫苯甲酰胺制剂，就必须在复配技术上有新的突破，在溶剂和稳定助剂上下功夫。而一般的农药厂家用低成本的“原药+甲醇（混苯、二甲苯）+乳化剂”的模式是绝对解决不了氯虫苯甲酰胺农药制剂的稳定性的，但是只要坚持、不放弃，继续不断探索，到专利期满还有十年漫长的时间，“十年磨一剑”也是值得的。

三、氯虫苯甲酰胺的可配性

经过试验，以下氯虫苯甲酰胺农药复配成液体制剂是稳定的，而且可配性还相当广泛。

1. 氯虫苯甲酰胺可以配成4%~16%的不同有效成分含量的系列单剂。

2. 氯虫苯甲酰胺以2%~4%的含量比例可以与下列不同农药种类、不同有效成分含量复配成二元制剂：

（1）0.2%~1.0%苦参碱；

（2）0.5%~2.0%阿维菌素；

（3）0.5%~1.0%甲氨基阿维菌素苯甲酸盐；

（4）3%~20%啶虫脒；

（5）5%~10%吡虫啉；

（6）2.5%~10%高效氯氟氰菊酯；

（7）2.5%~10%氯氰菊酯；

（8）2.5%~10%联苯菊酯；

（9）2.5%~10%氟铃脲；

（10）5%~20%噻嗪酮；

（11）5%~20%溴虫腈。

还有很多项目还在探索之中。因此可以预料，当氯虫苯甲酰胺专利期满后，氯虫苯甲酰胺的单剂和与其他农药复配的各种剂型和制剂在农药市场竞争上市，将是各吹各的号、各擂各的鼓、各唱各的歌。五彩缤纷，争奇斗艳，热闹非凡。

注：本文发表在《农药市场信息》2011 年 16 期。

研究氟虫腈该出手时就出手

氟虫腈又名锐劲特，是法国罗纳普朗克农化公司于1987年开发研制成功的苯基吡唑类的特异杀虫剂。杀虫机理独特，它的作用机制是与昆虫神经中枢细胞上γ-氨基丁酸受体结合，阻塞神经细胞的氯离子通道，从而干扰中枢神经的正常功能，导致昆虫死亡。作用方式主要是触杀和胃毒作用。用于土壤施药和种子处理时也有一定的内吸传导作用。

锐劲特在中国已授专利权，于1994年生效。中国加入WTO（世界贸易组织）后专利权延长到2008年6月，并获得中国行政保护。

罗纳普朗克农化公司自1994年以来，以其5%锐劲特悬浮剂在我国进行了大面积的推广应用，取得了丰硕的成果，受到广大用户的一致好评。锐劲特目前已成为生产无公害农副产品的化学农药首选药剂，市场前景十分看好。关于锐劲特的推广应用国内已有不少报道，其中以该公司在中国的农化部技术经理郭井泉博士于1998年在《农药市场信息》杂志连续刊登的文章最为全面和深入。毫无疑问在高毒农药限期退出历史舞台的今天，氟虫腈以其高效、长效、广谱、用量少、对人畜和环境安全、对昆虫天敌和有益生物温和以及对作物有促进生长作用等优势而赢得市场。可以预见，随着专利期满、国产化价格回落，氟虫腈将更加猛烈地冲击国内的传统杀虫剂市场。

氟虫腈对半翅目、鳞翅目、缨翅目和鞘翅目等害虫以及对菊酯类、氨基甲酸酯类杀虫剂产生抗性的害虫都是具有极高的敏感性。广泛用于水稻、蔬菜、棉花、大豆、茶叶、甘蔗、高粱、玉米、果树等100多种作物，对480余种害虫和害螨有很好的防治效果。因此氟虫腈对于国内农药企业和农户来说，早已“未成曲调先有情”了。

现在锐劲特在中国的专利期还有4年时间，做研究搞开发作为储备项目的时间绰绰有余，应抓紧时间，抓住机遇。“与其临渊羡鱼，不如退而织网”才是上上策。

开发农药新剂型新产品企业任重而道远。然而可悲的是国内有的农药企业受到短期利益的驱使而铤而走险。论设备并不算落后，讲人才实力雄厚：高级工程师、大学教授、博士后、研究生可以数出一大堆，至于工程师、农艺师就更多了。然而技术主管不带领他（她）们去研究开发氟虫腈，开发新剂型、新产品，却热衷于用最原始的手工灌装，用落后的量筒、烧杯连夜突击加班加点，把1 L装的别人的品牌分装成小包装，贴上具有“冲击性”的所谓“新产品”名字，瞒天过海，招摇上市。这样做既侵权又造假，既欺骗了自己的上司老总又损害农民利益，更有损于该单位“高科技企业”的光辉形象。

创新、不断创新是农药企业能够生存发展、竞争取胜的决定性因素。如果一个企业毫无创新能力，甚至只会造假，那就是搞活无能、搞死有方了。结果只能被淘汰出局，永远从《中国农药企事业大全》中消失。

研究开发氟虫腈也并非易事。像氟虫腈这样高科技高附加值的特殊商品，其技术封锁、高度保密是不言而喻的。我们不能期望罗纳普朗克农化公司公开多一点关于氟虫腈的理化性质和有关技术参数。目前只知道氟虫腈的分子式和结构式，外观为白色粉末；熔点为195～203 ℃；20 ℃时溶解度水为2 mg/L，丙酮为>50%；不可燃；储存在正常条件下稳定；专利厂家制剂为5%氟虫腈悬浮剂。就这么简单的几个数字。而且要开发氟虫腈新产品就不能步5%氟虫腈悬浮剂的后尘，哪怕是不同含量的悬浮剂也是没有创新意义的。要独辟蹊径，创造第一。

不管哪里的土壤都是相当复杂的一种地质化学体系。一般土壤多偏酸性，而农作物一般只能在pH值≥5的条件下生长。氟虫腈能适宜施于土壤发挥药效，说明氟虫腈的化学结构本性是相当稳定的。能配成5%氟虫腈悬浮剂应用说明氟虫腈兑水也是十分稳定的。因此，毫无疑问可以把氟虫腈配成水基化偏酸性的剂型。pH值可控制在5~7。再看上面给出的有关氟虫腈的理化性质的数据，虽然少得不能再少，但是要把它复配成微乳剂，条件已经足够了。从研究氟虫腈的初步试验和实践操作过程来看，可以肯定：以2%氟虫腈有效成分含量与阿维菌素、烟碱类、菊酯类组合，完全可以复配出稳定的、符合农药标准要求的微乳剂来。

氟虫腈微乳剂横空出世，将会打破氟虫腈悬浮剂一统天下的格局，也将是5%氟虫腈悬浮剂最有力、最具威胁性的水基化制剂的竞争对手。4年后，不同组合、不同含量的各种氟虫腈微乳剂将被开发生产出来，该出手时就出手。

注：本文发表在《农药市场信息》2004年14期。

我与农药文学创作结缘——《农药市场信息》杂志三十周年大庆有感

《农药市场信息》杂志是中国农药工业协会会刊，也是中国农药网网刊，其权威性、专业性、知识性和实用性毋庸置疑。它有着众多的作者和广泛的读者参与，影响非凡。

农药一词可谓家喻户晓。可以说，今天的农药、农药市场以及其他各种农药信息是国家及全体国民较关心的重要内容，关系亿万人的切身利益。实际上，我国众多人口都在无形中接受农药相关教育，小孩和老人也不例外：千叮咛万嘱咐家人不要去触及农药，并把农药和卫生杀虫灭菌剂放在不易接触到的最保险的地方。在日常生活中，许多资料也一再强调买回的蔬果应如何清洗才能把农药残留降到最低等。很多有关因农药中毒带来的人身伤害、农田果园作物药害以及农药的科学使用知识等为大家所关注，尤其对农药带来的食品安全更为重视。以上信息有的很可能就来自《农药市场信息》杂志。从广义上来说，他们的大多数都自觉或不自觉地成为《农药市场信息》杂志的读者和宣传者。

为了更好地传播农药科普知识，让更多的人更广泛、更深入地了解农药，让大家对农药有一个客观正确的认识，《农药市场信息》杂志在选文和题材上不拘一格，采用了一些群众喜闻乐见、寓教于乐的生动、活泼、有趣的文章奉献给读者，以此来吸引更多作者积极参与撰稿。笔者就是积极参与者，并做了这方面的尝试，先后推出了农药神话小品《牵牛星》、农药小说《谁是赢家》和《原来如此》、农药相声《甜爷论农药》《杀虫不用农药》和《如此名牌农药》等。其中，小说《谁是赢家》发表在《农药市场市场信息》杂志2005年第14期的“本期专稿”栏目上，并荣获当年“江山杯”征文大赛三等奖。小说《原来如此》荣获《农药市场信息》2006年度“最佳创作奖”。三篇农药相声也得到了编辑部老师们的肯定和支持。以上文学作品的刊登也是《农药市场信息》杂志自创刊以来的第一次，如第一次刊登神话小品，第一次刊登农药小说，第一次刊登农药相声。笔者的农药文学创作作品——神话、小品、小说、相声、词作等均与《农药市场信息》结下了不解之缘，这也得益于《农药市场信息》杂志对于稿件内容、观点、理念和风格的不断创新。

为了庆祝《农药市场信息》杂志成立三十周年，笔者借此机会特意创作了一首农药诗词。

如梦令

《农药市场信息》，
常订多读有益。
农药妖魔化，
愚昧令人悲戚。
可惜，可惜！
缺少此刊知识。

笔者在此只是抛砖引玉，希望有更多的作者创作更多、更新、更好的作品，并在《农药市场信息》杂志中刊出。祝愿《农药市场信息》杂志越办越好，越来越有自己的特色，成为农药传媒精品中的精品。

注：本文发表在《农药市场信息》2016年13期。

部分出口农药质量问题分析和预防措施

2018—2019 年江西省部分出口农药制剂因产品质量问题被外贸部门退回，而且数量不少。究竟是什么产品质量问题？有办法预防避免吗？我们先来看看这些出口农药制剂产品的质量现状。

一、产品质量状况

根据有关生产企业提供的生产和质量检测数据，这些出口产品都是按照企业标准和有关国家农药制剂标准生产的，也是按照有关产品质量国家标准检测的，且检测结果全部合格。但是从退货的农药制剂产品的分析来看，却已经有 90% 以上的有效成分产生了分解。下面列举部分出口产品质量状况并进行分析。

（一）25%毒死蜱·氯氰菊酯 EC

1. 从外贸部门发回的 25%毒死蜱·氯氰菊酯 EC 三瓶样品是 2018 年生产的产品。检测时，有一瓶是从分层的上层清液取样，其余两瓶从下层的红色溶液中取样。

2. 有关企业生产车间桶里还留有少量同样的该桶装产品，是红色的有沉淀物的浑浊液。

3. 留样室里，保留有生产时用 200 mL 透明塑料瓶装的留样，呈淡黄色、透明无沉淀合格样品。

（二）1.5%氯氟氰菊酯（功夫菊酯）EC

1. 从发回的出口产品取样的三瓶样品看，分别是带土黄色、青褐色、有较多沉淀物的样品，从现场取样视频中也可以看得到产品质量状况。

2. 有关企业生产车间和技术部均有生产后的取样留样，均用200 mL透明塑料瓶封存，外观均显示浅黄色、透明、无沉淀合格产品。

二、产品质量分析

（一）生产用的农药原药

据了解，以上几种产品使用原药分别为95%毒死蜱、94%氯氰菊酯、98%氯氟氰菊酯，都是从正规生产厂家购进的合格原药。按国家标准生产的农药原药一般都不是中性的，即其pH值都不是绝对等于7.0的，要么偏碱性要么偏酸性；对水分也有严格的要求，现在绝大多数农药原药的有效成分含量都在95%左右，其余5%左右杂质是不可避免的，杂质具体是什么未可知。因此农药原药有效成分含量越高，杂质就越少、水分也越少、对包装材料的腐蚀就越少，反之则越多。

（二）农药制剂

按有关国家农药标准要求，农药制剂也不是绝对中性的，根据复配农药制剂pH值的标准要求，生产厂家为了使复配制剂的农药有效成分稳定，还适当添加了pH值调节剂，使其pH值在要求的范围之内。例如，根据有关要求，1.5%氯氟氰菊酯EC的

pH 值需调控在 4.5~5.0。

（三）农药复配制剂所用的各种农药助剂

企业生产所用的极性溶剂、非极溶剂、乳化剂等助剂也是从正规生产厂家购进的。这些农药助剂也不是绝对中性的，如乳化剂一般 pH 值都在 5.0~7.0，极性溶剂也就是分子的正负两极的偶极矩值比非极性溶剂大，比较容易获得电子和失去电子。按照酸碱理论，失去电子的物质就是酸，得到电子的物质就是碱。所以农药制剂产品都有相对酸碱性，而且时时刻刻处在酸碱反应的化学动态平衡状态之中。

（四）农药制剂产品包装材料

由于农药原药和农药复配制剂产品具有上述性质，所以包装材料宜选用耐酸碱腐蚀的、对 DMF 具有足够耐蚀阻隔强度的塑料材料包装才比较保险。同时运输贮存也要避免太阳光直晒，应放置在通风良好仓库内。

（五）铁桶包装

为了降低产品成本，有些企业擅自用内镀锌外涂漆的铁桶包装出口农药制剂产品。而铁桶是不耐酸碱的，更经不起农药复配制剂的腐蚀。铁桶被腐蚀后易生成二价、三价铁盐，如氯化铁（二价）、磷酸铁（三价），以及形成多价的颜色是青色、黄色、红色的化合物。生活中也可以看到铁离子变化的颜色，如建筑用的青砖青褐色便是二价铁的颜色，红砖的红色便是三价铁的颜色，用铁桶存放农药的时间越久质变就越严重。为什么过去用同样的铁桶包装就没事？那是因为在时间很短的情况下分装农药卖掉了、用完了，没有发生严重的质变罢了。质变也和不同的产品配方、不同的 pH 值要求范围有关，为了防止质变，每个产品的贮存期也不一样。

三、结论

通过对以上产品发生质变原因分析，可以看出出口农药制剂产品质量降低主要是用铁桶包装造成的。铁桶的铁、锌等金属元素易被农药制剂腐蚀，铁离子等金属离子在酸性条件下和含磷、氯、氟等元素的毒死蜱、氯氰菊酯、氯氟氰菊酯发生复杂的化学反应，生成青褐色、黄色、红色的含铁化合物、络合物或沉淀物，因此才出现农药产品分层、变色、沉淀等外观状况及内在质量的变化。

为了证实上面的结论，笔者采取了更直观的试验以事实说明。

按该出口的 25%毒死蜱、氯氰菊酯 EC、1.5%氯氟氰菊酯 EC 原配方各配1 000 mL，前者呈浅黄色透明无沉淀溶液，后者为无色无沉淀透明溶液。然后各取 200 mL 留样，分装在 200 mL 的透明塑料瓶中封口加盖拧紧贮存。剩下的 800 mL 留样，分装在1 000 mL的透明塑料瓶中，然后各加入直径为 32 mm 的镀锌铁管的碎块约 400 g，同样封口加盖拧紧贮存。贮存期 1 个月内，加有镀锌铁管碎块的 800 mL 的试样外观颜色已稍有变化；2~3 个月的时间已经看到明显变化：25%毒死蜱·氯氰菊酯 EC 外观呈现暗青褐色，1.5%氯氟菊酯 EC 发现有黄色沉淀物，且随着时间的推移变质越来越严重，最后外观就和从外贸部门发回来的变质样品一样；而不加镀锌铁的对比试样完好，样品保持原来的颜色，呈透明无沉淀的状态。

四、预防措施

针对上述产品质量问题，只要不使用铁桶包装农药液体制剂，就基本可以保证农药出口产品质量了。但这只是一个方面，还不够全面。回顾过去农药产品发生的事故，铁离子对农药制剂的破坏性作用，早在 20 年前就出现过。有报道称某企业生产的马拉硫磷农药制剂因生产系统物流接触铁容器、管道、阀门等设施设备，融进了铁离子，而使马拉硫磷农药液体制剂全部变成了“果冻”。因此所有的农药生产企业要保证产品质量，就必须保证生产设备要不锈钢化、特殊塑料化、搪瓷化等，以杜绝铁元素进入生产系统。

现今的农药原药、农药制剂标准很多都没有明确的含铁量的要求，这是一个十分值得关注的问题。

现在的农药生产厂家的生产设备比 20 世纪时先进了很多，生产的主要设备如反应釜、管道、阀门、贮罐、包装机等都不锈钢化或特殊塑料化了，有效地阻止了铁、铜、锌等金属元素进入生产物流体系，极大地保证了安全生产。但是还有相当数量的中小农药生产厂家，不同程度地用 3~10 mm 厚的普通碳钢加工成大小不等的贮罐来贮存各种农药助剂。

目前农药企业购进的液体原药如阿维菌素油膏都还用铁桶包装。笔者还看到过某农药制剂生产厂家购进的含量为 90%的毒死蜱液体原药也是用铁桶包装，还有企业购进的各种农药助剂如 DMF、二甲苯、甲醇、二甲基亚砜、环己酮以及许多乳化剂、分散剂、增效剂、稳定剂、防冻剂等，绝大多数也都是铁桶包装进厂，这样导致农药制剂生产厂家每年都有不同程度的退货。而对于那些过期的或者不合格的产品需要倾倒出来重新进行复配时，由于再次使用铁桶贮存，也为铁离子再次进入农药制剂产品开了方便之门，最终造成严重后果。

除了预防铁离子进入农药制剂产品，还要对已经混入农药制剂产品的铁离子采取有效的化学防控措施，方能确保产品质量。试验证明用化学的手段是可以做到防患于未然的。

注：本文用“金龙”笔名发表在《农药市场信息》2020 年 13 期。

12%克·草除草剂的开发与试验

英国捷利公司开发的克无踪和美国孟山都公司开发的草甘膦是风靡全球的高效、广谱、灭生性的除草剂。草甘膦是内吸传导型灭生性除草剂，其最大的优点是能使杂草连根烂掉，起到灭绝的作用；缺点是见效慢，一般喷药7天后杂草才大量枯死。克无踪是触杀型灭生性除草剂，其最大优点是除草作用迅速，喷药后2~4个小时即见效；缺点是只能消灭杂草地面上绿色的茎叶部分，对杂草地下的根茎则无可奈何，一般喷药十多天后地下根茎又萌发新芽，斩草不除根。

能否把克无踪和草甘膦两者结合起来，复配成一种新型的除草剂？笔者注意到克无踪除草作用的快速性影响到杂草对草甘膦的吸收问题。但是，只要市场需要、农民需要就值得开发。其实，广西平南县的果农就有将克无踪水剂和草甘膦水剂按一定比例现混现用的习惯，并发现效果要比单独施用克无踪或草甘膦药效要好。在这个现实启迪下，笔者进一步研究筛选和对比试验，综合评估最后定型为12%克无踪·草甘膦可溶性液剂。

笔者从1996年起就专门从事克无踪与草甘膦的复配和试验工作。

1. 克无踪与草甘膦复配只要恰到好处，施药后到杂草萎蔫前有尽可能多的时间，那么草甘膦就会被有效地、大量地吸收。特别是旱地杂草或者处在干旱气候环境中的杂草吸收草甘膦一定会更多更快。

2. “野火烧不尽，春风吹又生”，这是野草顽强生命力的真实写照。克·草制剂喷洒在杂草上几个小时后，在克无踪的作用下，杂草开始失水灼伤。由于野草顽强的生理代谢作用，只要全株未完全枯死，"饮鸩止渴"就不会停止。因此，杂草吸收草甘膦的时间并非只有5~6个小时。实例如下。

一、12%克·草除草剂筛选对比试验于1996年8月20日在广西平南县环城镇盆圹村大捞洲龙眼果园进行。

试验委托平南县环城镇植保站，由戴复兴站长负责主持。笔者参加了试验的全过程。

供试材料：10%、12%、13%克·草除草剂以及20%克无踪（英国捷利康公司产品）、10%草甘膦和清水对照共6个处理，每个处理3个重复共18个小区，每个小区采用随机排列法，每小区设隔离带0.5米，试验用药量为每亩50克有效成分，并按每亩120千克水兑稀喷施。

试验区内有野狼草、鱼花草、野苋、蓼等阔叶类杂草和狗尾草、大骨草、钱线草、香附子、茅草等禾本科单子叶类杂草。

试验时及前后气象：8月的气温较高、比较干燥。

从试验结果（表1、表2）看：12%克·草除草剂具有速效性。药后3天阔叶杂草100%死亡，与克无踪药效一样。单子叶类杂草减少率为72.9%，总的减少率为83.8%。药后7天为95.9%，药后15天为99.7%，比所有参试的除草剂都高。

二、12%克·草除草剂筛选对比试验于1999年1月在海南省农业科学院植保研究所试验地进行。

试验委托海南省农业科学院植物保护研究所，由副研究员陈绵才负责主持。

供试材料包括以下3种。

1. 克无踪与草甘膦不同配比的12%克·草除草剂A、B、C、D共4个。

单位：棵

表 1　五种不同的除草剂除草试验结果

处理	药前1天			药后3天									药后7天									药后15天								
				阔叶类			单子叶类			合计			阔叶类			单子叶类			合计			阔叶类			单子叶类			合计		
	阔叶类	单子叶类	合计	草数	减少	减少率/%	草数	减少	减少率/%	草数	减少	减少率/%	草数	减少	减少率/%	草数	减少	减少率/%	草数	减少	减少率/%	草数	减少	减少率/%	草数	减少	减少率/%	草数	减少	减少率/%
10%克·草	113	121	234	0	113	100.0	45	76	62.8	45	189	80.8	0	—	100.0	19	102	84.3	19	215	91.9	0	—	100.0	10	111	91.7	10	224	99.7
12%克·草	119	177	296	0	119	100.0	48	129	72.9	48	248	83.8	0	—	100.0	12	165	93.2	12	284	95.9	0	—	100.0	1	176	99.4	1	295	99.7
13%克·草	174	120	294	0	174	100.0	40	80	66.7	40	254	86.4	0	—	100.0	12	108	90.0	12	282	95.9	0	—	100.0	1	119	99.2	1	293	99.6
10%草甘膦	151	114	265	115	36	23.8	69	45	39.5	184	81	30.6	3	148	98.0	42	72	63.2	45	220	83.0	0	—	100.0	12	102	89.5	12	253	95.5
20%克无踪	146	185	331	0	146	100.0	85	100	54.1	85	246	74.3	0	—	100.0	44	141	76.2	44	287	86.7	70	—	100.0	12	173	93.5	12	319	96.4
CK	137	186	323	142	-5	-3.5	179	7	3.8	321	2	0.6	142	-5	-3.5	171	15	8.8	313	10	3.2	126	11	8.0	155	31	16.7	281	42	13.0

表 2　五种不同的除草剂除草试验结果　　　单位：克

处理	药前1天	药后3天			药后7天			药后15天		
	草重/0.25 m²	草重	减少	减少率/%	草重	减少	减少率/%	草重	减少	减少率/%
10%克·草	521	227.0	294.0	56.4	160.5	360.5	69.2	52.0	469.0	90.0
12%克·草	419	198.0	221.0	52.7	72.5	346.5	82.7	38.0	381.0	90.9
13%克·草	410	195.0	215.0	52.4	109.3	300.7	73.3	34.0	376.0	91.7
10%草甘膦	480	271.5	208.5	43.4	179.5	300.5	62.6	78.0	402.0	83.8
20%克无踪	445	255.0	190.0	42.7	139.5	305.5	68.7	64.0	381.0	85.6
CK	475	421.0	53.0	11.2	365.0	109.0	22.3	420.5	33.5	11.3

2. 41%农达（美国孟山都公司产品）。

3. 20%克无踪（英国捷利康公司产品）。

试验场地：所里收获玉米后的试验地。杂草长势均匀，植株高 20~40 厘米，每 0.09 平方米有各种杂草 140 株以上。

试验设计与方法：设计方法基本上与平南县试验相同。

试验时及前后气象：潮湿天气。

试验结果为如表 3、表 4 所示。

根据海南省农科院的试验结果表述：喷药（12%克草除草剂）5 个小时后杂草开始失水灼伤。除草作用明显快于 41%农达，稍慢于 20%克无踪。药后 15 天 12%克·草 D 根系死亡率显著高于 41%农达，稍高于 20%克无踪。

我们选用 12%克·草 C 的除草效果看，药后 15 天的 82.4%的根系死亡率与 41%农达 82.5%相当，稍低于 20%克无踪的 86.7%。鲜重的减少率为 86.9%，比 41%农达的 82.5%高，稍低于 20%克无踪的 87.8%。

表 3 6种不同的除草剂除草试验结果

单位：棵

处理	药前1天			药后3天									药后7天									药后15天								
				阔叶类			单子叶类			合计			阔叶类			单子叶类			合计			阔叶类			单子叶类			合计		
	阔叶类	单子叶类	合计	草数	减少	减少率/%	草数	减少	减少率/%	草数	减少	减少率/%	草数	减少	减少率/%	草数	减少	减少率/%	草数	减少	减少率/%	草数	减少	减少率/%	草数	减少	减少率/%	草数	减少	减少率/%
12%克·草A	180	141	321	159	21	11.7	112	29	20.6	271	50	15.6	121	59	32.7	82	59	41.5	203	118	36.8	37	143	79.4	28	113	80.0	65	256	79.8
12%克·草B	180	137	317	158	22	12.2	115	22	16.1	273	44	13.8	125	55	30.6	76	61	44.5	201	116	36.6	36	144	80.0	25	112	81.8	61	256	80.8
12%克·草C	171	141	312	141	30	17.5	111	30	21.4	252	60	19.2	121	50	29.2	76	65	46.1	197	115	36.9	32	139	81.3	23	116	82.3	55	257	82.4
12%克·草D	206	158	364	159	47	22.8	121	37	23.4	280	84	23.1	131	75	36.4	78	80	50.6	209	155	47.6	36	170	82.5	25	133	84.2	61	303	83.2
41%农达	143	103	246	152	-9	-6.3	108	-5	-4.9	260	-14	-5.7	130	13	9.1	89	14	13.6	219	27	11.0	30	113	79.0	13	90	87.4	43	203	82.5
20%克无踪	175	110	285	146	29	16.6	83	27	24.5	229	56	19.6	92	83	47.4	36	74	67.2	128	157	55.1	23	152	86.9	15	95	86.4	38	247	86.7
CK	163	140	303	180	-17	-10.4	143	-3	-2.1	323	-20	-6.7	200	-37	-22.7	160	-20	-14.3	360	-57	-18.8	203	-40	-24.5	169	-29	-20.7	372	-69	-22.8

表4　六种不同的除草剂除草试验结果　　单位：克

处理	药前1天	药后3天			药后7天			药后15天		
	草重/0.25 m²	草重	减少	减少率/%	草重	减少	减少率/%	草重	减少	减少率/%
12%克·草A	613.0	517.0	96.0	15.7	357.0	257.0	41.8	77.8	535.2	87.3
12%克·草B	618.8	538.0	80.8	13.1	303.8	315.0	50.9	79.5	539.2	87.2
12%克·草C	622.0	535.0	87.0	14.0	336.5	285.5	45.9	81.5	540.5	86.9
12%克·草D	631.0	538.0	93.0	14.7	369.3	261.7	41.9	75.3	555.7	88.1
41%农达	590.0	637.8	-47.8	-8.1	520.0	70.0	11.9	103.0	487.0	82.5
20%克无踪	684.0	467.0	217.0	31.7	263.0	481.0	61.5	83.5	600.5	87.8
CK	607.0	795.0	-18.8	-31.0	818.5	-209.5	937.0	937.0	-330.0	-54.5

从试验的结果看，12%克·草除草剂与41%农达、20%克无踪相比，药效之所以与在广西平南县的试验相差较大，主要是试验时的气象条件差异比较大。因此，12%克·草除草剂比较适宜于旱地和比较干旱的气候条件下使用。在这种气象条件下，杂草吸收草甘膦相对较多。

三、12%克·草除草剂大田试验于1999年3月11日在广东省中山市坦洲镇介冲村春耕前的稻田进行。

试验委托珠海市绿色南方总公司研究中心农艺师李世河负责主持施药。笔者参加了试验的全过程。按每亩50克有效成分喷药，效果很好。

上面三地的试验结果表明，看不出12%克·草除草剂中的克无踪有影响到剂中草甘膦的吸收和除草作用。相反，从平南的结果看其还有增效作用。至于根系死亡率稍低于41%农达，是因为每亩50克有效成分中不全部是草甘膦所致。

12%克·草除草剂能取克无踪与草甘膦二者之长，补两者之短，集一剂之中，相得益彰。既能消灭杂草地面上的茎叶，又能灭绝杂草地下的根茎，真正起到斩草除根的功效。

注：建议有兴趣的企业不妨一试，笔者可提供少量样品供检测、试验。若自己复配，剂型必须过关，若剂型不稳定，试验结果将大打折扣，无法体现12%克·草除草剂的最佳效果。

注：本文发表在《农化市场十日讯》2001年26期。

有机磷杀虫剂与三苯

有机磷农药的使用至今已有50多年的历史。它为我国农业和世界农业的发展作出过巨大的贡献。时至今日，由于社会的发展和进步，特别是我国加入WTO（世界贸易组织）后对有机磷杀虫剂的使用、残留的要求，以及对农产品的安全性提出了非常高的要求，有机磷杀虫剂确实已经到了一个多事之秋。

一、有机磷杀虫剂、溶剂文摘

现在国内外对有机磷杀虫剂的安全性要求越来越高。现把有代表性的有关信息原文摘录，以供参考。

1. “在美国，按照美国食品质量保护条例（PQPA），美国环保局将在1999年至2006年重新评价每一种农药允许残留量，其中有机磷和氨基甲酸酯类杀虫剂是受审查的第一类。美国环保局正在考虑撤销所有有机磷农药的允许残留量。”

2. “在欧洲，继第一轮农药重新审查之后，又有150种农药有效成分被列入了第二轮重新审查之中，若按有效成分分，有机磷杀虫剂几乎占一半。”

3. “从现在开始的今后十年里，多达3/4的现有杀虫剂将被欧盟禁止使用。”

4. “联合国粮农组织和环境规划署制定的《PIC公约》对22种农药作出制约。而其中有18种是中国产量大且出口多的品种。”经查，高毒有机磷杀虫剂名列榜首。

5. “英国政府最近发出通知，停止出售 50 种含有敌敌畏的杀虫剂。英国杀虫剂监管委员会强调，现阶段不排除这些杀虫剂会引起皮肤癌、肝癌和乳腺癌。”

6. “印度尼西亚早已从 1986 年起禁止使用甲胺磷等 56 种高毒农药。”

7. 中华人民共和国农业部公告第 194 号文件中“我部决定，在 2000 年对甲胺磷等 5 种高毒有机磷农药加强登记管理的基础上，再停止受理一批高毒、剧毒农药的登记申请，撤销一批高毒农药在一些作物上的登记。停止受理甲拌磷等 11 种高毒、剧毒农药新增登记。”其中有 8 种是有机磷杀虫剂。

8. “苯早已被发达国家列为农药禁用溶剂。”

9. “1993 年起，美国和西欧等工业发达国家，相继颁布条款，用甲苯、二甲苯等作溶剂的农药乳油不再登记。1999 年起，若干发展中国家也开始作出相应的限制条款”。

从以上有关报道、资料、文件摘录明确无误的信息中，可以看出农药及其剂型应该向什么方向发展。但是，国内由于有机磷乳油成本低，而且极易复配，因此仍然热衷开发相关产品。我国有机磷乳油杀虫剂的产量约占乳油产量的 70%，也就是说，我国每年把几十万吨实物量的有机磷乳油杀虫剂喷洒“在希望的田野上”。但是，丰收后的农产品能叩开美、欧盟等发达国家和地区的国际市场的大门吗？

二、三苯的危害

三苯即芳香烃有机溶剂苯、甲苯和二甲苯。甲苯和二甲苯均为苯的衍生物。

苯的沸点较低，为 80 ℃，因此蒸发速度快，空气中浓度也大。苯的化学性质十分稳定，即使像硝酸、高锰酸钾和重铬酸钾这样强的氧化剂对它也无可奈何，因此它的降解是很难的，残留量对人是十分有害的。

甲苯沸点 110 ℃，二甲苯沸点 140 ℃，也正是由于其沸点比水高，所以乳化后蒸发慢。因此在农药乳油兑水乳化喷雾时，三苯有相当的时间随农药有效成分渗透到粮食、瓜果、蔬菜组织中，造成残留和污染。

三苯对人体的危害似乎是农药行业之忌讳。

其实，三苯对人体的危害应该实事求是地使人们有正确的认识。这对于增强国民的环保意识，提高国民的健康水平，促进农药剂型的研究和发展，推广农药水基化环保型的应用是很有必要的。

三苯对人体健康的危害，很多权威性的科普书刊都早有定论和报道。1980 年 3 月由人民卫生出版社出版的《职业性肿瘤》一书中，第 65 页标题为“职业性白血病”，第一句就是“目前已阐明，公认能引起职业性白血病的基本因子有以下三种：（1）电离辐射；（2）苯；（3）某些磺胺。”第 66 页写道：“目前已经明确肯定，长期接触苯与职业性白血病之间有因果关系”。

1994 年 9 月由化学工业出版社出版的权威性大型工具书《溶剂手册》中，关于三苯就有定论。“苯的蒸气对人有强烈的毒性”“吸入甲苯蒸气时对中枢神经的作用比苯强烈”“长期吸入低浓度的甲苯蒸气时，造成白细胞减少，贫血”，二甲苯“对人体的毒性比苯、甲苯少，但对皮肤和黏膜的刺激比苯之蒸气强”“吸入高浓度的二甲苯蒸气……直至造成出血性肺水肿而死亡”。

三苯的要害还在于在人体内积累，不易排出。

由于三苯是农药乳油制剂中溶剂的主要成分，我国每年至少有 20 万吨以上三苯洒向大地，挥发于空间，渗透到植物、水源之中，既浪费了宝贵的化工原料，又严重污染环境，在发达的国家，要求禁止使用芳香烃溶剂的呼声迫切，尤其是在蔬菜、果树上使用乳油遭到了强烈的抵制。

在我国大多数乳油生产企业中，受到三苯危害程度最重的莫过于农药乳油生产车间的第一线生产工人。有些农药乳油生产车间，尤其是在高温天气，只要踏进车间的门槛，就会令人望而生畏。在那里作业的包装工，脸色苍白，黄里透黑。三苯的危害并非接触了一两次或者吸了几口三苯蒸气就会马上病变，而是通过在人体内不断积累到一定程度，一定时间后才慢慢显露出来。因此这些企业往往消极地采用经常招聘轮换和使用临时工的办法避免悲剧在企业里发生。

三、有机磷杀虫剂与三苯

绝大多数有机磷怕水，三苯则生性憎水，并且对有机磷有极大的亲和力而溶解有机磷。所以三苯能有效地保护有机磷杀虫剂不被水解而稳定。有机磷乳油以其成本低敢与水基化的微乳剂竞争，其中主要原因之一就是以廉价的三苯为溶剂，有些乳油含三苯达 70%以上。

尽管三苯和有机磷情缘未了，可是谁也想不到三苯却常常给有机磷帮倒忙！例如有些有机磷原药，经过研究部门专家严格的科学试验得出无致畸、致突变和致癌的科学结论。但是，加进三苯配成有机磷乳油制剂后，上面的这些权威性的结论，对有机磷乳油来说就值得怀疑了，也许要重新改写了。

目前我国农药乳油产量和乳油剂型数量约占我国的农药总产量的一半和剂型总数的一半。这是和我国的农业发展、农药的发展及农产品参与国际竞争是极不协调的。不进行调整，不加大力度发展环保型的农药剂型和品种，将会使很多农药企业难以生存。

因此，加强农药剂型开发研究，增加科研投入，集中必需的人力、物力和财力，积极扶持一些技术水平高、生产条件好的农药科研单位和生产企业开发出不含“三苯”的水基化环保型微乳剂、可溶性液剂、水悬剂、水乳剂等多种剂型，才能增强其参与国际、国内市场竞争的能力。

注：本文发表在《农化市场十日讯》2002年22期。

有关农药企业死亡之路探因

2010年9月19日，工业和信息化部、环境保护部、农业部、国家质量监督检验检疫总局联合发布的《农药产业政策》中，要求“到2015年我国农药企业数量减少30%”。全国目前注册登记的农药企业约有2 600家，30%意味着有780家左右的农药企业将驾鹤西去、寿终正寝。这有可能实现吗？

《农药产业政策》的颁布是国家利用市场规律进行宏观调控的一种手段，通过收购、兼并、重组、联合、转让、停产或关门等方式进行结构调整，让企业在竞争中实现优胜劣汰。

笔者曾经先后在国内7个省份的7家大中小农药企业工作过，因此对我国农药企业的各个环节都有着深刻的印象和体会。这7家农药企业都以制剂为主，其中有4家农药企业也生产1~2个原药品种。这7家企业中已有1家企业因资不抵债，从中国农药企业名录中消失。还有1家企业因经营不善，也面临倒闭的危险。剩下的5家企业有2家在走下坡路，销售额是“王老五过年，一年不如一年”。有2家维持原状。只有1家有发展势头。

以上7家农药企业的状况虽然不能代表所有的企业，但有一定的研究探讨价值。那么，有的农药企业是如何走向死亡之路的？本文从农药企业的内部管理和产品技术的角度进行粗浅的探讨，仅供参考。

一、从资源稀缺到产能严重过剩导致恶性竞争

1978 年以后，十一届三中全会把全党工作重心转移到以经济建设为中心的社会主义建设上来，农村实行家庭联产承包责任制，农民耕种的积极性空前高涨。然而市场却非常缺少杀虫灭菌除草农药的供应。在允许和鼓励一部分人先富起来的政策影响下，懂得农药生产技术，有销售渠道、植保知识、商业头脑以及生产经验的业内人士纷纷开始生产农药。在简陋的油毛毡篷里，一口大水缸，一根木棒搅拌，手工包装贴上简单的农药标签就开始了农药生产销售。因此当时的农药市场供不应求的状况催生了成百上千的农药厂家。农药老板总是满面春风，谈笑风生，不亦乐乎。

时间到了 2009 年，全国农药的总产量折百已经超过了 200 万吨（折百，下同），为全球之最。据国家统计局核实，2010 年累计生产农药为 234.2 万吨，国内农药需要量为 29 万吨左右。预计 2011 年农药产量可达 250 万吨左右，而需求总量约为 30.8 万吨。想想看需求量占农药产能不到 1/8，又怎么能养活2 600多家农药企业？

二、农药企业“死”在老板

农药企业发展到今天不容易，也确实取得了不少成绩，对中国农业、农药行业的发展作出了很大贡献。随着社会对农药的要求越来越高，农药市场竞争也更趋激烈，因此老板的素质往往决定着企业的生存发展。从许多农药企业的现状来看，企业老板素质的高低表现为企业生存状况的差异。这些差异集中体现在企业

的人才使用、经营管理、产品质量、产品开发、企业文化等多方面。那么，那些劣势企业究竟“死”在哪里呢？

1. 用人不当葬送企业

企业倒闭或发展不上去，缺乏人才是原因之一。因为市场的竞争就是产品的竞争，产品的竞争就是科学技术的竞争，科学技术的竞争归根到底就是人才的竞争。所以企业没有可用之才怎么能得到发展？这是企业关门倒闭最合理、最有说服力的解释。有的农药老板还深有体会补充说，没有资金可以借，没有设备可以买，没有工人可以招，没有市场可以通过开发新产品开拓，而没有人才就什么也没有了，不可谓不精辟。

然而笔者服务过的 7 家农药企业中，目前唯一倒闭的企业并不缺乏人才，而且人才济济，高校教授、工程师、研究生、营销专家各类人才应有尽有。

在这家企业里老板最倚重的是植保研究生出身的副总经理。多年来，副总为公司立下汗马功劳，深得老板的信任和重用。然而，副总面对那么多的中高级化工、植保等专业人才，却最怕别人超越自己、取代自己。在他看来这么多的中高级专业技术人才犹如自己身上的癌细胞，要早发现早治疗，不用外科切除手术是要危及自己生命的。至此，这支科研队伍的命运和企业的结局已经很清楚：被排挤或不受重用的科研人员纷纷辞职离去，致使老产品的质量得不到改进，又开发不出有市场竞争力的新产品。最后的结局是资不抵债，永远关上了大门。

2. 老板是生意人不是企业家

生意人和企业家是有区别的。生意人是做所有产品有利可图的生意；企业家首先是生产自己的产品，做自己产品的生意。生意人看重的是眼前利益、短期行为；企业家更看重的是企业的生存发展，追求的是企业发展的更远大目标。

有一家企业在 2008 年成功开发了一款国内领先的水稻杀虫

剂，与同类产品相比，其剂型稳定、有效农药成分分解率低、药效好，因此得到了经销商的大力推荐和农民的青睐，在行业中独占鳌头，取得了十分可观的经济效益。但是老板只顾眼前利益，居然把生产配方卖给了同省的另一家农药企业生产，丧失了具有市场垄断性的绝对优势。只有生意人才会这么干，真正的企业家是不会这么做的，自然这个企业只能走下坡路。

3. 不讲诚信后患无穷

企业员工根据生产的需要加班加点是常有之事。特别是生产旺季，又招不到足够的生产工人，1 人要顶 2 人、3 人的工作量是很辛苦的。笔者曾经请一位刚进厂 2 天的工人用最简单的言辞表达工作感受，工人回答："用一个字表示'累'，用两个字表示就是'很累'，用三个字表示就是'非常累'。""那么四个字呢?"最后回答是"明天辞职。"第二天真的见不到这个小伙子的身影了。

有的农药厂，工人除了吃饭上厕所的时间，生产旺季基本上天天要加班到晚上 10 点左右才下班。然而，相应的劳动报酬却被厂家打了折扣，令员工心灰意冷。

农药生产是一项系统工程，哪一个环节出现问题都不能顺利完成。比如原材料的供应、包装材料的准备、机器设备的完好状态、水电供应状态等必须满足生产要求，而有些企业往往由于所需原材料准备不足不能正常生产，而影响到当天生产任务的完成。笔者认为，责任不在工人，工人付出了劳动而没得到应得的劳动报酬，麻烦的事情就不可能不发生。例如某企业，由于老板缺少诚信和存在管理上的漏洞，5 吨反应釜里装的 5 吨高效氯氟氰菊酯微乳剂一夜之间就不翼而飞了。现场查找原因，原来是夜里被人排放到下水道里去了。但是老板又不敢报案，害怕排放大量农药到下水道污染环境，会被环保部门查处，通报罚款，老板有苦难言。此事只在公司开了一次会就不了了之了。

事后老板在公司的车间、仓库、办公室走廊、宿舍走廊都装了监控摄像头，实行 24 小时全天候监控，效果是有的，但是没有从根本上解决问题。

4. 不创新命不长

笔者服务过的 7 家农药企业中，有 3 家企业竟然没有一个负责农药制剂的专业人员，农药复配制剂试验室形同摆设。可能的原因一是原来有专业人员，但由于种种原因负责制剂研发的人员离开了；二是产品配方请有关科研单位或技术好信得过的单位、厂方帮搞定；三是老板认为不需要。

科技是第一生产力在某些老板头脑里未必认同。因为某些老板发家致富并不靠科学技术，而是靠做生意。做生意靠的是人际关系、地区差、时间差和价格差。自然，一些农药企业连一本像样的农药资料、书籍都没有，就更难找到像《农药市场信息》这样的农药科技类杂志了。

可以想象，连农药制剂研发人员都没有的企业，其产品必然是过于陈旧、没有活力。但是，配方不变原料在变，从不同厂家进来的原药其合成工艺线路可能不完全相同，这也就意味原药里的杂质是在变化的。例如只含 4%~10%有效成分的阿维菌素油膏，不同厂家所含的 90%~96%的其他成分就不完全相同。如果配方一成不变的话，首先受到影响的是乳化性能。不同原药，采用相同助剂生产同一产品必须作相应的小试，可能需要重新调整乳化剂的品种或用量才能保证产品质量。

连一个农药制剂研发人员都没有的企业，产品出现了质量问题又将如何处理？一个没有创新的企业，必然造成与其他企业的产品同质化，也必然没有任何竞争力，而这样的企业也必然是短命的。

5. 造假是死穴

有的农药企业为了大幅度降低产品成本，实现产品利润的最大化，不惜铤而走险造假、售假。笔者姑且把目前农药造假分为两类：一类是无科技含量的造假，如以水冒充农药、不加或少加农药有效成分、以自己低劣的产品贴上名牌产品的商标等；另一类可谓“高科技造假”，例如通过加入少量的特殊物质，以干扰检测有效成分，达到不加或少加所登记农药产品的有效成分的目的，最终在相关部门检测时蒙混过关。这种不法行为的理论依据是“在相同色谱条件下，具有相同保留值的两个物质不一定是同一物质”。而在目前的农药制剂检测中，确实存在着检测设备的差异，主要包括气相、液相色谱仪配备不全或没有，检测专业技术人员配备不足，存在着操作技术水平等差别。有的部门有相关农药标准就检测，没有相对应的农药标准就不检。有的是乳油制剂可以检测，如果是同类组分含量的水性化剂型就检测不了。有的制剂加了隐性成分或改变了助剂，检测时一些有效成分就不出色谱峰，即使出峰也分不开峰或峰重叠等，使这些企业认为有漏洞可钻，从而大肆造假。

不管这样的“科研任务”能否完成，是否能做到天衣无缝，但可以肯定的是，要区分具有相同保留值的两个物质是不是同一物质并不难。只要加大投入，加强农药市场的监督，配备有经验的农药检测专业技术人员，完善检测仪器设备，相信是能够制止这种不法行为的。

某些农药企业不把精力、技术力量投入到产品创新的科研上去，而一门心思走歪门邪道去造假，必将付出惨重的代价。

6. 体罚员工自残手足

现代农药企业还有体罚自己员工的事件，并非耸人听闻。有一农药公司，企业管理独特。凡是参加公司会议的人员，要是谁在规定 5 分钟时间内不能到达，不管是私事还是公事，迟到者必须在众目睽睽之下罚站 10 分钟。体罚是一种侵犯人身自由、有意让员工当众出丑、打击员工自尊心的错误行为，其结果必适得其反，对企业有百害而无一利。在笔者到过的农药企业中，这个企业的人才、人员流动是最多最快的，就连应聘到公司不久的总经理也受不了，十几万元的年薪也不要了，提前离职。可想而知，公司的其他各种工作岗位也肯定严重缺员，要维持正常生产非常困难。

农药企业死在老板。成也萧何，败也萧何。

三、农药企业亡在产品

国家发展和改革委员会发布《产业结构调整指导目录（2011年本）》，自2011年6月1日起施行。产业结构调整指导目录鼓励发展高效、安全、环境友好的农药新品种、新剂型（水基化剂型等），淘汰高毒、高残留农药产品。因此新型、高效农药产品是农药企业能否生存和发展的关键。

1. 农药产品剂型落后

众所周知，很多农药企业都是以有机磷农药乳油制剂、可湿性粉剂等落后农药剂型为主要产品的。如某企业登记的24个农药产品中就有乳油剂型18个，占75%。而其中有机磷乳油产品就有15个，占62.5%。可湿性粉剂2个，占8.3%，二者总共为83.3%。落后的非环保化的农药制剂产品最终是要退出市场的。

2. 产品质量低劣

从已经被淘汰的农药企业产品质量来看，这些企业以杀菌剂为主导的产品沉淀分层严重，分解率高，退货多于进货，想想看公司如何运转？又怎么不关门？

3. 产品登记农药有效成分含量太低

如登记产品“12%马·杀EC”，其中马拉硫磷10%、杀螟松2%，登记防治水稻二化螟。如果登记生产厂家真的按照登记产品的配伍和有效成分含量去生产的话，每亩水稻田农民要买多少才能起到杀虫效果？因此登记农药配伍一般、农药有效成分低的产品，往往是执法部门市场抽检的重点对象，而且在这些产品中往往检出擅自添加隐性农药成分或采取加大有效成分含量的手段。一旦被查出这些产品是自取灭亡。

4. 登记的农药有效成分含量太高

有的农药企业登记的农药产品有效成分含量太高，结果连自己都无法生产。如某企业登记的“80%敌敌畏·矿物油乳油”，其中含敌敌畏40%、矿物油40%，由于矿物油和敌敌畏相溶性很差，含量又如此之高，因此制剂严重分层不可避免。此类产品能在农药市场占有一席之地吗？

5. 没有科学依据的乱混乱配农药

有一登记农药产品为“50%乙草胺·草甘膦WP”，其中含乙草胺21%、草甘膦29%。众所周知，乙草胺是通过抑制土壤或土壤地表的杂草出芽而达到除草目的的芽前除草剂，而草甘膦是用于杂草茎叶喷雾的内吸传导型广谱灭生性除草剂，遇到土壤会被土壤中的铁、铝离子钝化分解而失效，因此这个登记产品若用于杂草的茎叶喷雾，草甘膦是起内吸传导灭生性除草作用的，而此时复配制剂中的乙草胺已起不到任何作用。而当此复配除草剂用于土壤抑制杂草起除草作用时，草甘膦在其中只能白白浪费掉，这种农药产品既增加了绝对不必要的成本和环境污染，又增加了农民负担，也浪费了宝贵的农药资源。这种乱混乱配也说明了企业的研发人员水平是多么低劣，最后只能把企业拖垮、毁掉。

6. 没有新产品

目前，在研发不出新产品的情形下，一些企业又想出损招想出奇制胜，如许多企业用添加各种隐性农药有效成分，甚至加入高毒农药成分来冒险。在农药市场监管力不足，检测设备、人员缺乏的情况下，这种冒险也有可能逃过一劫，侥幸过关。但这是显而易见的全国性的普遍问题，终究是要被查处和解决的。没有开发新产品的能力、没有具有竞争力产品的农药企业能支撑多久？农药企业亡在产品。产品即人品，老板是关键，用人是要害。

以上探讨，也许读者看过后觉得尽是揭农药企业老板的短，历数农药企业消极负面的东西，没有催人奋进、积极向上的作用。但是，这是事实。你不觉得农药企业死亡之路的探讨，是在提醒农药企业需要反思？是在为这些农药企业寻找生路吗？

注：本文以“金龙”笔名发表在《农药市场信息》2011 年 25 期。

农药制剂添加隐性成分揭秘及治理对策

农药登记制剂非法添加农药隐性有效成分的做法由来已久，而且愈演愈烈。农药市场就是战场，这场“隐形战争”很可能是一场持久战。农药制剂添加隐性农药成分绝对不只是少部分甘于隐姓埋名的“黑窝点”所为，现在已经“发扬光大”，发展成为国内赫赫有名的厂家和上市公司的“杰作”了。《农药市场信息》杂志 2013 年第 27 期“市场调查”栏目刊登的《康宽“热”山寨“火”农药企业市场角力靠什么?》一文称：“据杜邦公司打假人员介绍，在 2010 年的打假维权过程中，违法添加其专利产品氯虫苯甲酰胺作为隐性成分的农药厂家竟然多达 100 多家，至今，在湖南、河南、山东、广东等地，违法添加氯虫苯甲酰胺成分的现象依然严重。在众多违法添加隐性成分的产品中，标称企业甚至不乏国内知名厂家甚至上市公司”。那么农药制剂添加隐性农药成分为什么这么难治理？笔者根据自己调查了解的情况分析如下。

一、驱使农药制剂添加隐性农药成分的动力

没有动力，就不会有农药制剂添加农药隐性有效成分的违法行动，这个巨大的动力就是非法获取高额的商业利益。要获得这个高额的商业利润就必须在农药制剂产品上“你无我有”，也只

有神不知、鬼不觉地悄悄加进农药隐性有效成分后才能保证“你无我有”。在众多农药同质化的今天，这一做法也确实起到有招胜无招、力压群雄的重要作用。在添加者的眼里，添加隐性农药成分对他们来说大有好处，主要表现在以下方面。

（1）大大节约了农药登记成本。无须花费巨额的农药登记费用，即可随心所欲地由原本登记的农药单剂变成二元复配甚至三元、四元复配制剂。

（2）提高药效，扩大了杀虫、杀菌、除草谱。民间有一种叫“万虫杀”的农药乳油制剂，就是由许多过期作废的农药混配成农药大杂烩，然后卖给农民使用，据说药效还不错。在正式登记的农药制剂里，添加了第二、第三种高效农药成分有可能达到上述目的。

（3）由于制剂具有针对性，极具特色，又对部分经销商以利诱惑，按销定产，因此不愁销路。

（4）由于有些产品添加隐性成分后效果与一些专利畅销产品相当甚至更好，因此通过仿制、造假来浑水摸鱼、牟取暴利。

（5）全国农药制剂品种少说也有一万五千多种，不可能每个农药制剂品种都检测，再加上检测添加隐性农药成分技术难度也很大，所以不易被发现。

有了以上这些“优势”和评估，意味着添加隐性农药成分好处多多，可以放胆去干。

二、农药“甄士隐”

除了地下黑窝点不法分子乱添加隐性农药成分，还有谁是农药制剂里添加隐性成分的“甄士隐”呢？

1. 某些科研单位充当了罪魁祸首

20 世纪 90 年代末期，《农药市场信息》杂志曾首次刊登过国内某农药制剂产品“氯氰菊酯·敌敌畏乳油”杀虫剂非法添加高毒农药水胺硫磷的报道，并违规大量用于水稻（氯氰菊酯不准用于水稻）生产，经有关部门检测得知其添加的高毒农药水胺硫磷含量为13%左右。后来得知该制剂的生产配方是由某科研单位提供，生产单位聘用该科研单位一位高工主管指导该产品的生产，该产品的标签和包装纸箱上赫然印着该研究所的大名。这就是我国农药行业见刊最早的农药“甄士隐”。

某些科研单位把在登记生产的农药制剂里添加高毒农药隐性有效成分当作科研项目来研究开发、推广应用，应该是罪魁祸首。

2. 某些企业老板的利益驱使

农药制剂企业老板最关心农药市场动态，农药市场一有风吹草动，如出现某一农药产品旺销，老板就会千方百计、绞尽脑汁地去分析原因，经过深入考察了解研究后，如果得知是加入了某隐性农药成分，就会把农药产品添加某个农药隐性有效成分的“丹方”交给公司研发部去实施。于是也采取措施在自己的产品里添加类似的农药隐性产品，以达到搅乱市场、出奇制胜的目的。

3. 某些农药专家的歪门邪道

农药企业也是个“藏龙卧虎”的地方。部分农药企业的研发专家在添加隐性农药有效成分上担负着项目攻关的重要任务，在管理操作上也出了不少的坏点子。例如在申报本公司某农药制剂项目产品时，在考虑是报单剂还是二元复配制剂的时候，有专家就会出点子：“申报低含量单剂比较好，在市场变化时可以根据不同需要添加别的不同农药成分。而二元复配制剂再增加别的农药成分不易保证产品质量，成本也高，不好操作，还是申报低含量单剂比较灵活。”结果一锤定音。

在农药乳油中非法添加未过专利期的高效农药氯虫苯甲酰胺

时，复配的技术难度很大，一般的技术人员解决不了氯虫苯甲酰胺很快就从制剂里析出大量结晶的难题，要是没有高手指导是不可能实现的。

4. 某些经销商的推波助澜

一般的农药经销商只管买卖农药，哪种农药产品好卖、利润大，就大力推销哪种产品，一般平庸低效的产品拒绝上货架，更不上台面。但是现在的经销商很多是有学历甚至是高学历的植保专家，有的还对自己经销的农药产品亲自做田间药效试验，通过对比药效来选择生产厂家的产品销售。他们通过农民使用和自己的对比试验发现同质化的同一产品，不同厂家生产的产品药效截然不同，然后再通过与厂家老板和业务员的沟通了解，便心照不宣、你知我知了。因有些经销商非常乐意销售添加有隐性成分药效突出的产品，有的经销商甚至指定要添加某某农药，以利销售。

5. 某些业务员的唯利是图

农药企业推销产品的业务员也是相当积极卖力的“甄士隐”。为了提高自己的业绩，他们对农药市场的行情、动态自然是非常了解的。由于业务员也是农药企业人才流动最频繁的一族，流去流来就流到一起了，大家都认识了，对彼此的农药产品也就了如指掌。在公司的汇报会上，就会反馈农药市场上别的公司哪些产品添加了隐性成分，于是也出招建议公司在某某产品上添加这样或那样的隐性成分以提高产品的竞争力。现在是市场经济，既然市场喜欢，这些建议总是容易被公司老总拍板接受的，而且被视为战胜竞争对手的秘密武器来使用。

6. 许多用户的无知和诱使

用户自然就是终端使用农药的农民。应该说农民对农药使用的规范程度也影响甚至左右着农药老板是否添加隐性农药成分。

目前农民乱用、滥用农药比较普遍，田间地头也经常看到农民把几种不同的农药桶混在一起使用，一般来说要比使用单一农药药效好。针对这种情况，经销商、业务员也由此产生了灵感——单一农药制剂为什么不可以添加桶混的其他农药成分复配成二元、三元、四元的制剂来使用？这样农民使用起来既方便也乐意使用。有的农民特别是菜农表示，只要喷药后回过头来见虫死，价格贵一些也接受。这无疑给经销商、业务员、老板壮了胆，吃了定心丸。从此单剂添加这样或那样的隐性农药成分便成了潜规则和科研攻关项目。

农药界有了上述众多的“甄士隐”，农药市场从此混乱不堪，也给农药行业的健康发展和植保行业带来许多负面效应。笔者认为，国内农药制剂生产厂家大部分都添加过隐性农药成分。未涉足的厂家也想加，只是苦于怕被查罚或没有这方面的技术、人才和销路罢了。笔者所到过的生产厂家毫无例外，没有一个厂家没有加过农药隐性成分的。虽然现在有些收敛，但绝对没有绝迹。只要有销路，春风吹又生！

三、农药制剂添加隐性农药成分的主要类型和品种

那么主要有哪些农药制剂里添加了隐性农药成分呢？归纳起来大概有这么几种类型。

1. 农药制剂登记时农药有效成分太低，现在起不到杀虫杀菌作用的产品

由于一种农药新品种上市时对病虫害比较敏感，用量少和稀释倍数大都能起到防虫作用，所以在当时申请登记单剂时有效成分含量往往都比较少。随着使用年限增加，频繁使用产生了抗性。为了保持市场的占有率，除加大农药有效成分含量和

用量外，想到了添加隐性农药成分的阴招，妄想使此产品起死回生。

2. 农药制剂登记时的农药成分药效很差或比较差的产品

例如登记时是用于防治水稻二化螟、三化螟的三唑磷、喹硫磷、马拉硫磷等有机磷类的农药产品，按照原登记的剂量使用，现在根本杀不了二化螟和三化螟等螟虫，经销商也不愿意销售，因此又想到了添加隐性农药成分，甚至添加氟虫腈、氯虫苯甲酰胺和高毒农药甲胺磷等，希望能杀出一条生路。

3. 许多农药单剂

农药制剂单剂药效往往比二元或多元复配的农药制剂差。农药制剂单剂在添加农药隐性成分时，比二元复配制剂技术上更容易做到，也比较灵活多变。所以单剂特别是农药有效成分含量低的单剂，是添加农药隐性成分的重点对象。

4. 部分二元农药制剂

二元复配的农药登记制剂虽然不是添加农药隐性成分的重点对象，但也不是真空地带。只要符合上述 1、2 两项标准一样照加。老板希望这些制剂的农药登记“三证”能绝处逢生。

5. 药效差见效慢的生物农药

生物农药制剂登记时，最初含量都比较少，那些药效速度比较慢、药效比较差的生物农药单剂，特别是植物源的生物农药单剂，常常要添加些高效化学农药来提高其药效和杀虫速度，以此吸引农民。

6. 许多来料代加工的农药制剂

来料加工的农药产品比较复杂，有某某植保所的，也有某某经销商要求按其列出的配方生产的。有的有证，有的可能没有证，但是往往和公司老板关系不一般，因此企业往往不拒绝，只要给了加工费就行。其实这些生产配方大多是添加隐性农药成分的大杂烩，这些定做的农药产品绝对不上架，更不上台面，但很有销路，市场上连影子都看不见。

四、农药制剂添加的主要隐性农药成分类型和品种

农药制剂所添加的农药种类成分五花八门，大概有如下类型。

（1）首选新上市没有过专利期的高效农药，如氯虫苯甲酰胺（康宽）等，因其药效好、用量少、价格高、利润大，所以不惜冒侵权风险，铤而走险。

（2）国家明令禁止使用的农药如呋喃丹、氟虫腈等，只要药效好、赚大钱什么都敢加。

（3）常规农药。常规登记的农药复配制剂有很多药效很突出，经得起农民使用，经得起市场和时间考验。如毒死蜱加阿维菌素、氟铃脲加阿维菌素、烯啶虫胺加啶虫脒等。如果农药企业登记生产的制剂是低含量的毒死蜱单剂的话，这些农药企业很可能会不动声色、毫不犹豫、悄悄地加进上述最佳的配伍农药成分，如将阿维菌素和啶虫脒等作为隐性成分进行添加。

农药登记制剂违法添加隐性成分是要冒极大风险的。为了掩人耳目，忽悠本公司的员工，投料生产时在投料单上往往不写出真实名称，而是用代号或杜撰其他增效剂之类来代替。少数企业员工知道其中机密，但是一般来说都不会冒着丢饭碗的风险去告发公司。

五、农药制剂添加隐性农药成分的危害和治理

1. 危害

（1）农药登记制剂人为添加隐性成分本身就是违法的。特

别是添加未过专利期的农药，更是触犯了中华人民共和国的《专利法》。无视国家对农药知识产权的保护制度，破坏了农业的可持续发展，性质是恶劣的，后果是严重的。

（2）由于随意添加高毒农药，又不敢明示和规范使用方法和注意事项，因此往往导致用户在喷药时中毒，由于抢救不及时，造成人命事故时有发生。把人民生命当儿戏，罪大恶极。

（3）随意添加隐性农药成分，有可能带来作物药害，长期乱配滥用还会快速带来防治对象的抗药性，从而缩短部分投放市场不久的高效低毒产品的使用周期。

（4）为了竞争赚大钱，你加我加他也加，严重破坏了农药的正常生产、经营秩序，给农药市场带来混乱。

（5）农药登记制剂乱添加隐性农药成分会促使行业腐败。对于那些以罚代法的官员来说，是个发财的好机会。农药市场如若有序发展对监管者来说绝对没有油水可捞，但只要有人给农药市场添乱，对于那些枉法贪官来说，就存在索贿受贿的可能。

2. 治理措施

（1）加大执法力度。农药制剂乱添加隐性农药成分无视《农药管理条例》《农药管理条例实施办法》和其他农药法规，造成农药市场的混乱，后果不堪设想。必须乱世用重典，从重从快处理。

（2）加大检测力度。加大投入，利用先进的、准确的、快速的检测隐性农药成分的仪器进行检测，这是遏制违法行为的最有效的科学手段。只有加大检测力度，才能使不法分子感觉到时时有科学的法眼在监视他们的一举一动。高科技的手段将会使一切不法分子现出原形，而后者将不敢越雷池半步，有所收敛。

（3）加大举报力度。加大举报力度是最直接、最可靠也是最简单可行的有力措施。事实说明，很多大案要案都是从内部暴露突破的。世上没有铁板一块的作案犯罪集团，“若要人不知，除非己莫为”“世上没有不透风的墙”，加大举报力度除对举报人给予精神鼓励外，还要重奖举报者，保护举报者。

（4）通过对农药制剂价格进行分析判断，从而有针对性地去查处。同一个农药企业生产的产品，昨天卖 100 毫升 4 元钱一瓶，今天改了包装突然涨到 100 毫升 6 元一瓶，就值得注意了。尽管经销商、业务员、厂家说涨价的原因是原材料的涨价，或者说新产品加进了“进口的高渗透剂、增效剂”之类，所以涨价云云。也许他们说的都在理，但几乎可以肯定他们所说的“进口高渗透剂、增效剂”之类就是“隐性农药成分”。加进了高效隐性农药成分成本肯定增加，不涨价就是亏本生意，这种买卖是不会有人做的。

天网恢恢，疏而不漏。农药制剂非法添加隐性农药成分即使隐蔽得再深、再巧妙也骗不过现代高科技的“照妖镜”，逃不出法网。

虽然在农药制剂里有针对性地添加高效的隐性农药成分有利可图，但是也有很多农药企业不为利益所诱惑，遵纪守法。相信只要加大对农药制剂添加隐性农药成分的治理力度，是可以逐步收到比较好的效果的。

注：本文发表在《农药市场信息》2014 年 6 期。

《农药乳油中有害溶剂限量》标准生效后的思考

2013年10月7日工业和信息化部发布了HG/T 4576—2013《农药乳油中有害溶剂限量》标准（以下简称《标准》），《标准》于2014年3月1日生效。具体指标以质量分数计量，限量值为：苯≤1%，甲苯≤1%，二甲苯≤10%，甲醇≤5%，N,N-二甲基甲酰胺≤2%，乙苯≤2%，萘≤2%。共7项指标总量为≤23%。时至今日，生效期已经过去了整整一年，农药企业贯彻执行得怎么样？效果如何？

据笔者初步了解，总体上农药制剂生产厂家没有什么变化，依然我行我素。由于实施这个标准有一个过渡时期，而在市场上"甲醇1 300元/t，全国货到付款"的广告还在满天飞。因此没有一个农药企业愿意用价格比甲醇贵数倍以上的环保溶剂去生产符合《标准》要求的亏本农药制剂产品。所以农药市场上绝对找不到一瓶按《标准》要求复配生产的农药制剂产品。相当一部分农药企业，莫说实施生产，就是贯彻宣传、研讨计划都没有。因此2014这一年来，有的农药企业有关制剂生产、研讨的会议从不提及这个《标准》，员工一无所知。这不能不引起重视和深思。

一、对《标准》的重要性严重缺乏认识

1. 没有忧患意识

可以说绝大多数大中小型农药复配制剂企业，都是以乳油制

剂产品为主导。因此，农药乳油产品的命运也很大程度上决定着大多数农药制剂企业的生存和发展。对《标准》采取观望态度，没有紧迫感，无异等于自杀。

2.《标准》是一纸空文？

由于《标准》目前是推荐性的，尚未强制性执行，所以被认为是一纸空文，这是大错特错！现在举国上下极端重视食品安全和环境保护，可以肯定《标准》最终是要以法规的形式强制执行。谁不认识到这一点，谁就要吃大亏！

3.《标准》是拉开农药企业优胜劣汰的序幕

《标准》最终得到执行也就是农药制剂企业大洗牌的开始。试想想，农药受到《标准》的严格限制，《标准》限制的7项指标总量为≤23%，加上农药制剂除了含有有效成分和乳化剂，还要添加30%~65%的农药助剂。这30%~65%的农药助剂是什么？如何选择？笔者认为农药助剂的选择不但要符合《标准》要求，也要符合乳油剂型其他标准的要求和质量成本的要求。这个成本必须是同类产品最低或比较低才能在市场上有立足之地，否则将被市场淘汰出局。估计《标准》严格执行后，农药乳油市场上，价格战将成为主战场。农药生产厂家也许会把添加到乳油中的助剂作为克敌制胜的秘密武器，因此企业如果现在不去对环保乳油制剂探讨、研究、试验、攻关，只能是等死。

4. 部分中小农药企业在劫难逃

区区7项农药乳油中有害溶剂限量指标，却意味着所有农药乳油产品的生产配方都要推倒重来，必须重新设计和试验。试验到符合《标准》要求和有关乳油其他标准要求为止。即使做到了这一步，质量和成本在市场上也必须是最佳的或比较好的。这对农药制剂企业，特别是长期缺乏制剂研发人才、产品配方主要靠外援的企业来说是一个严峻的考验，估计有30%的这类企业过不了这道坎。

5.《标准》是促进农药制剂企业转型升级的动力

世上任何产品的优劣都取决于其标准的高低，只有高标准要求才有高质量的产品，也就是说，只有高标准严要求的《标准》才能促进高水平高质量的农药产品的诞生和发展。因此，过去那种原药加苯油或甲醇再加乳化剂生产出的原始的、低标准的农药制剂产品将永远成为历史。而习惯或满足于这种生产方式的农药企业若不思进取应变，不跟上农药发展的潮流，最终将被时代所抛弃。

6.《标准》促进农药乳油制剂向更高水平发展

《标准》的执行将促进农药乳油制剂向着更高的技术水平发展。由于乳油制剂药效好、制剂稳定、制造工艺简单、生产成本低，只要符合《标准》要求仍然是一个比较好的农药剂型。市场的需要更加促使科研人员在使乳油制剂符合《标准》要求的同时，向乳油的更高层次研究发展。如杀螨剂三唑锡现在登记的单剂或二元复配乳油制剂的含量都不超过15%，而现在完全可以复配出三唑锡单剂含量≥20%和二元复配含量在30%左右的符合《标准》要求的乳油产品，药效要比同含量的悬浮剂好，这就是《标准》促进作用的结果。

二、农药制剂生产企业如何应对

农药制剂生产企业必须严格按照《标准》要求，在质量和成本这两个核心关键技术指标上，选择最佳方案实施，方能转危为安。

1. 招聘完善制剂核心技术研发人员，建立有创新意识的研发中心小组

产品的竞争是产品质量和成本的竞争，但最终是人才的竞争。由于乳油生产配方长期躺在旧有的模式上，原有的制剂人员

不一定能适应新的《标准》要求，从而导致研制出质量和成本均具有许多优势的乳油产品较为困难，因此招聘农药制剂研发人才便成为当务之急，新一轮的农药制剂人才竞争也就此拉开序幕。但是对于没有实力的中小企业来说，招聘到有高水平、能解决质量和成本问题、符合《标准》要求的创新型人才谈何容易！所以要迎难而上，真正以人为本，以诚相待，才能有所收获。

2. 农药溶剂的选择

此前一些专家提出的许多溶剂选择方案都可以考虑，但是由于受溶剂的品种、来源、价格、运输等因素影响，企业必须选择适合登记产品的溶剂。但有些溶剂资源有限，如松脂基植物油等，不是只要有松树就可以割松脂提取，还要受环境保护的制约。如果生产乳油制剂都选择松脂基植物油，其价格必然暴涨，生产成本必将提高。因此笔者认为还是选择石油化工产品，能大量化工合成的化工类环保溶剂较为稳妥。如矿物油，重芳烃系列溶剂，脂肪烃酯类的如乙酸仲丁酯、碳酸二甲酯等可以考虑。但是此类溶剂并不是对所有农药原药的溶解能力都很好，所以对难溶解的农药原药适当添加一些高规格的、溶解能力强的、符合环保要求的溶剂是必要的，但是产品成本在这里就显得非常敏感。因此如何降低产品成本，各出奇招就成为成败的关键、竞争的焦点。

3. 如何选用表面活性剂

农药乳油离不开用作乳化作用的表面活性剂，那么如何选用乳化剂复配农药乳油才能符合《标准》要求呢？

①农药复配乳化剂市场十分混乱

笔者在山东省淄博市某农化公司工作时，一个淄博市就有多达 17 家形形色色的农药复配乳化剂生产和销售单位。之所以生产农药复配乳化剂有那么大的积极性，其原因就是利用便宜含水的钙盐（500#），再按照一定比例配以其他表面活性剂单体，如

600系列、By系列、Np系列等，再加进大量的甲醇或苯类就可以生产出乳化剂。只要对某些农药制剂起到乳化作用，在价格上优惠，在付款时间上灵活，给购销人员回扣提成，得到农药企业老板认可便成交。其最大商业机密就是加进去的甲醇或苯类的价格一般只有2 000~7 000元/吨，而生产出乳化剂价格一下子就变成了15 000元/吨，加进去的甲醇、苯类越多利润就越高。《标准》实施后或按《标准》要求严格管理后，即使原来符合行业标准的复配乳化剂也不能用了，因为加进了相当数量的甲醇、二甲苯等有害溶剂，更不用说那些通过各种手段购进的无标准的复配乳化剂了。

②乳化剂影响农药有效成分的分解率

本文作者曾在2009年《农药市场信息》杂志第11期发表过《论复配农药制剂有效成分的分解率》一文（本书第119页），论述过选用不当的表面活性剂，会影响农药制剂有效成分的分解率，这里不再重述。需要进一步指出的是，选用不规范的复配农药乳化剂更会对农药有效成分分解率造成负面影响。例如安徽省某农化有限公司用表面活性剂单体复配生产的5%氟铃脲EC产品，随机取样留样，贮存6个月的氟铃脲最高分解率为0.4%。而用某家提供的复配氟铃脲专用乳化剂，在相同配方的条件下生产的产品贮存3~6个月时间的分解率却高达30%~80%。

复配乳化剂生产厂家特别是那些不规范的生产厂家提供的产品，只能保证所指定的农药乳油兑水发白，认为只要兑水发白就是合格产品，殊不知其结果可能影响的是产品质量，最终吃亏的是老板。

③要用单体表面活性剂来复配

正规厂家生产的单体表面活性剂主要成分一般都能保证其含量在99%以上，而且严格控制水分和其他技术指标。用它来复配农药乳油或其他农药剂型产品比较安全可靠，不会出现因乳化剂原因而检出7种有害溶剂的严重后果。用表面活性剂单体来复配农药制剂产品，代替不规范的复配乳化剂是技术上的进步，是高水平的复配技术。农药企业要努力学会这一技术以摆脱任人摆布的被动局面。而且用单体表面活性剂复配的成本绝对要比购进的复配乳化剂成本要低。需要特别指出的是，所用单体表面活性的量要比用复配乳化剂的量要少得多。例如：经过试验结果表明，现在登记的所有各种农药品种含量的乳油制剂，用表面活性剂单体复配，一般配用量在5%~10%即可得到合格的结果。如高含量的480克/升毒死蜱EC用量为6%，50%混灭威EC用量为8%，83%辛硫磷EC用量为10%。即使是高达95%的机柴油EC，也只需5%的用量就可以了。而复配乳化剂生产厂家推荐的使用复配乳化剂用量一般都在8%~18%，有的甚至要求加到高达25%~30%，而且由于掺有其他溶剂，制剂不一定稳定。所以不要贪图方便，结果是成本既高又难以保证符合质量标准。

但是要用单体表面活性剂复配代替复配乳化剂来应用，企业要有这方面的人才或这方面的经验才能胜任。但《标准》已经实施，企业就要坚定地朝这个方向努力发展，克服困难，相信终归是有回报的。

4. 如何选择其他农药助剂

企业要加强质检部的技术力量，配以足够的检测人员监控进厂原材料中的7种有害溶剂的含量。供应部门一定要采购符合有关行业标准的农药助剂。现在市场上，很多企业用不正当手段推销不合格农药助剂。如某农药公司购进1吨磷酸三丁酯农药助剂，由于相信对方，进货后不及时检测，事后抽检，发现含磷酸三丁酯有效成分只有5%，其余是甲醇和丁醇。

对于那些所谓高科技公司推销的农药增效剂也不要轻易相信，问其是什么成分？答：保密。加了什么有机溶剂？答：保密。有检测方法提供吗？答：保密。像这样什么都保密的所谓增效剂你敢加吗？企业如何对加进自己产品的东西心中无数，出了问题对方肯定不认账，最后灾难必然落到用户身上，企业只能自食恶果。

三、工商行政监管部门要加强市场检测和执法力度

任何新出台的国家标准或行业标准，都不会使企业百分之百地完全执行，而那些农药生产黑窝点生产出的假冒伪劣产品更会搞乱农药市场。因此现在制订的《标准》必须成为国家强制执行的法规性《标准》，只有这样工商行政部门才有执法依据。

四、《标准》要进一步完善

《农药乳油中有害溶剂限量》标准，只针对农药剂型中的乳油剂型产品是否完善，那么其他农药剂型不受上述 7 项指标的限制，是否可以随意添加或超标添加？因此笔者建议《农药乳油中有害溶剂限量》标准改为《农药制剂中有害溶剂限量》标准。对各种农药制剂一视同仁，只有这样才能使农药剂型向着安全、高效、经济、环保的方向发展。

注：本文发表在《农药市场信息》2015 年 11 期。

研究开发无人机飞防专用农药制剂正当时

农业部提出到2020年我国农药使用总量零增长目标，要实现这一宏伟目标，发展使用植保农用无人机飞防是必不可少的有力武器。加大力度推广使用农用无人机飞防，是我国农田植保实现农药零增长的方向之一。

一、关于农用无人机飞防植保

目前我国农用无人直升机飞防植保还处在起步阶段，但是研究开发生产农用植保无人直升机的航空科技研究单位和生产厂家早就闻风而动了。由于农用无人机需求量大，特别是用于水稻产区需求量更大，因此农用无人机生产厂家现在是呈现快速发展的趋势。据统计目前市场上有江苏无锡汉和航空技术有限公司生产的CD-15型无人机；中国人民解放军总参六十研究所研制的Z-3N型和N-5型农用植保无人机；江苏绿源航天科技有限公司生产的6轴旋翼植保无人机；安徽省阜阳鼎铭汽车配件制造有限公司和深圳天鹰兄弟无人机科技创新公司合资研发生产的、目前全国载荷最大单旋翼植保无人机；江西中航天信（南昌）航空科技有限公司年产600台、型号为td-10a型和td-15a型农用无人机；安阳全丰航空植保科技有限公司生产的80-10型、125-16型、3WQFDX-10型、X860-3型、S11006型等农用无人机。型号之多简直令人眼花缭乱。据统计，到目前为止全国农用无人机厂商有100家左右，每架价格在几千元到几万元不等，现在农用植保无人直升机飞入寻常百姓家已经成为现实！这些无人机项目的投产以及许多使用农用无人机飞防植保的农业综合服务组织的出现，更提高了无人机飞防的覆盖率。实际上在华北平原小麦、玉米种植地区，新疆棉区，山东省等地区，无人机飞防作业已经成为农民和种植大户喜欢和不可缺少的植保防治手段。

关于农用无人机飞防，安阳全丰航空植保科技有限公司有关负责人介绍："农用植保无人机型号很多，大小也不一样，起飞无须专用机场。小的农用无人机只有10~20千克，用人工手推独轮车都可以在田间地头行走，组装应用也很方便。"他们还提供了该公司生产应用的农用无人机飞防有关数据：农用无人机飞行速度每秒3米，喷幅4米，每次作业15分钟，每分钟喷一亩；每亩用兑好水的农药药液450~800毫升，喷出的液滴直径在45~120微米；农药使用量可节约50%，节约用水90%以上，用药成本低；喷药时间一般选择在早上或晚间，白天休息；无人机操作者远距离遥控，可确保操作人员安全；直升机可在空中悬停，能自动避开障碍物如人畜、电杆、车辆等，比较安全。

由此可见农用植保无人机飞防效率高、用药少、对操作者安全等诸多优势是其他农用喷药器械无法相比的。

二、无人机飞防与农药剂型

目前无人机飞防喷洒农药的方式方法基本上是两种：一种是通过高压喷头线性喷雾，另一种是离心式弥散喷雾。

1. 高压喷头线性喷雾

农药制剂经兑水后经高压小喷嘴射流喷洒成雾状液滴。可想而知，不管什么农药剂型的制剂，如果出现沉淀、结晶、结团都会造成喷头堵塞，用户就会拒绝使用。从农药剂型来说，可湿性粉剂、可溶性粉、粒剂不被选中，因为兑水后不溶性固形物、杂质太多。悬浮剂兑水后即使没有看得见的不溶性颗粒，但其黏稠度太大，无人机的加压泵抽不上或流量较小也基本上不适用。因此从目前的应用情况来看，无人机飞防选用的农药剂型是农药兑水后，原药以分子或离子形式存在于液体中形成真溶液的农药剂型，这是最佳选择，这些剂型包括高效、高含量的环保乳油、微乳剂、水剂、可溶性液剂、水乳剂等。

2. 离心式弥散喷雾

据有关介绍，植保无人机喷头采用离心设计，对药剂选择性不高，除大颗粒药剂外，一般药剂均可使用。但是据安阳全丰航空植保有关负责人介绍，以物理颗粒存在于液体制剂的农药，由于颗粒在离心式设备运行中高速旋转对甩盘等离心设备磨损严重，会影响飞防效果。因此认为农药制剂兑水后成为真溶液的农药剂型，比较安全可靠。

三、无人机飞防与农药制剂

无人机飞防即使选用了环保乳油、微乳剂、水剂、水乳剂和可溶性液剂等农药剂型，但是据了解，现有的已经登记生产了的上述剂型制剂，大部分也不能应用，为什么？这需要从无人机飞防的要求和反映的现实来进行分析。

1. 要求农药制剂稀释倍数少

举个例子来说，无人机喷一亩田（地）所需兑水后的药液只有450~800毫升，现以最传统的20%异丙威乳油防治水稻稻飞虱为例，按照生产厂家标签上的说明，用20%异丙威乳油防治稻飞虱用量为150~200毫升。无人机飞防用药可节约50%的药量，也就是每亩用量是上述的一半，即75~100毫升，把它兑水成450~800毫升的药液后，计算出其稀释倍数只有4.5~

10.66 倍，喷药浓度为0.018 7克/毫升。用现在农药标准检测异丙威乳油的乳化性能，是在（30±2）℃下稀释 200 倍，静置 1 小时后是否有分层、沉淀结晶析出来判断合格与否。按照这个标准来检测，现在仍有很多厂家的产品不到半个小时就已经析出异丙威片状结晶了，而现在无人机的稀释倍数只有 4.5～10.66 倍，可想而知，兑完水之后可能就会有异丙威沉淀结晶析出。因此，就单单以稀释倍数小这一项技术指标来要求，很多传统的已经登记生产了的农药制剂都将被无人机飞防拒之门外，过不了“安检”，永远上不了无人机。

2. 要求制剂高效、高含量

由于无人机飞防每亩喷药总体积少，农药有效成分用量少，喷药浓度大，所以必然要求制剂药效高、含量高，这样也有利于长途运输，降低包装和运输成本。

3. 无人机飞防用药要求抗蒸发性好

由于无人机每亩用药液量少，加进去的水也很少，而喷药甚至是微米级的雾状。特别是高温气候的天气，药液蒸发很快会影响飞防效果。如何抗蒸发或尽量减少药液的蒸发值得考虑。一般来说，水剂或水基化的农药制剂要比乳油制剂抗蒸发性能好。喷药选择在早晨和夜间作业也是解决减少蒸发的方法之一。

4. 要求防漂移、易沉降、易附着

飞防用药要尽量加大喷药液的密度，也可以在飞防前临时添加增重剂，选择在无风或风速小于 3～4 级的时候喷药也是解决办法之一。至于药液要选择易附着在作物或害虫身上的制剂，这和使用乳化剂的品种、数量和其他助剂有关。在农药剂型中，当以微乳剂最好。这是由于微乳剂的本性既亲水又亲脂，对作物和虫体的附着和渗透都比其他农药剂型好。

四、研究开发无人机飞防专用农药正当时

据了解，目前国内真正专门用于农用无人机飞防的农药制剂还没有登记生产，是一片空白。开发的农药剂型和制剂应以比较保险可靠的环保乳油为主，各种剂型的微乳剂、水剂、可溶性液剂和水乳剂最好。虽然无人机目前可能还不够完善，但是无人机飞防技术今后一定是成熟可靠的，那是时间问题。试想想，军用无人机在全球范围内都能做到精准打击目标，即便农用植保无人机的技术再难，只要有军工航空技术作后盾，也会攻克一道道难关。

据有关报道，目前美国飞防面积占比为50%，日本占比为54%，如果我国的飞防面积占比今后也达到50%的话，全国保护耕地面积红线是18亿亩，那么飞防面积就是9亿亩。如果用农药使用量来计算的话，就相当于50万~60万吨农药制剂。无人机飞防能节约50%的农药用量，也就是需要飞防专用农药25万~30万吨。可想而知，推广使用农用植保无人机飞防，将有极大可能改变现在农药市场的格局，或将加速淘汰现有老品种的各种剂型的农药。无人机飞防专用农药的大量上市，也极有可能成为农药市场的半壁江山。所以无论是农用植保无人机制造厂商，还是无人机飞防的服务行业，以及飞防专用农药都有一个非常美好的市场前景。也可以预见农用无人机飞防将为我国农业可持续发展、为农药使用总量零增长甚至负增长将作出巨大贡献。因此目前研究开发农用植保无人机飞防专用农药，正是最紧迫、最需要、最合时宜的时候。大家不要错过这个千载难逢的机遇！

五、药害

飞防专用农药由于使用的浓度大，而且远远高于常规标准使用的浓度，因此必须认真重视和预防由高浓度农药带来的负面作用。某些高浓度农药使用肯定增大一些敏感作物感染药害的风险，这是要千万注意和提防的。例如炔螨特等一些防治柑橘红蜘蛛的杀螨农药，如果使用时稀释倍数小于3 000倍就会对柑橘春梢产生药害！所以无人机飞防也能百分之百代替传统的喷药方式和方法，也有它不适用之处和需要不断完善的地方。因此在研究开发飞防专用农药时，各项应用技术指标都必须经过无人机飞防的实验作业再进行评定才可靠可行。

注：本文发表在《农药市场信息》2016 年 4 期。

李清照妙词《声声慢》新解

南宋著名女词人李清照写过一首脍炙人口的妙词《声声慢》。原词如下。

寻寻觅觅，冷冷清清，凄凄惨惨戚戚。乍暖还寒时候，最难将息。三杯两盏淡酒，怎敌他、晚来风急！雁过也，正伤心，却是旧时相识。

满地黄花堆积，憔悴损，如今有谁堪摘？守着窗儿，独自怎生得黑！梧桐更兼细雨，到黄昏、点点滴滴。这次第，怎一个愁字了得！

这是作者言情凄苦悲叹之作。读来催人泪下，深受感染。穿透力异常强烈，难以忘怀。

但笔者认为这不仅是一首卿卿我我，离愁相思之作，也是李清照专门为现代中国一些农药企业度身定做的警世佳作。据说有些极有悟性的农药企业家读了这首“声声慢”之后，眼泪马上夺眶而出，三天吃不下饭，五天不知肉味，深感相见恨晚。因此笔者从中得到感染对这首妙词妄作新解。

《声声慢》题解。

《声声慢》是词牌名。宋词不同的词牌都有其专用规定的格式和用韵规则。一般词的内容与词牌名无关。但是李清照的这首《声声慢》除了格式和韵律严格按照经典填词，其词牌名“声声慢”则成为这首妙词的主题思想。充分体现了李清照对词的创作要“别是一家”之说，这就是创新。因此这首《声声慢》词非同凡响，成为千古绝唱。

“声”者声音也，“声”音者信息也。“慢”者速度也。“声声慢”就是用声音的速度传递信息太慢了。

经科学测定，声音在空气中传递的速度为每秒 334 米，而现代无线电电波传递信息的速度为每秒 30 万千米。电波的速度约是音速的 90 万倍！所以李清照的“声声慢”是以准确的科学实验数字为依据的。而且非常超前，绝对正确。

常道言为心声。所以声也代表语言、思想和意志。因此“声声慢”的准确含义就是信息慢、认识慢、决策慢。

“寻寻觅觅，冷冷清清，凄凄惨惨戚戚。”

这三句既是这首词的神秘开始，又是这首词的绝妙结局。以“寻寻觅觅”开始，“冷冷清清，凄凄惨惨戚戚”告终，令人耳目一新。

作者巧妙地、成功地运用这几组叠字叠词叠句，鬼使神差地、牢牢地把读者吸引住。然后把你带到苦海愁城五里雾中，在那里使你跟着她“凄凄惨惨戚戚”地伤心落泪还不知道是为什么呢！真是“传神文笔足千秋，不是情人不泪流。”告诉你，你先别那么伤感和激动，你大可不必“替人垂泪到天明”。这段词的本义和庐山真面目是这样的。

20 世纪八九十年代，我国很多农药企业上马时到处“寻寻觅觅”找项目。由于信息慢、认识慢，所以对农药与环境、剂型与残留等认识不足，环保意识淡薄，更没有紧迫感。厂长只求能够使害虫杂草病菌死得快，成本低、效益好就马上拍板。所以看中的大部分项目都是高毒剧毒的有机磷粉剂和乳油剂型产品。普遍对绿色环保型的新农药新剂型知之甚少甚至一无所知。因此有关专家特别是农药环保专家建议上绿色农药项目时，不论是国有企业的厂长、经理，还是个体私营企业老板，反应总是“声声慢”的。企业决策慢意味着对这些绿色环保型农药的新知识、新技术、新剂型认识慢，甚至怀疑是否可行，所以难下决心。时至今日，时代不同了，对传统的高毒农药来说就是改朝换代的时代。高毒、高污染、高残留的“三高”农药正面临世界性的被限期停止生产、销售和使用的现实。被淘汰或即将被淘汰便成为这些农药企业的悲惨命运。所以这些相当部分的农药企业“门前冷落车马稀”，厂里草比人高。车间“冷冷清清”，落得个“凄凄惨惨戚戚”的结局。

“乍暖还寒时候，最难将息。”

想当初，当“三高”农药投产之日，上市之时，鞭炮与锣鼓齐鸣，狮子同长龙共舞。党政要员前来剪彩，原药生产厂家以及有关助剂生产厂家赶来祝贺。请大牌明星做产品电视广告，各种传媒争先恐后报道。晚上还请著名笑星、歌星、舞星同台演出。其热烈火爆场面简直就是热核反应。

展销会名列前茅。会上巨型气球下面悬挂着彩虹般的巨型条幅，五十里外都能看见。宣传画到处张贴，传单见人就发，铺天盖地。高音喇叭震耳欲聋。据到会的经销商说，即使不喷用这种农药，只要害虫看见和听到这些宣传和广告，就会立即瘫痪致死。因此也曾热卖一时，风风火火一阵子。

但是，广告归广告，宣传归宣传。由于“三高”农药及其制剂重复地登记，普普通通地雷同生产，尽管辛辛苦苦地促销，同类产品太多太滥，销售成交并不理想。农药市场已经由卖方市场变成了买方市场。销售市场迅速变冷，已经到了“乍暖还寒时候”。企业为了在竞争中求生存不惜大出血、跳楼价，结果还是回天无力。资金耗尽，工资难发。这时候，企业难以运转，厂长经理难当，员工“最难将息”。

“三杯两盏淡酒，怎敌他，晚来风急。”

有的企业为了扭转残局，机关算尽，孤注一掷，铤而走险冒牌造假。粗制滥造，农药有效成分含量为零。促销拉关系，请吃饭，“三杯两盏淡酒”不起作用，后果不堪设想。现在最难对付的是全国各省、市、县、乡有组织、有领导地刮起农药化肥打假“12级台风”。这股灭顶之灾的“晚来风急”的台风，“怎敌他”？实在难以招架。

“雁过也，最伤心，却是旧时相识。”

“雁过也”——大雁南飞，秋风萧瑟。风声鹤唳，不寒而栗。自古欠债还钱天经地义，购物付款理所当然。但是濒临破产或已经破产的企业，还钱付款已经成为泡影。“最伤心”的是贷款银行。最怕见的是银行行长、信贷官员以及农药原药生产、乳化剂生产、有机溶剂生产和包装材料生产等厂家，这些上门追债的债主“却是旧时相识”。最怕听的是那“声声快”的追债电话铃声和频频打来的“快声声”的手机呼叫。无奈只有东藏西躲，惶惶不可终日。

“满地黄花堆积，憔悴损，如今有谁堪摘。”

过期、假劣、变质、退货、销不出去的产品就像西风吹落的黄花一样到处满地堆积。损失惨重，憔悴的老板无可奈何。试想想，现在还会有谁再来买这些“产品”呢？

“守着窗儿，独自怎生得黑？”

奇怪！更惨的是连老板自己也不明白，堆放在有窗儿通风良好仓库里的农药产品为什么会自己变质发黑呢？产品质量不过关自然经不起时间岁月的考验。产品质量代表着一个企业包括老板在内的技术素质的总体水平。大量的问卷调查显示：凡“声声慢”者，其产品质量技术水平总是落后在别人和时代的后面。

“梧桐更兼细雨，到黄昏，点点滴滴。”

由于“声声慢”的结果，某些企业犹如老朽了的梧桐树，现在是“到黄昏”的时候了。虽然是“点点滴滴”的“细雨”，但今非昔比。已经是经受不起任何的风吹雨打了。

“这次第，怎一个愁字了得!”

“这次第”的意思就是企业以上这么多致命的难治或不治之症，都是由“声声慢”造成的。正应了一句名言“先知先觉领导产业，后知后觉苦苦追赶，不知不觉被淘汰。”因此在信息时代，在知识经济时代，企业和个人都必须要形成“有别于别人的特征，拥有别人没有的知识和能力”。这就是科技创新，只有技术创新才有出路。

如果整天为被淘汰的产品发愁，不寻找技术创新开发真正的新产品，那么这一个“愁”字真的是很“了得”的“凄凄惨惨戚戚”啊!

注：本文发表在《农药市场信息》2004 年 18 期。

环保性尚未完善，水乳剂仍需努力

农药水乳剂是水性化了的农药乳油，是相对较好的农药剂型。它以水代替了相当数量乳油中的有机溶剂，不管所加之水是多少，都相对减少了有机溶剂对环境的负面影响，节约了相当数量的有机溶剂，是值得积极发展的农药剂型之一。但是从大量的农药水乳剂实际的结构组成来看，距离真正的环保要求还有相当大的差距，应该不断对其进一步研究探索，不断完善才有发展前途。

一、农药水乳剂环保性尚未完善

农药水乳剂是由农药乳油转世而来，但并未完全脱胎换骨，它有着农药乳油的诸多“遗传基因”，需要进一步蜕变和完善。

1. 有害有机溶剂仍是目前农药水乳剂的主要溶剂

随便从农药市场上抽检一般农药有效成分的水乳剂，都含有相当数量的含苯化合物如甲苯、二甲苯和混苯等。好像农药水乳剂不加这些有害有机溶剂似乎生命就要夭折。

如果抽检的农药水乳剂其农药有效成分是上述苯类化合物难溶或溶解度达不到较高含量浓度的农药有效成分，如吡虫啉、啶虫脒等之类的水乳剂，其复配所用的主溶剂就仍然离不开 DMF、环已酮之类的有害有机溶剂了。

现在农药市场竞争异常激烈，大家都在打价格战。为了降低成本，复配农药水乳剂各显神通，各出奇招，和农药乳油一样什么溶剂都可以用，没有用不了配不成水乳剂的。如果真的影响水乳剂的稳定性，就要求用户在使用前摇一摇即可均匀乳白使用。因此农药水乳剂也成了有机溶剂的大杂烩。

2. 乳化剂存在有害溶剂

现在的农药水乳剂有的是用专门生产混配乳化剂厂家的产品，特别是使用不正规的、没有质量标准的厂家生产的混配乳化剂。由于混配的乳化剂是用1~3种表面活性剂单体加上有机溶剂混溶而成，为了降低成本，厂家所加的有机溶剂如苯类甲醇等越多越赚钱。所以农药水乳剂生产厂家即使不用有害溶剂来生产，而采用上述混配的乳化剂生产，也生产不出所谓环保的水乳剂来。应该用高含量、尽量大于99%的表面活性单体来生产才是合格的，成本也比较低。

二、农药水乳剂仍需努力

1. 农药水乳剂必须抛弃有害有机溶剂，改用低毒、微毒和无毒的有机溶剂来生产才能称得上真正的环保型的农药制剂。

其实低毒、微毒的有机溶剂也不少。如：醇类的乙醇、乙二醇、松油醇、1，2丙二醇等，酮类的N-甲基吡咯烷酮等，酯类的植物油、碳酸二甲酯、乙酸仲丁酯、乙酸丙酯等，酸类的乙酸、油酸等。生产厂家不用这些溶剂的原因有三：一是无这方面的研发人才；二是环保型的有机溶剂价格相对高；三是有的农药老板总觉得有毒的有机溶剂起着杀虫增效作用，“越毒越能杀虫！”所以就是不肯用低毒、微毒和无毒的有机溶剂。

2. 水乳剂的稳定性

水乳剂的粒径即使达到了100~10 000 nm，也仍然是热力学不稳定的分散体系。由于经不起时间的考验出现分层、析水、沉淀甚至结团结块严重影响药效，因此水乳剂的药效始终比不上同含量的乳油和微乳剂。有的为了说明水乳剂的药效与乳油和微乳剂等同或更好，采取精心复配水乳剂后，从农药市场上随机抽取同含量的乳油或微乳剂来做对比实验，这是不公平的比赛。不管是乳油、微乳剂或水乳剂产品按照有关农药标准要求都有两年的保质期。因此比赛的规则应该是同时复配同一农药有效成分的，例如5%氯氰菊酯的合格的乳油、微乳剂和水乳剂，大家都不加任何增效剂的情况下，在相同的环境条件下存放一年。然后选择同一天同时进行同一植物同一靶标的药效试验，才能得出比较准确的对比药效结果。随便从市场上抽取同类含量的乳油、微乳剂产品没有可比性。因为那些产品可能不是新配的，也可能是前一年退货后倒散、返工处理的产品，也可能是假冒劣质的产品，总之没有可比性，不足以说明任何问题。从实际的情况看，能经得起一年存放而不分层、不析水、不沉淀的农药水乳剂在农药市场上还真的难找！药效就可想而知了。而稳定期在两年以上的乳油、微乳剂那就相当普遍了，药效也可想而知了。

水乳剂为了稳定，经过试验选择添加一些农药助剂，延缓其分层、析水、沉淀的时间，是有效可取的。

有相当数量的农药水乳剂稳定期不超过6个月，有的精心复配送检的农药水乳剂，还未拿出厂门就已经分层了。这些农药水乳剂应该向生态水乳剂——牛奶学习。牛奶在高温和低温条件下都具有良好的稳定性，牛奶的保质期一般都有6个月。据说牛奶这么稳定的原因至今还是个谜。因此探索牛奶的稳定性，研究牛奶中的生物乳化剂——磷脂类乳化剂，应该成为今后农药水乳剂特别是生物农药水乳剂的新课题。

三、农药环保剂型异议

把农药的某些剂型定为“环保剂型”是不妥当的。应该是只有环保的农药制剂，而不是属于农药“环保剂型”的所有制剂都是环保的农药制剂；事实上名列在所谓的“环保剂型”的农药制剂不都是符合环保要求的。“环保剂型”里不环保的农药制剂在农药市场上随处可见。而且这不是个别现象，带有普遍性。

之所以出现这种“挂羊头，卖狗肉”的乱象，是因为国家迟迟没有出台强制性的农药制剂使用和限用的有机溶剂标准的法规。因此不管是什么农药剂型的制剂，都应以严格遵守使用法定的有机溶剂和遵守限用有机溶剂规定的农药制剂为合法农药制剂产品。反之则是违法、违规之假冒农药制剂产品，应严格取缔。只有这样才能彻底清理农药市场中各种农药剂型的门户，打掉以农药“环保剂型”为掩护、使用各种有害有机溶剂的挡箭牌和保护伞，使其得到有效的治理。

注：本文发表在《农药市场信息》2004 年 5 期。

农药企业如何面对“农药使用总量零增长”行动方案

2015 年 2 月农业部印发《到 2020 年农药使用量零增长行动方案》，提出力争到 2020 年我国农药使用总量实现零增长的宏伟目标。

农业部有关农药统计数字表明，近五年来全国农药用量都在 31 万吨（折百）左右，制剂在 100 万～120 万吨范围。似乎这些数字已经说明了，我国农药的使用总量已经处于零增长的目标范围内了。使假如你是一个农药企业老板，如果认为你的农药企业在 2015 年占有的市场份额是多少，以后也是多少，那就大错特错了。

国家建设发展日新月异，城镇化规模不断扩大，可耕地只会减少不会增加。在种植结构基本稳定、复种指数没有变化的情况下，国家最近又推出实行耕地轮作休耕试点。随着高效农药不断研制上市以及先进农药器械、植保无人机飞防的推广应用，农民和种植大户使用农药的素质不断提高，每亩田地施用农药数量肯定是越来越少，加上外国农药大量涌入国内农药市场，可以想象得到，未来农药市场的竞争是多么惨烈！也完全可以预料得到，到 2020 年我国农药使用总量零增长一定能实现，而且很有可能是负增长！所以各企业到 2020 年占有的市场份额将逐步减少，相当一部分农药企业将难以为继，或将被兼并重组。

面对农药使用总量零增长的现实，农药企业特别是中小农药企业，还有生存空间和发展的余地吗？又应该如何面对？

没有思路就没有出路，或者说没有正确的思路就没有真正的出路。笔者记得 2015 年第 23 期《农药市场信息》杂志刊登的《农业部公布 2015 年第一批农药监督抽查结果》文中指出，抽查情况为："本次共抽查检测农药样品 1 086个，其中合格样品 956 个，合格率为 88.0%；不合格样品 130 个，不合格率为 12.0%。其中检出假农药（标明有效成分未检出或擅自加入其他农药成分）74 个……"从监督抽查情况看，质量不合格产品主要存在以下四个方面问题：一是标签标明有效成分但未检出的有 30 个，属假农药；二是擅自添加其他农药成分的有 50 个，属假农药；三是有效成分含量不足的有 56 个，其中一种或总有效成分含量低于标准规定含量 50%的产品有 29 个；四是部分抽查产品的生产企业难以确定，其中 110 个产品标称生产企业确认不属于其产品，110 个产品中质量不合格的有 70 个。

对于以上通报，农药企业的老板有何看法呢？如果你只是认为：这是农业部门为了加强农药市场监督管理，对上市农药产品严格抽样检查质量，曝光假农药，打击不法分子制售假农药，促进农药市场健康发展。这只是最一般的看法、最常规的思路。重要的是通过这些通报数字可以看到潜在的商机和隐藏着的新出路。

一、通报数字的商机在哪里？

首先肯定的是，农业部公布的 2015 年第一批农药监督抽查结果是很有代表性的，极能说明目前我国农药市场的农药制剂产品质量的真实情况，同时可以肯定这个不合格率 12.0%只会偏低。为什么？

（1）凡在农药企业工作过的同事都知道，企业接受外来加工农药制剂是家常便饭。如植保站、经销商甚至某些农药企业农药推销员等经常根据农民用户的反映要求和自己的经验，自行设计农药复配配方，要求农药企业加工生产成农药产品自行销售。这些产品只要外观不产生分层、沉淀、结晶，乳化后发白就成了，至于农药有效成分分解不分解，分解多少就不管那么多了。这些非正规生产的农药数量，很难去统计。

（2）另一个普遍现象是农药企业产品发出去后，由于产品质量问题，被农民、经销商发现分层、沉淀、结团结块、浑浊、变色、瓶子因胀气变形、乳化性很差、没有药效或造成药害等而大量退货。这些不合格的已经上市了的农药产品，都是市场抽检的漏网之鱼，全国数量之大，谁也说不清。

（3）应用于生产的农药配方，尽管按照农药有关标准生产的是大多数，但仍有少数不按照配方生产的产品流入市场。试想想，有些企业特别是某些小企业，连质检员、化验员都没有，有的配方委托一些没有资质的小企业去做，不管原料如何而生产配方一成不变，能保证产品的质量合格吗？

因此全国每年实际已经生产了的农药产品，不是很准确的估计，其不合格率在30%都极有可能的，数量估计在20万吨以上。即使按照12%的不合格率概念也有12万~15万吨。

二、诚信经营才有商机

从上面抽查结果的主要问题来看，随着监管的日趋严格，企业靠擅自添加隐性农药成分、有效成分含量不足和生产假农药的这条路径已经行不通了。因此农药老板必须吸取教训，一定要诚信经营，这样在农药市场才有真正的立足之地。

三、把好农药产品质量关就有商机

全国至少有12.0%的不合格农药产品下架退货，众多的农药企业要想填补这个12万~15万吨的空缺，就必须把好自己的产品质量关。一个30~50人的农药小企业，只要有一个质量过硬、经得起检查检测和时间考验的产品就能养家糊口；有两个或两个以上的过硬产品就能打造出属于自己的生存空间。

农药企业内部的腐败现象也比较严重，这也会严重影响到企业的产品质量。农药企业内部的腐败现象主要反映在物资采购的供应部门，少数采购员为了私利购进不合格的原材料，如含水分高的有机溶剂，含水量超标的复配乳化剂，等等，他们凭借着和领导的关系，采购后始终坚持要生产部门使用。有少数企业的质检员，接受供应商贿赂，对有问题的原料开出合格化验报告单放行。因此企业要制定各种规章制度，尤其要对有问题的原料经常检查，严格执行！

四、寻找农药出口渠道

农药企业在产品质量过硬的前提下，寻求农药出口的渠道不失为一条扩大产品销路的发展道路。随着我国经济的高速发展，国力日益增强，国际地位日益提高，影响力是不可估量的。据笔者所知，农药出口产品并不都是农药生产企业自己登记的产品，很多出口农药制剂都是经销商委托农药生产商加工的产品，关键是寻找出口的渠道和门路。

五、开发农用植保飞防专用农药制剂

由于无人机喷洒农药防治农作物病虫草害具有高效率、用药少的特点，可节约农药使用量50%左右。因此，农业部提出要实现农药使用总量零增长的宏伟目标，无人机飞防是必不可少的可靠利器，无人机飞防一定是国家重点支持、发展、推广的农田植保防治手段。然而目前飞防专用农药制剂的登记生产，尚处空白。农药企业要高度重视飞防专用农药制剂的开发，这也是一条极具市场潜力的新路。

六、开发新产品要走自己的路

中小农药企业尽管经济实力有限也要适度开发新产品，不开发新产品肯定会被淘汰出局。开发新产品且有能力开发出有自主知识产权的专利产品更好，如果没有这方面的能力，也要瞄准即将到期的国外专利产品开发，才是生机。

1. 在开发新产品的剂型上，不要盲目跟风

不要认为悬浮剂好，就认为什么农药原药都能配成悬浮剂。开发新产品选用什么农药剂型，最科学的原则是要根据农药原药的物理化学特性，而且要根据这些理化性质去选择药效好、成本低的最佳剂型。笔者认为农药剂型以能将农药原药配成以分子、离子的形态存在于液体成为真溶液的剂型药效最好。药效高，自然用量少，符合农药使用总量零增长要求，也是开发农用植保无人机飞防专用农药的最佳选择。而以物理固态颗粒存在于液体的剂型不作为首选，应以环保乳油、各种剂型的农药微乳剂、水剂、可溶性液剂等剂型为好，水乳剂次之。

以全球销量第一大吨位的草甘膦为例，草甘膦原药在25 ℃时在水中的溶解度为1.2%，不溶于一般的有机溶剂，按理配成水悬浮剂是最环保、最理想的剂型。而现在通过草甘膦与小苏打、纯碱、烧碱、氨水和异丙胺等化学试剂反应生成对应的钠盐、钾盐、铵盐、异丙胺盐，制成水剂，由于药效好、成本低成为全球除草剂霸主。这是因为草甘膦水剂比草甘膦悬浮剂药效更好也更环保。

2. 要开发药效高、有特色的农药制剂产品

跟在别人后面重复登记的农药制剂产品，没有企业自己的特色，很难在农药市场上永立不败之地。所以有资金开发新产品就要开发难度大药效好的产品，才能保证在市场上我有你没有、只此一家别无分店的优势。例如2022年专利到期的氯虫苯甲酰胺农药，现在大家肯定都去开发成各种复配的悬浮剂，而对开发成环保乳油却望而却步。为什么？原因是氯虫苯甲酰胺配成乳油后稳定性很差，非常容易析出结晶。然而水稻田每亩使用只需1克的氯虫苯甲酰胺环保乳油竟是无人机飞防用药的宠儿。因此开发那些人无我有、人有我优的农药品种是企业参与市场竞争的最有力手段。

3. 生物农药要尽可能与化学农药复配

生物农药药效慢，化学农药药效快，农民或用户首先看中的是防治效果，没有药效或药效很差的农药不要钱送给农民也不要。所以开发某些生物农药最好要和化学农药复配，可以取长补短、互补双赢。

七、企业招聘农药技术人才要更新用人机制

要解决农药企业产品质量问题和开发新产品，人才是决定性的因素。现在谁都懂科技是第一生产力，企业招聘农药技术人才的目的，就是要解决本企业最需要解决的生产技术问题。按理说具备条件的都可以应聘并成为企业技术骨干力量。但是目前企业招聘技术人才太过强调年龄的限制，都要求在25~45岁，最多也只放宽到50岁。可以肯定像2015年荣获生理或医学诺贝尔奖的中国药物学家、85岁的屠呦呦若应聘生物农药厂，也是会被拒之门外的。现在国家对专业技术人员的退休年龄一般都在60

岁甚至延长到65岁，笔者认为只要技术人才身体健康，能和一般职工一样上班，并能亲自动手解决生产技术难题，甚至能独自或带领团队开发出有自主知识产权的专利产品，对企业是有百利而无一害的。

八、农村土地流转有利于农药减量使用

在新的形势下，农民的承包土地不管如何流转都必须尊重农民的意愿。一般农民特别是没有其他谋生门路的农民，始终把土地看成是命根子，不会轻易放弃。笔者的老家广西壮族自治区兴业县有一个妹妹和两个弟弟，都是种田的农民，笔者回家时问他们，“现在你们种的田流转了没有?”他们的回答是“我们不给流转，我们种一造就够吃三年!”老家种田旱涝保收、产量高，很多外出到广东打工的年轻人，绝大部分仍然回家务农，守护着那人均不到一亩的几分田，这绝对不是个别现象。

从全国来说，农村的土地确实有不同程度的流转，而且流转的土地仍然是作为耕种田地用的，只要种植农作物就离不开使用农药，种植大户选择使用的农药肯定是从农药生产厂家直接进货的，所以选用药效高、成本低的农药应该是他们的基本原则。此外，随着土地流转规模的扩大，农药使用也必然会不断减少。因此农药企业要生存发展，就必须在自己的产品质量上和成本上练好功夫，其他别无选择。

九、努力实现做大做强的中国农药梦

我国的农药生产厂家大约有3 000家，农药市场确实也不够规范，农药研发、生产、经营也应向国外学习，取长补短。但是不考虑国情，一味像某些发达国家一样，极力培养建成几家大公

司、大厂商也不是很现实，而应该要“坚定不移走中国特色自主创新道路”。

1. 敢拼才会赢，中小农药企业在未来的市场竞争中仍有很多机会

对于现有的国内大中小农药企业来说，大企业除了原药生产比中小企业具有绝对优势外，在农药剂型和制剂开发生产方面并没有太多的优势，大都是以老农药品种的乳油、可湿性粉剂等为当家主导产品，而通过原药生产的品种也是以复制老产品居多，没有多少具有自主知识产权的专利产品，更没有像氯虫苯甲酰胺、嘧菌酯等这样的独霸世界市场的精品，因此中小企业通过自己努力同样可以生产现已上市的各种农药原药。

2. 要舍得投入，加强具有自主知识产权的产品研发

常看到报道，外国公司开发一个农药新品种需投入 8 亿~10 亿美元，很少看到国内大公司投入了多少亿元人民币去开发一个农药新产品。这些只能说明我们研发农药新品种产品的机制、研发能力技术水平与跨国公司相比有很大差距。

3. 要加强保密意识和保密措施

现在农药企业用工都是聘用制，人员流动频繁，特别是科技人员一流动就是带着技术走。尽管我们的农药企业也肯定制订有技术保密制度，但往往流于形式，效果并不好。常常看到自己研发的新产品还未上市，市场上就已经有同类产品销售，证明此产品技术已泄露或被人窃取，因此企业必须加强知识产权的保护，加强员工的保密意识和企业的保密措施。只有这样才能在市场竞争中处于有利地位。

面对即将到来的农药使用总量零增长、更可能是负增长的现实，相信有相当数量的农药企业不可避免要被淘汰出局，但绝对不会只是剩下十几二十家，中国农药未来的市场，可能是1 500家左右生产厂商的共同体。

农药老板要认清形势，只有理出新思路才能开辟出新生路。祝愿你“山重水复疑无路，柳暗花明又一村！”

注：本文发表在《农药市场信息》2016 年 7 期。

从芒果用药看农药制剂中添加隐性成分为何禁而不止

我国种植芒果的地区主要有海南、广西、广东、福建和台湾等省（区），除台湾外，以海南最多。为害芒果的主要害虫是芒果蓟马，它吸食花粉和发育中的果实，在干燥气候时繁殖很快，极易造成大面积暴发。从目前资料来看，还没有一种专门登记在防治芒果蓟马上的杀虫剂，显而易见，有效防治芒果蓟马并非易事。

一、芒果用药市场竞争大

防治芒果蓟马，不仅用药时间长、用药量大，而且农药价格高、利润大，因此可以有效防治的药剂市场竞争异常激烈。

1. 用药时间长。以海南省为例，每年9月至翌年3月，长达7个月都是防治芒果蓟马的用药时间。特别是海南岛西部地区，一年除6—8月外，其余时间都有不同程度用药。

2. 用药量大。据有关农业专家介绍，芒果第一次抽枝时要喷药，第二次抽枝时也要喷药，芒果扬花时更是蓟马大量暴发的高峰期。现场拍打，用4k纸接虫，会看到满纸都是浅黄色的若虫和黑色会飞的成虫，密密麻麻。果农说，这时3~5天打一次药是常态。在海南如利国镇，有的大芒果园，不是一年开一次花结一次果，而是做到了一年开两次花结两次果，可见用药量之大。

3. 用药价格高。例如市场上5%甲氨基阿维菌素苯甲酸盐微乳剂，200 mL药剂的零售价卖到48元/瓶。果农也表态，只要喷药后能控制住虫害，价格高些也能接受。

4. 防治难。在海南省，果农称芒果蓟马为“害虫之王”，是最难防治的害虫之一，而且抗性严重，农药防效较差。由于单打效果不理想，有专家建议将几种农药混合打。

二、市场上真假农药难辨

1. 农药生产厂家通过营销人员直接和经销商对接，推销如10%联苯菊酯EC、1.0%~5.7%甲氨基阿维菌素苯甲酸盐EW或ME、20%啶虫胺脒EC或SL、15%唑虫酰胺EC和多杀霉素等正规农药产品。

2. 假农药产品多。这里所指的假农药是指添加了隐性农药成分的农药制剂产品。如有一款5%啶虫脒EC，就是添加了唑虫酰胺、虱螨脲和虫螨腈多达3个隐性农药成分的假农药产品。

3. 果农用药杀不死芒果蓟马时往往求助经销商。有些经销商为了扩大销售额，一般会推荐1~3种农药杀虫剂混合使用，其中就可能有真农药掺杂着假农药。扬花初期推荐成本低一些的敌敌畏和低含量的联苯菊酯等混着喷施，蓟马盛期则推荐如呋虫胺、吡虫啉、甲维盐、虫螨腈、唑虫酰胺、啶虫脒和多杀霉素等农药防治。

尽管国家三令五申禁止在登记农药产品里添加隐性农药成分，但仍有厂家受经济利益驱使铤而走险。笔者通过总结分析，防治芒果蓟马用农药主要添加如下8种隐性农药成分，分别是甲氨基阿维菌素苯甲酸盐、啶虫脒、吡虫啉、虫螨腈、唑虫酰胺、虱螨脲、功夫菊酯和联苯菊酯。乙基多杀霉素是很好的杀蓟马农药，但考虑到价格太高也不容易操作，一般不添加。添加农药隐性成分的规律是：凡是难以防治的害虫，特别是在重灾区，添加有隐性成分的概率较大。除防治芒果蓟马的杀虫剂外，如防治水稻二化螟也会添加1%~5%的氯虫苯甲酰胺；防治甜菜夜蛾和小菜蛾，可能会添加虫螨腈、甲氨基阿维菌素苯甲酸盐、高效氯氰菊酯、氯虫苯甲酰胺、阿维菌素和甲氧虫酰肼等；防治黄曲条跳甲，可以添加哒螨灵、呋虫胺、啶虫脒、高效氯氰菊酯等。监管部门可以在上述范围内重点检测。

三、为什么添加农药隐性成分禁而不止

1. 在某些地区添加农药隐性有效成分已成“常态化”，你不添加人家加，你的同类产品便销售不出去，为了保证销量就会硬着头皮添加。

2. 农药市场竞争激烈，小企业产品适销不对路、效益又差，有的老板就睁一只眼闭一只眼，暗示下属在这个问题上探讨探讨。下属心有灵犀一点通，就对添加的隐性成分不直呼其名，投料时编个数字号码作为进口高效助剂。

3. 市场监管不到位。对于添加未过专利期的农药，一般都靠检举才动真格；无人检举就找不到对象，变成了灯下黑。加上生产厂家营销手段高明，瞒天过海的本领高强，一般人看不出端倪。有时农药公司被查出问题产品，处罚力度较轻，没有起到以儆效尤的效果。

4. 有的农药经营者文化素质低，根本不关心中国农药的发展趋势，也从来不关心农药市场信息，在他心中最重要的就是产量和销售额，什么好卖就卖什么，假农药便成了他的选择。

5. 来料加工存在严重猫腻。按理要有正式的登记证、生产许可证才可以委托别的农药企业生产，接受委托的农药企业却只关心能得到多少加工费，洽谈者得了好处费就一切都好办，因此

大开生产假农药之门。例如目前市场上销售的以多角体命名的生物农药，可以说95%以上的产品中多角体含量为零，而加进去的却是氯虫苯甲酰胺。

四、结论与措施

现在，农药厂家在农药中添加隐性农药成分的行为虽然有所收敛，但仍然禁而不止，加大市场监管力度和处罚力度是解决问题的有效方法。如何有效加强市场监管力度？首先要主动发现农药制剂的隐性有效成分。

1. 改变农药抽样取样方式方法。现在农药制剂监控有3种取样方式。第一种是先打招呼通过农药企业送检登记农药产品，一般来说这种检查都是合格的，但是也有某些技术指标不合格的情况出现，如pH值、水分之类指标，这种抽样方式绝对不会检查出含有隐性农药成分。第二种是在市场上取样抽检。这种方法看似比较客观、公正、合理，含有隐性农药成分的产品、生产厂家看似难以逃过一劫，但是真的添加农药隐性成分的产品往往都不上架。第三种抽检方式就是到农户的田间地头去抽检，这才是最有效的方式，有极大可能查到添加隐性农药成分的假农药。

2. 建议县乡级市场质检部门或工商管理部门，都配备强有力的检测农药有效成分的高效液相色谱仪、气相色谱仪和高素质的检测技术人员。这个目前较难做到，但是可以朝这个方向去努力发展、完善。

3. 加大处罚力度和举报奖励力度也会起到事半功倍的作用。

注：本文用“金龙”笔名发表在《农药市场信息》2018年28期。

探讨农药制剂的胀气原因和解决办法

农药制剂胀气是农药企业里长期以来没有被很好解决的技术难题，也是农药制剂研究的重要课题之一。虽然国家对企业和行业有关农药标准没有具体要求和规定，但是由于农药制剂胀气会影响农药商品外观，导致商品因奇形怪状而被视为不合格产品。农药制剂胀气不但给生产厂家带来经济损失，而且在安全问题上存在隐患，有时甚至造成严重的后果。

一、常见农药严重胀气表现

（1）100 mL 农药塑料瓶底本来是向内凹，起抗压作用的，结果变成向外凸出。有的像冬瓜屁股，有的像个小炸弹模样无法直立摆放。经销商要求退货。

（2）笔者曾看见过某单位放在热贮恒温干燥箱上、已经胀成电灯泡模样的 100 mL 的热贮农药试样塑料瓶。

（3）200~300 mL 的塑料瓶装农药，有的腆着个大肚子，像个罗汉。

（4）农药塑料瓶盖子被瓶里高压胀裂开口。

（5）农药热贮试验时，因胀气瓶子爆裂引起燃烧起火，造成严重的后果。

（6）笔者曾打开过一瓶 50 mL 塑料瓶装农药，瓶子“嘭！”的一声像鞭炮炸响。

（7）固体制剂包装袋鼓鼓囊囊，像充满了气似的。

二、农药各种制剂为什么会胀气

毫无疑问，胀气是由于制剂本身的蒸气和产生的各种气体的总压力大于大气压力所造成的，具体来说可能是由下列诸多原因所造成的。

1. 农药剂型

一般来说水性化剂型如微乳剂、可溶性液剂等相对乳油剂型比较容易胀气，特别是热贮 14 天实验，有胀气现象。有时甚至很严重，很少有不胀气的。

2. 农药原药

农药原药是否容易造成制剂胀气取决于它的挥发性和蒸气压的高低。如敌敌畏、灭多威等农药，会由于其挥发性强，蒸气压力大而胀气。

3. 农药原药分解

农药原药因各种因素影响，如水解、光解、酰基化、烷基化、氧化、还原以及各种酶存在下促使农药化学反应而分解。稳定性差的农药如乐果、敌敌畏、有机磷粉剂等自然贮存两年的分解率高达 30%~50%。很多分解产物会胀气。

4. 溶剂

溶剂的沸点越低，在同一温度下与沸点高的溶剂相比，其蒸气压越大，因而容易胀气。例如用低沸点溶剂二氯甲烷、甲醇、丙酮等做溶剂复配农药制剂时，胀气严重。

5. 农药制剂里有化学反应发生

酸性农药制剂里加入碱性类助剂，或碱性农药里加入了酸性类助剂，而引起化学反应生成各种气体和水分而胀气。特别是有化学放热的反应发生，胀气更甚。

6. pH 值调节

为了达到农药制剂所需要的 pH 值，而用易挥发或挥发性强的助剂如氨水等来调节，非胀气不可。

7. 包装材料被腐蚀

复配农药制剂时所用的助剂对包装材料（如聚酯型塑料瓶）有腐蚀作用，使之变薄、变软、变性、降低耐压性能而胀气。如高含量的二甲基甲酰胺、磷酸三苯酯等对塑料瓶的腐蚀十分严重。

8. 包装材料抗压性能差

包装材料抗压性能差，瓶壁太薄，瓶子抗压设计欠佳。

9. 环境温度过高

农药产品长期贮放在高温、日晒场所或高温仓库比较容易胀气。有资料表明温度升高 10 ℃，有机磷农药水解化学反应速度增加 4 倍。水解反应产物以及水解产物的进一步降解都可能产生低沸点物质和气体。温度升高同样对其他类型的化学反应起加速作用和增加蒸气压力作用。农药塑料瓶子在高温下变软也降低了抗压性能。

三、探讨解决农药制剂胀气的办法

1. 阻止农药原药有效成分分解

现代现有的农药原药种类繁多，新农药不断开发问世，含量高低不同，所含杂质复杂，要求稳定条件各异，再加上复配一般有二元或三元农药原药混配的情况而增加了稳定技术的难度，因此要阻止各种农药原药的有效成分分解这是个天大的课题，无论从深度和广度去论述都是鸿篇巨制，有待制剂大师、农药泰斗去完成。笔者只能在这里从较小的视野、有限的角度、一般的经历和体会做一些肤浅的探讨。

如何使农药制剂在规定的两年贮存期内稳定，原药分解率保持在规定的分解率指标之内，要根据不同农药原药、组分科学地选择助剂，合适的pH值范围是十分重要的。对于易水解的农药必须严格把住各种可能给制剂带来水分的进水关。例如需要用乙醇复配的易水解的有机磷农药乳油制剂，就不能随便选用工业乙醇做溶剂。因为工业乙醇含有标准的4%~5%水分。而应选用无水乙醇。乳化剂也不能选用一般的500#钙盐，因为它的含水指标为≤12%。而应选用无水500#钙盐。如果用带水或含有水分高的助剂来复配，水解是肯定的。胀气也有可能发生。

要阻止农药原药有效成分分解，实践证明加进相应的农药原药稳定助剂，有助于减少和阻止农药有效成分的分解。

双甲脒原药是很不稳定的农药杀螨剂，在潮湿的情况下会分解，海南正业中农高科股份有限公司于2005年3月，购进双甲脒有效成分为98%的双甲脒400 kg。由于20%双甲脒乳油制剂不稳定，极易分解而没有生产。笔者于2005年9月到海南正业公司后负责这个项目的制剂研究工作。从仓库取样送公司质检部门检测双甲脒的有效成分含量时，结果只有86%。双甲脒原药半年时间减少12个百分点，年分解率为24%，同时样品瓶子有胀气现象。

笔者采取一些阻止双甲脒分解的措施后，经过不断地探讨和实验，终于在2006年4月20日的送检样品实现了在热贮14天后的分解率只有0.522%，大大低于国家和行业规定的5%的标准。并且消除了胀气现象。

2. 科学选择溶剂

复配农药制剂时尽量选择沸点在100 ℃以上的溶剂，最好多用高沸点（150~300 ℃）的溶剂。不用低沸点的有机溶剂是防止农药制剂胀气的有效办法。

3. 提高农药制剂的沸点

采用高沸点的溶剂能有效地提高农药制剂的沸点，能有效地防止和减少溶剂的胀气现象。如果从价格和性能方面考虑非要用低沸点的有机溶剂的话，就应该设法提高由低沸点溶剂所造成的沸点下降的现象，才能确保农药制剂不胀气或少胀气。例如典型的低沸点溶剂二氯甲烷的沸点只有 39.7 ℃。而农药制剂规定的 14 天热贮温度为（54±2）℃。可想而知，如果不提高二氯甲烷的沸点至高于（54±2）℃以上的话，用二氯甲烷来复配任何制剂都是不可能的。因为高于它的沸点它就迅速且大量地蒸发，从而严重胀气。虽然二氯甲烷在密封的状态下，其在气相和液相中的含量保持平衡，但农药塑料瓶子胀气成电灯泡模样或可能胀破瓶子酿成事故是非常危险的。如果在制剂里加进合适的助剂，就肯定能把二氯甲烷的混合液沸点提高到 140～170 ℃，此时二氯甲烷就被紧紧地束缚在农药制剂里，可有效地阻止它逃逸到塑料瓶子的空间里以免造成严重胀气。

4. 防止酸碱化学反应发生

一般来说大多数农药原药都是在酸性环境里稳定或比较稳定的。因此切忌加进碱性之类的助剂。酸碱化学反应的结果就是生成水和盐的反应产物。如果固体制剂里有酸碱化学反应产生，则包装袋里的水分既造成粉剂的结块，又导致不断制剂蒸发而憋气，在夏天高温季节非胀气鼓起不可。

5. 不用易挥发性的酸碱作为制剂的 pH 值调节剂

如果用氨水、碳酸盐类等物质作为 pH 值调节剂的话，这些助剂在制剂里，特别是在高温的季节则易生成大量氨气、二氧化碳气体和水分，从而导致胀气。

6. 增加制剂内部分子、原子和离子之间的引力

对于用易挥发或蒸发压力大的农药原药如敌敌畏、灭多威等复配的农药制剂，除避免上述有关胀气的因素外，还要设法增加制剂内部分子、原子和离子之间的引力。办法是增加制剂的黏度减少其流动性，不使液面上的分子那么容易跑到液面空间里去

胀气。

7. 利用一些特殊的助剂吸收造成胀气的气体分子

例如对苯二酚就能有效地吸收氯气和二氧化碳气体分子。

8. 少使用低沸点的有机溶剂

对于水性化制剂，由于水的沸点在常压下是 100 ℃，属低沸点溶剂，所以水性化制剂的沸点很大程度上取决于制剂含水量的多少。如果水性化制剂再加进大量的低沸点有机溶剂如甲醇、乙醇、丙酮之类的话，则整个制剂的沸点比水的沸点更低。所以要尽量少使用低沸点的有机溶剂，尽量用高沸点溶剂。还可以通过增加制剂的含盐量来提高整个制剂的沸点。使用黏度大的乳化剂，使用增黏剂加制剂的黏度有利于减少胀气。

9. 少用或限用对农药塑料瓶有严重腐蚀性的有机助剂

少用或限用磷酸三苯酯、二甲基甲酰胺等对农药塑料瓶有严重腐蚀性的有机助剂。

10. 提高农药塑料瓶壁厚度

不同容量的农药塑料瓶子壁厚要有统一标准规定，保证壁厚在一定的厚度范围之内，不能为了降低成本而降低厚度。塑料瓶子的形状结构要符合抗压要求，或尽可能提高抗压能力。

11. 改善贮存农药仓库的通风降温条件

有的农药企业仓库夏天库内温度高达 40 ℃，农药长时间在此高温下烘烤，瓶内气压升高，瓶子变软，抗压性能降低，胀气难以避免。

12. 采用金属瓶子或玻璃瓶子包装

对于容易胀气但是附加值又高的农药品牌可以考虑用铝或铝合金瓶子包装。

对于一般的农药制剂，如果确实无法解决胀气的技术问题，可以通过权衡玻璃瓶不胀气和破损率的利弊，以及与因胀气卖不出产品的得失，考虑是否可以采用玻璃瓶子来包装农药。玻璃瓶子内塞不像塑料瓶子铝箔封口那么严密，不管橡胶内塞还是塑料内塞能起到一定的泄压作用，但要保证以不漏农药为前提，并注意装卸和运输的安全。

农药原药分解可以造成胀气，但是农药制剂胀气并不等于农药原药一定分解。笔者在公司负责的商品名为“青虫立灵”水的农药有效成分灭多威，经热贮 14 天后检测没有分解但是却有胀气，就是一个很好的说明。所以根据农药制剂胀气与否来判断农药原药有效成分是否分解失效是不准确的。但是农药制剂的胀气现象严重影响了农药商品的外观，属不正常状态，难以取信于用户。这正反映出我国农药在剂型上、在制剂应用研究上的薄弱之处。

中国农药要走向世界，只靠外观包装精美是不够的。农药包装尽管设计上乘、打扮入时、花枝招展，但是“大腹便便”走出国门，“憋着一肚子气”与外国公司洽谈业务，一“开口”就令外商失望，是要败下阵来的。因此全方位研究解决农药的胀气问题是很有价值和意义的。解决农药制剂“胀气”二字，一字何止值千金？

注：本文发表在《农药市场信息》2006 年 7 期。

“ZK8—57型” 自动机百分比的简易调整方法

根据自动机的工作原理和多年的实践经验，笔者创造了自动机百分比简易调整方法，这方法不用看自动机上缺口轮内圈的百分数和外圈的零线就可以迅速、准确地调整好百分比，操作既准确又简便，深受工人同志的欢迎。现将该法介绍如下。

调整百分比是在了解自动机缺口轮组轴及缺口轮相互关系的基础上进行的。当调好自动机吹风盘的零点之后，扳出制气把插销，转动行轴和吹风轴一周——以一个工作循环、按各阶段先后次序的阀门开关来进行调整。现以全局性调整如下百分比为例说明。

吹风20%，上吹28%，下吹40%，二次上吹8%，吹净4%，采用上下吹加氮操作。

一、整理百分比数字并标出动作的液压阀。以吹风刻度盘数字为准。当吹风刻度盘处在下列数字时，进行相应操作。

0——吹净阶段结束，吹风阶段开始：烟囱阀开。

20%——吹风阶段结束，上吹阶段开始：烟囱阀关、吹风阀关，蒸汽总阀开。

20%+28%=48%。

45%——上吹加氮阀提前3%关。

48%——上吹阶段变下吹阶段。

51%——下吹加氮阀迟3%开。

20%+28%+40%=88%。

85%——下吹加氮阀提前3%关。

88%——下吹阶段变二次上吹阶段。

91%——上吹加氮阀迟3%开。

20%+28%+40%+8%=96%。

96%——二次上吹阶段结束，吹净阶段开始：蒸汽总阀关、吹风阀开。

二、把自动机上所有的缺口轮（除烟囱阀和上吹变下吹的缺口轮外）的固定螺栓、凸肩锁板全部拆松，以后每调好一个缺口轮再把锁板压上、拧紧固定螺栓。

拔出制气把和吹风把插销，转动行轴和吹风轴，使制气刻度盘和吹风刻度盘上的“0”点对准定点。检查搭头是否刚刚落入行轴上使烟囱阀关的缺口轮缺口内，若有误差，应转动制气刻度盘使搭头刚刚落入缺口内，以此作为制气刻度盘的标准零点。

按运转方向转动吹风刻度盘，使吹风刻度盘上的“20”对准定点，同时也对准制气刻度盘上的标准“0”点，然后插上吹风把插销，此时标志着吹风阶段结束，上吹阶段开始。因此转动行轴上使蒸汽总阀开和吹风阀关的缺口轮外圈，使搭头刚刚落入缺口轮的缺口内。把凸肩锁扳压上，用固定螺栓固定。

三、转动行轴和吹风轴，使吹风刻度盘上的“45”对准定点，转动行轴上的上吹加氮阀关的缺口轮外圈，使搭头刚刚落入缺口轮的缺口内，固定之。

四、转动行轴和吹风轴，使吹风刻度盘上的“48”对准定点，拔出下吹把插销，转动行轴上的上吹变下吹的缺口轮，使搭头刚刚落入缺口内，然后插上下吹制气把插销。

五、转动行轴和吹风轴，使吹风刻度盘上的“51”对准定点，转动行轴上的下吹加氮阀开的缺口轮外圈，使搭头刚刚落入缺口内，固定之。

六、转动行轴和吹风轴，使吹风刻度盘上的“85”对准定点，转动吹风轴上的下加氮阀的缺口轮外圈，使搭头刚刚落入缺口内，加以固定。

七、转动行轴和吹风轴，使吹风刻度盘上的“88”对准定点。转动吹风轴上的下吹变上吹的缺口轮，使搭头刚刚落入缺口内加以固定。

八、转动行轴和吹风轴，使吹风刻度盘上的“96”对准定点，转动吹风轴上的蒸汽总阀关和吹风阀开的缺口轮外圈，使搭头分别刚刚落入缺口内加以固定。

转动行轴和吹风轴，使吹风刻度盘上的“0”点对准定点，此时搭头便刚刚落入吹风轴上的烟囱阀开的缺口轮的缺口内。插上制气把的插销。至此，自动机的全局性百分比调整工作便告结束。

注：本文发表在《广西化工》1984 年 1 期。

DQG—1A 型微量 CO、CO_2 自动分析仪“满度”调节方法

DQG—1A 型微量 CO、CO_2自动分析仪是目前小氮肥厂普遍用于测量精炼气中微量 CO、CO_2的精密仪器，仪器测量的准确度取决于能否把仪器的“满度”调节好。

从使用的情况来看，调节“满度”时，由于小氮肥厂没有电导仪直接测定电导液的电导率，所以往往调不到规定的第一档量程“100PPM”和第二档量程“200PPM”。调不好“满度”是不能使用的。

1984 年初以来，经过多次试验，结果能用非常简单的方法把仪器的“满度”调节好。调节“满度”的关键是：浓度是 0.001 0 N的氢氧化钠电导液的电导率在调节“满度”前应处在 142 us/cm（微西门子/厘米）。

方法如下。

选择两支电极的电导池常数（Q）等于 1.0 左右的 DJS—1 型电导电极分别用作电导池的测量和标准电极，然后把精炼气通过本仪器进行“回零”操作。通气的时间不以规定多少个小时为限。通气（精炼气经本仪器的预处理除去 CO_2、NH_3、H_2S 等有害气体及杂质）的目的是使电导液在电导池里不断地循环通过树脂，使电导液里的微量 Na_2CO_3还原为0.001 0 N的 NaOH。然后通过使用万用电表分别测量标准电极和测量电极此时在电导液里的电阻值的简单办法，来确定通气时间。一般通气的时间都不小于48 h。

电导液的电阻值处在什么数值下才能使电导液的电导率处在 142 us/cm 呢?

因为 $K=LQ=(1/R)\ Q$，$L=1/R$

所以 $R=Q/K=(1.0/142)\times10^6=7\ 042\ \Omega=7.042\ k\Omega$

式中：K—电导液的电导率，量纲是欧姆/厘米

即西门子（S）/厘米，这里是微西门子/厘米。

L—电导液的电导。

Q—电极的电导池常数。

R—浓度是 0.001 0 N 的 NaOH 电导液的电阻。

当我们用万用电表测量到两支电极在电导液里处于平衡而且它们的电阻值都处在 7 kΩ 时，即可进行调零操作，以这时“回零”的零点作为标准零点，然后进行电解 0.5 N 草酸溶液以产生标准的 100 PPM 的 CO_2 来进行仪器“满度”的调节。如果按照这样的要求做准备，调节仪器的“满度”是一定能够成功的。

为什么电导液浓度是 0.001 0 N 的氢氧化钠的电阻值处在 7 kΩ时能满意地调好“满度”呢?这主要从仪器的设计原理去找答案。

DQG—1A 型微量 CO、CO_2 分析仪测定微量 CO、CO_2 的原理是根据下面的化学反应和 NaOH、Na_2CO_3溶液的导电率特性来设计的。

精炼气里的微量 CO 流经本仪器里的五氧化二碘反应管后，CO 被氧化变成 CO_2，这些由 CO 转化来的 CO_2和精炼气中本身含有的 CO_2一起经喷嘴被0.001 0 N的氢氧化钠电导液所吸收生成碳酸钠。其化学反应为：$2NaOH+CO_2=Na_2CO_3+H_2O$。

因为：

一、氢氧化钠溶液的电导率大于同浓度的碳酸钠溶液的电导率；

二、0.001 0 N 的氢氧化钠溶液在一定的温度下其电导率为

一常数。

所以，当氢氧化钠电导液吸收一定量的精炼气中的 CO_2 后，电导液的电导率立即降低，这一降低的变化在微量范围内与 CO_2 的含量基本上是成线性的，这一线性的变化通过自动电桥在电流计上显示出微量 CO_2 的 PPM 数字来。

因此，浓度是0.001 0 N的氢氧化钠溶液电导液的电阻值在7 kΩ时的这个常数正是 142 us/cm。大于或小于 142 us/cm 的都意味着不是标准 0.001 0 N 氢氧化钠电导液的常数。只有在这个标准下才符合仪器的设计要求。

从上面电导率公式可以看出。

一、若 $R<7$ kΩ，则 $K>142$ us/cm，这说明电导液 NaOH 的浓度大于规定的0.001 0 N，所以调“满度”必然失败。

二、若 $R>7$ kΩ，则 $K<142$ us/cm。说明 NaOH 电导液通气时间不够，电导液里含的碳酸钠太多。例如经对电导液的实地测量和取样分析得知：当0.001 0 N浓度的 NaOH 电导液里含有0.000 4 N的碳酸钠时，则电导液的电阻立即上升到 13 kΩ，也就是电导率降为 77 us/cm，这是无法正确地调节好好仪器的满度的。

本文发表在《广西化工》1985 年 4 期。

铜洗液总铜测定小改

氮肥厂铜洗液总铜含量分析是借助于空气中的氧使铜液中的一价铜全部氧化成二价铜，然后按测二价铜的步骤进行测定的。因此，测定总铜和一价铜含量的准确与否，取决于铜液中的一价铜是否全部被空气中的氧氧化成二价铜。按操作规定：铜液“在经常摇动下，自然氧化两小时……”

小氮肥厂铜洗岗位分析工测定铜液总铜和一价铜含量时，都是通过人工手摇锥瓶里的铜液，使其被空气中的氧氧化后进行测定的。

今年初以来，我厂铜含量测定改用简单的“水流抽气泵”自动抽空气氧化铜液的操作，效果较好。现列举从元月二十五日到二月三日共十天的同一试样对比测定数据如表1所示。

表1　测定结果　　单位：摩尔/升

测定方法	日期									
	25	26	27	28	29	30	31	1	2	3
手摇操作	1.5	1.45	1.25	1.41	1.45	1.61	1.52	1.59	1.72	1.54
用自动抽气	1.57	1.51	1.29	1.46	1.55	1.70	1.58	1.65	1.77	1.58
手摇测定相对误差/%	-4.46	-3.97	-3.10	-3.42	-6.45	-5.29	-3.79	-3.63	-2.82	-2.51

手摇操作相对误差平均为-4%。这样大的测定误差竟是一般滴定分析允许误差±0.1%的25~65倍（绝对值），这是绝对不允许的。之所以出现那么大的偏差，其主要原因是一些分析人员没有按规定摇动足够的时间来使空气氧化铜液中的一价铜。但是，分析人员要做到每次都手摇“氧化两小时”也是难以坚持的。

最简单的解决办法就是根据喷射真空泵原理利用化验室现成的水龙头水流作为“水流抽气泵”的动力来抽空气，空气在铜液里以鼓泡形式和铜液接触，因此抽气一小时便完全达到了氧化一价铜完全变成二价铜的目的，同时实现操作自动化。

“水流抽气泵”结构如图1所示。经测定：该泵在工作水压0.2~1.0千克/平方厘米（表压）时，抽空气量为270~420升/小时。抽气量可用水流速度来控制。

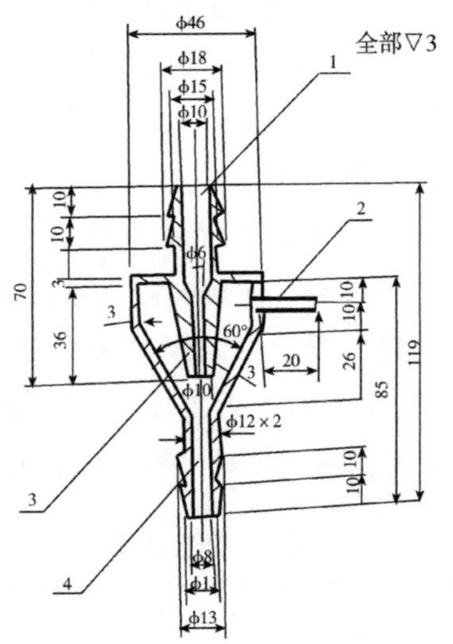

（1—水进口管、接水龙头，A_3；2—抽气口管（φ8×1.5）、接装铜液的抽气瓶，A_3；3—喷嘴φ6A_3；4—喷嘴φ8A_3。）

图1 水流抽气泵结构

（设计：黎金嘉）

技术要求说明：

1. 喷嘴必须对准喉管，中心线偏差小于1毫米。

2. 喉管必须接一截φ14×2的长300毫米胶管作尾管，若无此管则抽不出气。

3. ▽3为加工精度。A_3钢的种类为甲类钢。

注：本文发表在《广西化工》1984年3期。

回收下行煤气余热

氮肥厂造气工段原设计是不回收下行煤气余热的，所以现在的氮肥厂都不回收这部分余热。原因是下行煤气温度比较低。但是随着煤气炉的操作不断改变，如“三高一短”等不断推广应用以及采取有效的保温设施等，现在实际上上下行煤气的温差已逐步缩小。而且下吹阶段的百分比一般都比上吹阶段多 10%～15%，所以下行煤气所带走的热量也是较多的。如果采取有效措施利用这部分热能，毫无疑问是有价值的。

从 1980 年开始，我们就在宜山县龙江氮肥厂首先对 1#煤气炉(φ1 980 mm)进行改造来回收下行煤气余热。工艺流程很简单，只需把上行煤气阀和下行煤气阀后的上下行煤气管接入过热器即可。改管投资不足千元就可以实现。过热器为笔者重新设计。

改后的 1#煤气炉投入生产的效果如下。

一、有利于提高和稳定上下吹过热蒸汽的温度

若只回收吹风气和上行煤气余热来产生过热蒸汽时，则过热蒸汽一般维持在 220～260 ℃，平均为 240 ℃。当回收下行煤气余热后（表 1），上下吹过热蒸汽温度则可以提到 280～300 ℃，平均 290 ℃，相比之下平均提高了 50 ℃，而且不管上吹下吹制气，过热蒸汽温度比较稳定，温差平均波动在 9 ℃。

表 1　煤气炉上下吹过热蒸汽不同时间温度记录

时间	进过热器前温度/℃			出过热器后温度/℃			过热蒸汽温度/℃
	吹风气	上行煤气	下行煤气	吹风气	上行煤气	下行煤气	
0:00	370	355	345	200	250	240	285
1:00	370	350	340	200	260	250	280
2:00	390	360	350	210	260	260	300
3:00	380	360	350	200	260	250	290
4:00	380	360	350	210	260	250	290
5:00	380	350	345	200	250	240	290
6:00	380	360	350	200	260	250	290
7:00	390	360	350	210	260	250	300

二、有利于炉温稳定

从表 1 可以看出，进过热器的上下行煤气温差最大为 20 ℃，平均波动只有 8 ℃。说明上下吹制气时煤气炉温是比较稳定的。

三、回收热能

表 2　回收热能

项　　目	上吹阶段	下吹阶段	备注
蒸汽耗量/（kg/h）	3 500	3 000	
蒸汽压力（绝压）/（kgf/cm^2）	2.0	1.8	
百分比/%	27	40	
290 ℃时热焓（i）/（kcal/kg）	728.6	—	过热蒸汽 2 kgf/cm^2

（续表）

项　　目	上吹阶段	下吹阶段	备注
240 ℃时热焓（i）/（kcal/kg）	704.5		过热蒸汽 2kgf/cm²
290℃时热焓（i）/（kcal/kg）		728.7	过热蒸汽 1.8 kgf/cm²
240 ℃时热焓（i）/（kcal/kg）		704.7	过热蒸汽 1. 8kgf/cm²

根据表 2，以每天连续生产 20 小时计算回收热能，可计算出。

上吹阶段回收热能：3 500×（728.6－704.5）×27%×20＝1 033 380（kcal）。

下吹阶段回收热能：3 000×（728.7－704.7）×40%×20＝457 380（kcal）。

每年以连续生产 300 天计，共回收下行煤气带走的余热 34×10^{7}（kcal）。

四、一炉保三机

由于提高了入炉过热蒸汽的温度，炉温相对地提高和稳定，因此炉况好，产气量增加，在厂里当时首次并且比较稳定地实现了“一炉保三机”——一台 Φ1980 煤气炉保三台 L3.3—17/320 压缩机的用气量。

注：本文发表在《广西节能》1987 年 3 期。

利用微波杀虫杀菌死绝绝

一、微波杀虫灭菌试验

（一）实验仪器设备

1. 美的微波炉

产品型号	M1——L213C 黑色
额定电压/频率	220 V——50 Hz
额定输入功率	1 150 W
微波输出功率	7 00 W
微波工作频率	2 450 MHz
生产厂家	广东美的厨房电器制造有限公司

2. 器具

（1）直径 25 cm 白色圆形平底陶瓷盘一个。

（2）200 mL 磨口具塞无色玻璃锥形瓶一个。

（3）长、宽、高分别为 40 cm、30 cm、2 cm 的不锈钢长方形盘一个。

3. 试验对象材料

选有严重虫害的大米、薏米、饭豆、绿豆、豌豆、黄豆和发霉的黄玉米粒各 500~1 000 g备用。

（二）试验项目操作

1. 选有较多害虫米象的大米试验

将有米象的大米500~1 000 g，放入直径25 cm白色圆形平底陶瓷盘中并铺满盘底，然后添加大米堆成圆锥形，堆高不超过5 cm。

（1）将装有虫大米的白瓷盘放入微波炉中的转盘上，关闭并扣好微波炉门。选择微波工作时间为2分30秒，揿动微波炉开关，开始用微波照射有虫大米。在试验过程中，在距离微波炉1~2 m的地方注意观察微波炉内灯光是否亮，转盘是否转动，否则应停下。调整好后再试。

2分30秒钟结束后，微波炉会自动发出声光信号，然后关掉电源开关。待1分钟后打开炉门，戴手套取出盛米的白瓷盘。然后小心把大米慢慢倒入不锈钢长方形盘内检查。

（2）试验结果

检查发现有小量水蒸气从米堆上冒出。米象全部死亡，米象害虫死亡率100%。

大米被微波照射2分30秒后，由于市售大米一般尚含有少量水分（<3%）。所以看到大米冒出一些小量水蒸气和盘底潮湿痕迹。但是大米完好无损。经试，大米经3分钟微波照射后仍然完好无损。没有被“蒸熟”或“烤焦”，不影响食用质量。

2. 用其他试验对象重复试验

将上述同样的试验方法和指标操作用于带虫害的薏米、绿豆、豌豆、黄豆等进行重复试验，试验结果：所有的豆象和不知名的钻蛀害虫，大部分均爬出虫孔道至盘底上死亡。也有少量的害虫死在虫道内。害虫死亡率100%。试验后的粮豆完好无损，不影响食用质量。

3. 发霉干黄玉米粒试验

采用上述同样的试验方法和指标操作，对发霉的干玉米粒进行灭菌试验。经试验后的黄玉米粒取样 150 mL 放入 200 mL 磨口具塞无色锥形玻璃瓶中观察，半个月未见有霉菌生长。灭菌效果 100%。虽经微波灭菌后的玉米粒不宜食用，但可以作饲料用。

二、试验结论与分析

（一）试验结论

采用物理方法进行杀虫灭菌试验，使用微波工作频率为 2 450 MHz的微波照射 2 分 30 秒带有大量害虫的大米、薏米、饭豆、绿豆、豌豆、黄豆以及发霉玉米粒，均达到 100%的高效杀虫灭菌的效率。

（二）分析

（1）大米主要害虫米象直接暴露在大米里很容易被杀死。而豆类的害虫大多是鞘翅目中的象甲科、甲虫科的比较难防治的钻蛀性害虫。但是从上面试验的结果来看，用微波杀灭甲虫类钻蛀性的害虫比用化学农药杀死这类害虫有不可比的优势。微波能直接穿透虫体，也直接穿透病菌、真菌、病毒体内进行毁灭性杀灭，值得肯定和提倡。

（2）符合环保要求。利用微波杀虫灭菌不污染环境，不污染粮豆食物，无残留危害。对粮豆食物有安全保障。

（3）杀虫灭菌成本低，操作简便。完全可以安全使用。

（4）微波技术成熟可靠。从微波炉的发明使用到现在已有 70 多年的历史。而且微波技术在我国早已用在军事上，成为高科技威震敌胆的利器。现在推广应用到农业、林业等行业上是完全有技术保证的。可惜这起步应用实在太晚了。

三、微波杀虫灭菌机理

（一）微波与微波炉

微波是一种电磁波。它的波长在 1 mm 至 1 m。频率在 300~300 000 MHz。

1946 年美国雷声公司 Percy Spencer（斯本塞）研究员，一个偶然的机会发现微波能融化自己口袋里的巧克力糖果。事实证明微波辐射能引起食物内部的分子振动摩擦，从而产生热量。1947 年他发明了世界上第一台微波炉。

微波炉的加热原理是以物料吸收微波能——这是物料中的极性分子与微波电磁场相互作用的结果。在外加交变电磁场作用下，物料内极性分子极化，并随着外加交变电磁场极性变更而变更取向，众多的极性分子因相互间频繁摩擦损耗，使电磁能转为热能。

微波的电磁波能量不仅比通常的无线电波大得多，而且还很有个性。微波遇到金属就会发生反射，金属根本没办法吸收或传递它。微波能穿透过玻璃、陶瓷、塑料等绝缘材料，但不会消耗能量。而对于含有水分子的物品，微波不但不能穿透，其能量反而被吸收。微波炉正是利用微波这些特性制作而成的。微波炉的外壳用不锈钢金属材料制成，可以阻挡微波从炉内逃出，以免影响人体健康。

微波炉的“心脏”是微波管，是微波发生器（电子管），也叫磁控管。它能以每秒钟振动 24. 5 亿次的微波穿透食物，并使食物中的水分子随之振动，剧烈的相互摩擦产生了大量的热量。于是食品被“煮熟”了。这就是微波加热的原理。

一般煮食物时，热量是从食物外部逐渐进入食物的内部的，而微波则是直接穿透深入食物内部发热。所以微波加热方法比普通的加热方法快 4~10 倍，热效率高达 80%以上。

（二）微波杀虫灭菌机理

基于上述的微波与微波炉加热原理，微波杀虫灭菌机理简单来说就是：利用微波穿透虫菌体内部，迅速产生高温高热把虫菌杀灭。

粮豆作物的虫害主要是鞘翅目中的豆象科的豆象，如绿豆象、蚕豆象、豌豆象等，以及象甲科的米象、玉米象等均是我国贮粮的头号害虫。此外还有拟步甲科的黄粉虫、黑粉虫，锯谷盗科的锯谷盗虫、米扁虫，谷盗科的大谷盗等贮粮仓库害虫。这些甲虫虽有坚硬的甲胄保护自己，但其体内脏器有大量的水分子存在。水分子是现有化学物质中极性最大的化学物质。在微波的穿透作用下，虫体吸收微波立刻引起虫体内有机分子、水分子以每秒 24.5 亿次的振动频率和摩擦而快速产生高温高热，破坏虫菌的一切正常的生理功能。因此不管其钻蛀粮豆有多深，都无法自保，难逃覆灭的死亡命运。

对于病菌，不管是细菌、真菌、病毒，其被杀灭更加容易。因为微波温度可以调控，时间也可以调控。所以用微波来杀虫灭菌还可以起到杀卵干燥烘干粮豆食品的作用。

微波被科学界称之为人类的“第二把火”。现在就让这把火直接烧到病虫害的内脏。想当初，钻蛀性的害虫，以为钻蛀到粮食豆的内部深处就高枕无忧，安居乐业，安享啃食，产卵繁殖后代。即使人们使用高毒化学农药也无法达到 100%的杀虫效果，害虫还是大有传宗接代的可能。现在微波成了钻蛀性害虫的克星，也让钻蛀性害虫尝尝被微波“钻蛀”到虫体内部，造成害虫心碎肠熔、断子绝孙的滋味。

四、推广微波应用

微波要大踏步走向环保高效的杀虫灭菌的大市场。但在推广应用之前要从具体实际条件出发，针对不同行业领域对象，研发出各种专用的特殊微波应用设备。可以预见，微波的推广应用将成为一个新兴的产业。

1. 粮仓杀虫灭菌应用

现在的大中小型各种贮备粮仓，粮豆类等在进仓入库前基本上都未经过杀虫灭菌这一关就直接入库贮藏。入库后虽然把仓库密封，并用氯化苦或其他农药进行熏杀病虫害的处理，但农药终究是有毒、污染环境、有残留之物，对环境和人身健康造成隐患，使用农药乃是不得已而为之。若用特殊的微波设备来处理就可以彻底改观。

首先仓库在贮粮前应用大功率微波照射整个仓库，全方位彻底杀虫灭菌干燥后再贮粮。

粮豆入仓库前在自动化传输带上输入大型大功率特制的专用微波炉进行杀虫灭菌干燥烘干流程，然后自动输入粮仓保管。过程就像在人们搭乘汽车、火车、飞机进站前将随身携带之行李包物品进行X光安检一样，严格把关，才能确保人民生命财产和国家安全。

2. 果树上应用

首先在果园内布设电路开关插座，以备微波设备通电后使用。

把微波设备研发成简便易携带的、嘴尖细长型，作者命名为“微波啄木鸟”的设备。然后找准果树树干上的钻蛀性害虫的孔道、虫穴进行局部处理，实施定点清除的“斩首行动”。不会伤害整棵果树的生长发育。

3. 林业上应用

鞘翅目中的天牛科的天牛幼虫，专门钻蛀取食林木的木质部，是果树、林木的重要害虫。也是杨、柳、榆树的重要害虫。也可以用“微波啄木鸟”进行局部处理、定点清除。

4. 防治白蚁

经试一般木材在微波炉里微波 5 分钟完好无损，但有少量水分消失。

等翅目的白蚁取食木材会造成巨大危害。据不完全统计，我国每年因白蚁危害造成数十亿元的巨大损失。

在农村可以看到有的房子的木质梁、柱、门、窗甚至家具惨遭白蚁为害。即使施用高毒农药也只是外表面受药，难以接触到钻蛀到木质里面的白蚁，所以很难将其彻底消灭。如果用微波技术来处理，就比较简单有效。用大功率大口径的移动式的微波设备，像探照灯一样照射蚁患部位，调控好照射时间，能彻底干净消灭白蚁。

微波防治白蚁及其他虫害的方法，可以延伸扩大到保护木质结构的古典木质建筑、殿宇、庙宇，名胜古迹的亭台楼阁，古董家具，古稀名贵大树等方面。能起到很好的防治保护作用。

5. 卫生杀虫灭菌应用

经试将 4k 复印纸、一般信笺用纸、医用药棉、多层白纱口罩、棉麻布料等适量，各放在微波炉内经微波连续照射 3 分钟均完好无损，均保持原来雪白色或原色。没有被烤焦或燃烧起火等现象。

因此微波杀虫灭菌完全可以应用到卫生杀虫灭菌作业上。但必须是对没有金属丝线的、没有金属饰物的被褥和床垫进行杀螨虫灭菌，或是消灭躲进木板床隙缝里和宠物窝里的虱子、细菌等，都可以用专用的微波设备彻底进行处理。

五、建议

建议研发各种微波专用杀虫灭菌设备时，可实现在 10 秒内就能达到杀虫灭菌 100%的死亡率，打造快速、高效、安全、环保的利器应用。笔者认为这是完全可以做得到的。

六、安全及注意事项

（一）安全

微波也是一把双刃剑。它可以快速杀虫灭菌，使用不当也可能伤及人类健康和引发事故。因此对于制造和使用开放定向外射的微波设施和设备，必须由国家立法，组建专门机构，组织专业法定人员实施使用。统防统治以策安全。违者依法惩处。

（二）固定式封闭作业的微波炉设备使用时注意事项

（1）忌用普通塑料容器装物品。普通塑料受热易变形并会放出有毒物质污染物品和空气。

（2）忌用铁质类、不锈钢、搪瓷等金属器具装载物品。因微波加热时金属反射微波会产生电火花，易造成微波炉损坏和事故。

（3）忌使用封闭式容器或物品，会因其内部压力过高而爆裂或爆炸。

（4）忌超时加热，会造成物品烤焦碳化。

（5）忌人体在微波前暴露。

（6）不得将易燃易爆之物品及各种油类及油炸食品等放入微波炉加热。

(7) 如遇微波炉内发生燃烧起火，切忌打开炉门。应立即切断电源，待火自行熄灭后再打开炉门处理。

(8) 遵守设备制造厂家提出的其他规定事项。

七、物理微波杀虫灭菌不能完全取代化学农药杀虫灭菌

利用物理方法微波杀虫灭菌有其独特的优点也有其局限性。它不能全部取代化学农药。例如对正在生长发育的生长期农作物使用物理微波会造成伤害。农作物不比果树林木躯干坚硬高大。物理微波是灭生性的，在杀死虫害的同时也会杀死正在生长的农作物，或者影响其正常的生长发育。

八、本试验的不足之处

本试验虽然取得阶段性的比较好的结果，但是仍有遗憾不足之处。

(1) 试验结果没有温度数据。之所以没有温度数字显示，是因为微波炉设备没有监控温度的电热偶温度计，水银温度计、酒精温度计都是密封式的液体温度计，按照微波炉的使用规则是不能在微波炉内使用的，否则容易因高温引发爆裂和事故，特别是液体水银产生蒸气散发更是灾难性的。

(2) 对发霉玉米灭菌的试验也是粗放型的。由于这方面经验的缺乏，试验只能做到这一步。

但是总的来说是达到了预期目的。本试验的初衷考量是既要虫死菌灭又要粮豆安全。

一是从市场上买回的粮豆含水分很少，为5%以内；而虫菌整体含水量估计在80%以上。在微波照射下，含水分越多升温越

快，温度越高。所以粮豆在同样的时间内升温和实际温度要比虫菌慢和低。

二是参考一般食品灭菌是在 80 ℃或以上，经 3 分钟左右即可达到灭菌的目的。所以微波加热工作时间定为 2 分 30 秒，是考虑到升温能达到 80~100 ℃或在 100 ℃以上，在这个温度和时间内虫菌必死无疑，而粮豆则是安全的。试验结果达到了预期。

这些不足之处有待感兴趣的科研机构和农业科学家去进一步精准和完善，更进一步更深更广的研究将取得更大的成果，本试验只是抛砖引玉而已。

2020 年 12 月 8 日

第二篇

农药科技作品

杀虫不用农药

甲乙两人各自从舞台上左右两边相向走来，相互握手打招呼。

乙：您好！吃饭了没有？

甲：吃了，你吃了农药没有？

乙：吃了。刚才……刚才你说什么？

甲：你吃农药了没有？

乙：农药能吃吗？那是要人命的，别乱来。

甲：不能吃，为什么你说吃了？你现在不是好好的吗？谁要你的命？

乙：熟人见面总有些老习惯互问对方吃饭了没有，我以为你问我吃饭了没有，所以我说吃了，你怎么问我吃了农药没有。

甲：老习惯也可以改嘛。

乙：改也不能改吃饭为吃农药啊！我问你，你吃农药了没有？

甲：吃了。

乙：你吃农药了？

甲：吃了。

乙：你真的吃农药了？

甲：真的吃农药了。

乙：哎呀，老朋友你有什么大不了的不开心事，非要服毒自杀？

甲：我没有别的选择，只有吃农药。

乙：是为情所困？

甲：是为农药的无情所困。

乙：不要说了，时间要紧。我先把你送到医院抢救，迟了就不好办了。

甲：我天天吃农药，已经产生了抗药性，不用抢救。

乙：你说这话也太夸张了吧。哪有天天吃农药又不需要抢救的？太离谱了。

甲：我告诉你，现在吃饭就是吃农药，吃青菜就是吃农药，吃鱼吃肉就是吃农药，吃水果就是吃农药，饮茶就是饮农药，喝水就是喝农药，吃补药就是吃农药……

乙：停，停停，停停停。有那么严重吗？

甲：你不信？请你到市场上去随机抽样，把我刚才所说的东西拿去给有关部门检测，看有没有农药？

乙：那是农药残留。

甲：农药残留就不是农药？

乙：农药残留量在国家标准规定的范围内，对人体健康是安全的。

甲：在规定标准范围内的农药不是农药？

乙：是农药。

甲：你吃农药了没有？

乙：吃了。

甲：真的吃了？

乙：真的吃了。

甲：这是你自己说的啊！要不要把你送到医院去抢救？

乙：现在还不用。把残留农药吃进肚子里，实在是无奈！

甲：现在的关键是，怎么保证食品的农药残留量在规定的标准范围之内。

乙：这是个难题。

甲：农作物瓜果、蔬菜等不按照农药安全间隔期采摘，偷偷用高毒农药，滥用农药，随意加大药量，而乱用农药是食品农药超标中毒的罪魁祸首。

乙：这是个关系人民健康的天大问题。

甲：据有关报道，沿海有人在加工咸鱼的过程中，用敌敌畏杀蛆杀蝇，结果造成……

乙：蛆死了，苍蝇也死了。

甲：吃咸鱼的人也中毒了。

乙：这是拿人命开玩笑。

甲：执法办案人员上门侦查，业主不让看现场。

乙：为什么？

甲：老板说这是一项“高科技发明”，要保密。还说要申请国家专利哩！

乙：这与专利法背道而驰。

甲：只要生产农药，使用农药，对人就存在着隐患。对环境也不可避免带来负面影响。

乙：如果不使用农药，农作物的收成就要减少 20%~30%。饥荒、饿死人同样给社会带来负面影响。不用农药成吗？

甲：我最近已经研究出杀虫不用农药的方法。

乙：杀虫不用农药这是个了不起的发明。你不是在吹牛吧？

甲：我的发明都是有科学依据的。

乙：你的发明能否给我们大家透露一些蛛丝马迹？

甲：当然可以。

乙：大家鼓掌欢迎！欢迎大师给我们解读他的杀虫不用农药的最新发明。

甲：谢谢！杀虫不用农药的第一代产品叫“农民乐”。

乙：杀虫不用农药，不但农民乐，所有的人都乐。“农民乐”是用什么东西来杀虫的？

甲：水。

乙：水能杀虫？

甲：瑞雪兆丰年。你知道瑞雪为什么能兆丰年吗？

乙：冬天的积雪能把害虫和虫卵冻死。

甲："农民乐"就是将海水或加了食盐的淡水，将其温度降至-10 ℃左右的冻水。把冻水喷洒到果树上，各种害虫害螨立刻被冻僵或冻死，随着冻水滚落树下，起到杀虫杀螨的作用。

乙：有道理，够环保。但是虫卵黏结在枝叶上不被冻水冲下，又不死怎么办？

甲：待虫卵孵化成幼虫后再喷"农民乐"，经过三次喷施"农民乐"后，基本达到不用农药的目的。

乙：跌落在树下的害虫害螨如果不死，又爬上树怎么办？

甲：可在树根包裹一层高 20 厘米的硬塑料薄膜，上面涂些机油，虫螨就爬不上去了。

乙：果树包裹好处理。像水稻、蔬菜和匍匐蔓生在地上的瓜类等怎么个包裹法？

甲：不用包裹。对于像水稻、蔬菜和匍匐蔓生在地上的瓜类等不好包裹的农作物，请用杀虫不用农药的第二代新产品——"农夫乐"。

乙："农夫乐"是什么新产品？

甲：水。

乙：是烧滚的 100 ℃开水？

甲：你杀猪吗？农作物能用开水喷焯吗？

乙：那是什么水？

甲：电子水。

乙：是不是带电的水？

甲：是带电的水。

乙：带电的水？虫被电死了，人也触电身亡了。安全吗？

甲：当然安全。使用不超过36伏电压的电流对人是安全的，对害虫是致命的。在电子水里加些叶面肥，既杀虫杀螨又起到促使农作物生长的作用。

乙：真的是不用农药杀虫，杀虫的成本如何？

甲：由于农民要购买一些机电冷冻设备，用“农民乐”杀虫，杀死一条虫或一只红蜘蛛要一分钱。

乙：我的天哪！一张柑橘叶上多的有100多只红蜘蛛，也就是说防治一张柑橘叶上的红蜘蛛就要花一元多钱。一棵柑橘树有多少片叶子？一个小小的柑橘园有多少只红蜘蛛？农民用得起“农民乐”吗？我看“农民乐”应改为“农民哭”。

甲：农民哭就用“农夫乐”。

乙：“农夫乐”与“农民乐”相比，杀虫效果与杀虫成本如何？

甲：用“农夫乐”也要购买机电设备。但是“农夫乐”杀虫效果比“农民乐”提高了一倍，成本则降低了一半。青出于蓝而胜于蓝！

乙：具体是多少？

甲：一分钱杀两条虫。

乙：“农夫乐”农夫也乐不起来。杀虫成本太高。莫说贫困地区的农夫买不起，就是有钱的农夫也不买。我看你的“农夫乐”应改为“农夫愁”。

甲：没关系。农夫愁就请用杀虫不用农药的“农家乐”。

乙：“农家乐”一分钱杀三条虫，农家还是乐不起来。

甲：谁说“农家乐”一分钱杀三条虫？

乙：一分钱杀多少条虫？

甲：用“农家乐”杀多少条虫都不要钱。我看农家乐不乐！

乙：杀虫不要钱，但是要不要买机电冷冻等设备呀？

甲：用“农家乐”杀虫不用出一分钱买设备。

乙：不用买设备，杀虫不要钱，农家的的确确是乐了。但是谁愿做这个亏本生意？

甲：亏本生意你想做还轮不到你做呢！你离做亏本生意的水平还差得远哩！

乙：杀虫不用农药的“农家乐”真够悬的。老朋友，好久没见，你去哪里学了这一套骗人的把戏，你想骗谁？

甲：我谁也不骗。这是个划时代的发明。你连想都想象不出来，你能做吗？

乙：我做不了。“农家乐”真有那么神吗？能否让我们大家先睹为快？见识一下？

甲：为时尚早。不过我可以把“农家乐”的杀虫机理向大家做简单介绍。

乙：请大家再次鼓掌欢迎大师现场介绍“农家乐”的杀虫机理。

甲：谢谢大家。我的研究结果表明，昆虫界也在搞改革，它们也为提高生活水平而奋斗。

乙：昆虫也搞改革？真够新鲜的。你是怎么知道的？

甲：鳞翅目植食性的甜菜夜蛾就希望改变现状，它很想吃肉。

乙：有根据吗？

甲：当甜菜夜蛾的幼虫虫口密度大时，它们之间就互相残杀。这种大害虫觉得肉味鲜美，不想吃素。

乙：有这种情况。

甲：直翅目昆虫绝大多数为植食性的重要农业害虫。但是白面螽斯与众不同，它一心一意搞改革，而且已经取得成功。它率先改变了吃素的老传统，现在已经成为朝鱼晚肉的大款。

乙：白面螽斯堪称改革的楷模，是众多直翅目害虫洗心革面的典范。

甲：据说螳螂老祖宗网翅目的昆虫也是吃斋念佛的素食者。它只要看见血肉，闻到肉腥气味，就双手合掌，马上念阿弥陀佛。

乙：现在呢？

甲：螳螂的改革早已取得成功。现在是肉食的美食家，很多害虫都成了它的美味佳肴。

乙：饮食习惯是可以改变的。

甲：更有甚者。你看雌螳螂穿着高档翠绿色半透明的长裙，婀娜多姿、魅力四射，吸引了众多求爱者的追求，而且信誓旦旦心甘情愿地为她牺牲。雄螳螂被吃前还说："死了都要爱！"

乙：可歌可泣！被吃也疯狂。

甲：鞘翅目的金步甲……

乙：什么叫金步甲？

甲：金步甲就是身披黄金甲，步螳螂的后尘，吃肉甲天下的杀手。

乙：它肯定是农业害虫的克星。

甲：你说得对。什么昆虫肉它都敢吃。它是消灭各种毛虫的行家里手。

乙：堪称植物园的园丁。

甲：金步甲非常讲究着装得体，鞘翅笔挺、衣冠楚楚、风度翩翩。不喜欢穿也不敢穿性感服饰。

乙：昆虫也讲究仪表。

甲：要是发现谁的鞘翅不整、残缺不全或者坦胸露背的，就一定被同类啃咬屁股！继之开膛破肚，把内脏掏吃精光。

乙：处罚也真够重的，吃同类残忍之极。

甲：所以在鞘翅目昆虫的种群里，是没有谁敢跳拉丁舞的。

乙：这些和你的"农家乐"有什么关系？

甲：我们都知道危害农作物的害虫都是植食性的。

乙：这是常识，谁都知道，司空见惯。

甲：我发明的杀虫不用农药的“农家乐”，杀虫机理就是把所有植食性的农业害虫变成肉食性的昆虫，它们还会为害农作物吗？

乙：对啊！这点我怎么没想到。我们天天用农药杀虫杀螨，就是缺乏科学的头脑去思考。佩服佩服！这回农家真的乐起来了。

甲：植食性和肉食性一字之差，却改变了害虫的命运，也改变了农作物被糟蹋的结局。促使和加快了害虫向着有利于农业发展方向进化的历程。

乙：如何去实现？

甲：昆虫吃食是受遗传基因影响的。去掉害虫遗传的植食基因，引进肉食基因，改变害虫最原始的本能。就会令这些害虫你死我活地相互残杀吞食，达到了以虫治虫、杀虫不用农药的目的。

乙：真是了不起，的确是划时代的发明。不过……

甲：不过什么？

乙：不过，我还有一个疑虑。

甲：是什么疑虑？

乙：这些变成肉食性的害虫孵化出来后，如何各自谋生到处乱跑不被吃掉，像细小众多的各种红蜘蛛、螨类钻进了鸡毛鸭毛里去吃鸡肉鸭肉，钻进羊毛里去吃羊肉，钻进我们的衣被去吃人肉怎么办？

甲：这好办。我告诉你，对于禽畜里的害虫可以使用阿维菌素来防治。

乙：啊！杀虫，最后还是要用农药。

甲：嘿！

注：本文发表在《农药市场信息》2007 年 9 期。

谁是赢家

诗云：

天上浮云似白衣，斯须变幻为苍狗。

古往今来共一时，人生万事无不有。

杜工部的白云苍狗诗，《可叹》世事难料，变化无常。道出了现代两家农药企业一场官司的真谛来。

话说秀水河畔，隔江相望有两家农药企业。坐落在江南的是一江春化工股份有限责任公司。而厂址设在江北的企业由于厂大门朝东，故取了个既实事求是又有寓意的向东农药厂的名字。

常言道同行是冤家，不是冤家不聚头。由于种种原因，这两个同行企业的人才经常会相互跳槽，十年河东，十年河西。因此在产品的研发和生产上大都雷同，做到了你有我也有，你新我也新。市场上互相压价，鱼死网破。互有微词，关系紧张。

（一）春风得意

一江春化工股份有限责任公司原是个合成氨小氮肥企业，化工技术人才力量相对雄厚，后来转产农药自然得心应手不在话下。在“三高”农药限期退出市场的今天，公司总经理张一军瞅准市场，发挥自身的优势开发了水性化的15%氯氰菊酯微乳剂新产品。从初试来看，该项目技术难度很大，药效极佳，市场前景可观。从农药登记的现状来看，目前国内外属首创。为了垄断市场，公司首先申请获得了该产品组合物的制造方法的技术专利后才投放市场。结果商品名为“天敌”的15%氯氰菊酯微乳剂大获成功，声名鹊起。为了安全防范，公司对内加强管理，预防“祸起萧墙”和“红杏出墙”，以达到永久占有市场的目的。

踌躇满志的张总，站在新建牌坊式的厂门口，目送一辆辆满载“天敌”新产品的货车出厂，心潮澎湃。面对江北的宿敌，感慨万千不能自已。今日成功来之不易，喜形于色，口中念念有词：“春风又绿江南岸。”

（二）顺手牵羊

向东农药厂厂长王瑜也不是等闲之辈，他精于市场，善把压力变动力，是个乐在竞争中的弄潮人。他也是个开发农药新产品的老手，不过对手却视他为“三只手”。

王厂长已经感觉到“天敌”的厉害和威力，而且对“天敌”产品独占整个市场耿耿于怀。凭他在竞争激烈的农药市场十多年的经验，目前最快最有效的办法就是用顺手牵羊之策来分得一羹汤。

在厂部召开的新年新产品专题研讨会上，王厂长语惊四座，一锤定音：“决定以最快的速度开发15%氯氰菊酯微乳剂投放市场。”

参加会议的人都知道，这是谁都改变不了的具有王者风度的王厂长的死命令。同时大家也都相信，厂长的决策绝不是空穴来风，因为他的决策从来就没有落空过。现在不是讨论开发15%氯氰菊酯微乳剂项目可行不可行的问题，而是如何绞尽脑汁在规定的期限内完成的问题。

王厂长和专题组的技术骨干，第一步通过网络很快就获得了制造15%氯氰菊酯微乳剂方法的专利资料。根据充分公开的专利材料，他们按照专利说明书的记载内容，再现了“天敌”15%氯氰菊酯微乳剂的发明。

第二步就是从市场上买来五瓶100 mL包装的“天敌”，实测有关数据，在这个基础之上进行对比复配试验。向东农药厂办理合法的相关登记生产手续后，很快“无敌”牌15%氯氰菊酯微乳剂便投放市场。结果分到的不是一羹汤，而是一锅肉！

向东农药厂谁都知道，一江春化工股份有限责任公司发明的15%氯氰菊酯微乳剂的制造方法是受专利法保护的。王厂长冒天下之大不韪、顺手牵羊的侵权行为值得吗？而且“无敌”与“天敌”两者字形相似，大有鱼目混珠之嫌。等待王厂长的将是对簿公堂、法网恢恢。

（三）对簿公堂

一瓶外观包装精美的“无敌”与“天敌”相比，如果不用20倍的放大镜来观察简直是真假难辨。农药氯氰菊酯有效成分一样、内在质量相似的“无敌”摆在张总的办公桌上，张总正与公司技术部、市场部和请来的辩护律师研究对策。张总壮怀激烈，气愤地说：“这是百分之百的侵权违法行为！我们有百分之二百的把握打赢这场官司！”

“能打赢这场官司吗？”王厂长在职工代表大会上说。“我不敢说有百分之二百的把握打赢这场官司。但是，我们不是输家。”

王厂长是在吹牛壮胆还是在欺骗本厂职工以保住面子？

当地高等法院受理了这桩由一江春化工股份有限责任公司起诉向东农药厂侵犯“天敌”15%氯氰菊酯微乳剂制造方法的知识产权专利案。原告单位法人代表张一军在起诉书里详细列举了被告构成侵权的大量证据，要求被告赔偿由此引起的经济损失500万元人民币。

公堂上对簿，摘录如下。

法官：“原告发明‘天敌’15%氯氰菊酯微乳剂的制造方法已经取得中华人民共和国专利，受法律保护。被告知道不知道？”

被告：“知道。”

法官："原告'天敌'的专利保护范围（g/V）为氯氰菊酯有效成分含量 14%~16%，丙酮 10%~15%，乙醇 15%~25%，2201 5%~10%，Emulsogen-588 15%~25%，补足水为 100%，被告知道不知道？"

被告："知道。"

法官："被告的'无敌'相对含量为氯氰菊酯有效成分含量 15%，丙酮 12%，乙醇 20%，2201 7%，Emulsogen-558 20%，补足水为 100%。是不是？"

被告："是。"

法官："'无敌'组分含量是否在'天敌'的专利保护范围之内？"

被告："是。"

看得出坐在原告席上昂首挺胸的张一军似有稳操胜券之态。

法官："被告是不是用原告的专利制造方法生产'无敌'？"

被告："不是。"

法官："不是？"

被告："不是。"

张一军似乎不相信自己的耳朵，吃惊地把头向被告方向倾斜，这样可以听得清楚些。

法官："用什么方法？"

被告："保密。"

法官："你用什么来证明自己不是用原告专利制造方法来生产'无敌'呢？"

被告法人代表王瑜无言以对，态度矜持。

这时被告方旁听者捏着一把汗，屏息无声。

张一军松了一口气。只见他稍稍把头摆正，用手轻轻地松了松领带，目光犀利。

原告方的旁听者不时发出嘘声。不知谁说了一句"有什么可说的，不是偷就是盗。”嘘声又起。

法官：“安静，请安静！”

法官催促被告：“不要拖时间了，说吧。”

王瑜漫不经心地打开被厂里的群众称为“黑匣子”的红色公文包，从容地取出那张具有权威性的正规农药检定部门产品检验报告单交给法官。

被告申辩：“权威的检验报告显示：

1. ‘无敌’产品微乳稳定性的透明度温度范围是21~56 ℃，温度范围在-10~20 ℃是乳状液；

2. ‘天敌’产品微乳稳定性的透明度温度范围是-10~20 ℃。温度范围在21~56 ℃是乳状液。

也就是说‘无敌’在21~56 ℃温度下是百分之百的微乳剂，而同时处在此温度范围内的‘天敌’却是水乳剂。当温度处在-10~20 ℃时，‘天敌’是百分之百的微乳剂，而同时处在此温度范围内的‘无敌’则是水乳剂。‘无敌’和‘天敌’两者之间在不同的气候温度条件下剂型各不相同，井水不犯河水，泾渭分明。用同一专利的制造方法能生产出两种截然不同性质的微乳剂吗？夏天高温炎热属阳，冬天低温寒冷属阴。夏天微乳剂的‘无敌’是公的，冬天微乳剂的‘天敌’是母的。谁侵犯谁？”

严肃的法庭上哄堂大笑。连法官也被搞懵了，“怎么农药也分公母雌雄？”

戏剧性的变化令原告十分无奈。最后，无奈的张一军只有要求法庭公开公正地对“天敌”和“无敌”产品重新取样检测，验明正身。

到此，这场官司似乎已经看出了眉目。对照有关专利文件，很显然“无敌”是在“天敌”的基础之上进行要素变更再创造性的发明，难以构成侵权，王瑜是赢家。张一军也不是输家。因为他以法律为武器维护了专利的合法权利，在社会上引起了强烈的反响，令今后可能的侵权者不敢越雷池半步。这场官司的结局无疑是双赢。

（四）落花流水

“天敌”与“无敌”重新抽样检验的报告还未得出结论，农药市场又听惊雷。一种品牌名为“天无敌”的15%氯氰菊酯微乳剂上市了。而且在商标标签上醒目地打印着：如发现“天无敌”在-10~56 ℃温度下变浑浊者为假货。

张总面对频频传来“天无敌”的消息，像做了一场噩梦。脸色发黄，半日无语。

王厂长毕竟是应对变局的能手，不信道听途说。他令供销科从不同的市场买回三瓶“天无敌”，亲自鉴定是何方神圣，胆敢抢王家的市场，原来该产品是秀水河下游的东海药业股份有限责任公司农药分公司出品。东海药业公司擅长医药微乳剂研制生产技术，总经理满天亮把医药微乳技术应用到农药微乳剂的开发应用，解决了张、王两家所没有解决的微乳稳定性温度范围太窄的技术难题。因此“天无敌”便成了天下无敌。“天啊！”厂长王瑜不禁惊呼：“天外有天。既生瑜，何生亮！”就差没吐血罢了。

现在，张、王两家的官司谁是赢家已经不重要了，甚至是毫无意义的了。重要的是如何从这场两败俱伤的没有终审结局的官司中，吸取开发农药微乳剂的教训。

正是：“一江春”水“向东”流，流入“东海”不回头。

注：1.《可叹》为杜甫的这首诗的原来题目。2. 小说虚构，如有雷同纯属巧合。

注：本文发表在《农药市场信息》2005年14期。

如此“名牌农药”

甲（对乙）：你买贾农药公司生产的“名牌农药”吗？

乙：现在有的人胆子也真够大的，居然在光天化日之下，大庭广众明目张胆销售假农药。

甲：我们贾农药公司生产的是真农药。

乙：假农药公司还能生产出真农药？还说是“名牌农药”呢！太阳要从西边出了。

甲：我们贾农药公司不是假农药公司，是百分之百的真农药公司。

乙：大家听见了没有？“我们假农药公司不是假农药公司，是百分之百的真农药公司。”我看是百分之两百的假农药公司。“假作真时真亦假。”请问你们假农药公司的总经理尊姓大名？

甲：我们老总姓贾，叫贾老总。

乙：你们看，连老总都是假的。大名叫……

甲：贾老总单名叫耀——贾耀老总。

乙（摇头，无可奈何）：假药老总经营假农药公司，生产销售假农药——一条龙服务，骗你没商量。你们的老总可称得上胆大包天。谁相信假农药公司的假药老总能生产出真的名牌农药？

甲：我们老总姓贾宝玉的贾，光宗耀祖的耀，不是假农药的假药而是贾耀。

乙：怎么听起来都是假药。

甲：我们公司的全称是贾耀农化药业股份有限公司，简称贾农药公司。

乙：怎么读都是假农药公司。你们贾农药公司生产什么贾名牌产品？

甲：我们生产的是驰名商标真名牌产品“害的灵”。

乙：“害人灵”，怎么个害人的才灵？

甲：不是“害人灵”，是“害的灵”。

乙：“害的灵”和“害人灵”的意思都一样。

甲：不一样，“害的灵”的含义是防治农林牧业的有害生物的确灵。

乙：“害的灵”有三证吗？

甲：废话。没有三证还称得上“名牌农药”吗？（甲取出一瓶“害的灵”递与乙），你看“害的灵”农药瓶上的商标标签就知道了。

乙（看瓶标）：农药登记证号 CW20073721——2007 年，不管三七二十一。这个农药登记证是挺好记，挺特别的。

甲（笑）：怎么样，标签上三证齐全吧！

乙：你想忽悠我，这三证是假的，全是骗码。

甲：是代码，不是骗码。你不懂。

乙（走到前台对观众）：伪造农药三证生产、销售的农药就是假农药，是违法的。我再了解了解他葫芦里卖的是什么药。

乙：“害的灵”这三个字印得大方显眼精美，而登记的农药有效成分、含量和剂型找都找不着，看都看不见，在哪里？

甲：在蓝色海洋里。

乙：黑体字印在蓝色背景里，亏你想得出。念来听听，我实在看不清楚。

甲：标签上印得清清楚楚——8%敌百虫微乳剂。

乙：我的天呀！就是用 20 倍放大镜也看不清楚，农民怎么知道是什么农药？

甲：不是名牌印得再大也不是名牌；是名牌印得再小也是名

牌。我们公司很谦虚，不想夸大宣传。

乙（对观众）：还不想夸大宣传呢！实际上是让消费者、市场工商人员难以辨认假农药的庐山真面目。这是假农药的惯用手法。

乙（对甲）："害的灵"——8%敌百虫微乳剂有什么名牌之处，与众不同？

甲：安全、高效和环保是农药发展的方向。敌百虫对高等动物低毒，也是替代高毒农药的品种之一，符合农药安全的要求。

乙：是比较安全。敌百虫 1952 年由德国拜耳公司开发，至今已使用了半个多世纪，时间证明确实是个好农药老产品。一般每亩用量在 50 克左右。"害的灵"只含 8%敌百虫有效成分，每亩用量是否要 100 毫升瓶装的 6 瓶方见效？

甲：不！只需十分之一瓶就可以了。

乙：每亩用 8%敌百虫微乳剂 10 毫升，有效成分只有 0.8 克就够了？

甲：足够了。"害的灵"是真正名副其实的能杀 100 种害虫的好农药，而且是超高效，逢虫必杀，见虫就毙。

乙：真的是够超高效的。

甲："名牌农药"嘛，没有绝招怎么敢叫"名牌农药"？

乙：我看 8%敌百虫微乳剂这个 8 字……

甲：8 字就是发嘛，人见人爱，吉祥如意。百分之八就是百分之发。

乙：我怎么看来这个 8 字总觉得和手铐一样。假农药的生产者和销售者总是和这个 8 字手铐有缘分。

甲：你的想象力也太丰富了。

乙：敌百虫是很容易水解的有机磷农药，怎么把它复配成微乳剂生产和销售使用？稳定吗？

甲：只要"名牌"稳定就行了。敌百虫是很容易溶于水的农药，即使配成乳油制剂也极易溶于水成透明的溶液，与微乳剂兑水成透明的乳状液无异。农药微乳剂是国家提倡发展的水性化环保型剂型，要想成为名牌就必须配成微乳剂或贴上农药微乳剂的标签。

乙（对观众）：啊！8%敌百虫微乳剂是假的，微乳剂是贴上去的。

乙（对甲）：大家都知道敌百虫是一种很普通的有机磷农药。“害的灵”用量又那么小，不管你怎么说，怎么吹，我都不相信，不相信它有那么神奇的药效，称得上名牌农药。

甲：这就是你的无知了。个中奥秘，我若说出来，要吓你一大跳！

乙：我正想大开眼界，增长农药知识，恳请不吝赐教。

甲：“害的灵”杀虫之所以威力强大，全靠脱胎换骨，灵魂再造。可以让传统的正宗的德国版的敌百虫望尘莫及。

乙：是不是改变了敌百虫的化学结构，引进了杀虫活性更高的基团？

甲：你这是小儿科。要说引进嘛不如说加进了药效更高的其他农药有效成分更正确。

乙：加进了哪些杀虫威力更强大的农药有效成分？

甲：比如敌敌畏、溴氰菊酯、氟氯氰菊酯、联苯菊酯和虫线磷等农药有效成分。因此这些农药的单剂或复配的药效就是“害的灵”8%敌百虫微乳剂的药效。

乙：那是“害的灵”变态药效。为什么要选择上述这些农药作为“害的灵”增效农药？

甲：不是增效农药，是“敌百虫”的组成农药。

乙：敌敌畏、虫线磷和这些菊酯类农药怎么是敌百虫的组成农药？真的把我吓了一跳。

甲：敌百虫在碱性条件下分解为毒性更高的敌敌畏。这还是传统生产敌敌畏的方法，你都不知道？

乙：这是事实，即使敌敌畏作为敌百虫的药效也不神奇。每亩 0.8 克的敌敌畏根本没有什么杀虫作用。

甲：名牌 2.5%溴氰菊酯乳油的商品名叫什么？

乙：敌杀死。

甲：敌杀死——你说对了。氟氯氰菊酯的别名叫什么？

乙：百树得或百树菊酯。

甲：你又说对了。联苯菊酯有个别名叫虫螨灵。虫线磷是杀线虫的有机磷农药。你看，现在把上面所说的这些高效的菊酯类农药等第一个字抽出来合在一起，岂不是敌——百——虫吗？

乙：这是我平生第一次听到对农药敌百虫这样的解释。

甲：“名牌农药”“害的灵”——8%敌百虫微乳剂不但杀虫无敌手，它也是犀利的灭菌剂。

乙：敌百虫也是犀利的灭菌剂？从来没听说过。吹牛也吹破牛皮了，敌百虫也有杀菌活性？

甲：“敌百虫灭菌剂”是由敌字系列灭菌剂——敌力脱、敌菌灵、敌磺钠、敌锈钠、敌克松和敌灭灵，百字系列——百菌清、百可得，虫字号的虫菌灵等农药组成的强大的“敌百虫”灭菌剂。你说上面这些农药灭不灭菌？

乙：原来如此。凡是有敌字、百字和虫字的农药原药都是8%敌百虫微乳剂的有效成分。难怪杀虫灭菌药效高。

甲：你总算学到了一点皮毛。我还要告诉你和大家，“名牌农药”“害的灵”——8%敌百虫微乳剂更是高效的除草剂。

乙：神！新鲜。想不到普通的有机磷敌百虫农药，经贾农药公司变戏法，不但能杀虫、杀螨、杀线虫，还能灭菌，更能除草。

甲：除草剂敌稗、敌草胺、百草枯、百草敌和虫草除是 8%敌百虫微乳剂除草王的重量级成员。土壤杀真菌、杀线虫和除草的威百亩农药等作为第二梯队随时待命参加复配。

乙：还有第二梯队的农药原药组成呢！这么说来，8%敌百虫微乳剂还能灭鼠。因为敌鼠和敌鼠隆都是敌字号的杀鼠药。“害的灵”也就成了当今国内外农药市场独一无二的能杀虫、灭菌、除草、杀螨、杀线虫、毒鼠的万能农药，而且防治效果超高效。

甲：你的进步也真够快的。一下子就把名牌农药“害的灵”推向国际，发扬光大。

乙：这些都是得益于你的“教诲”。

甲：因此我们以市场为向导，经销商和农民需要什么农药就加工什么农药，复配加工生产成8%敌百虫微乳剂大量供应市场。

乙：8%敌百虫微乳剂是挂羊头卖狗肉。

甲：这就叫作农药市场经济。

乙：应该叫搞乱农药市场经济。这种做法不是一证多用、随便变更、擅自扩大农药登记有效成分、随意扩大防治范围、扰乱农药市场的违法行为吗？

甲：没有那么严重。我们并没有超出登记农药敌百虫中的敌字百字虫字的农药范围。

乙：没有那么严重？还有更严重的？

甲：当今农药市场竞争激烈，为了稳操胜券立于不败之地，我们还有更绝的隐性农药成分作为对付同类产品竞争对手的秘密武器。

乙：能说来听听吗？

甲：不过，这是要命的武器。

乙：是什么要命的武器？不会是人肉炸弹吧？

甲：与人肉炸弹差不多。

乙：嘿！真的吓死人！农药怎么……

甲：就是在“害的灵”里加进了百字号的克百威农药有效

成分。

乙：克百威是剧毒农药，通常是加工成颗粒剂或种衣剂作土壤或种子处理用，是绝对不能用作喷雾防治害虫的。

甲：结果……

乙：害虫是肯定马上死了。

甲：喷药的农民也急性中毒身亡。

乙：“害的灵”啊“害的灵”，害死人的确灵。

注：本文发表在《农药市场信息》2007 年 16 期。

原来如此

农药液体制剂车间靓丽的海南姑娘碧丹，是公司生产农药杀螨剂的主角。她天生丽质、笑靥如花、楚楚动人，因此吸引了许多男同胞的追求，也演绎了一出戏剧性的“爱情”故事……

海浒农化公司是以生产农药杀螨剂著称的企业。公司面对浩瀚的大海，随时可以观赏到波涛叠翠、浪花追逐、海鸥飞翔、渔船点点的景色。烈日、海风、沙滩、椰树等秀丽的热带风光吸引了来自二十个省市的过客和精英，纷至沓来。有的来去匆匆，有的事业有成，有的安家立业，也少不了拜倒在石榴裙下的故事。

一、天生一对

碧丹被公司选为公司名牌杀螨剂——20%哒螨灵微乳剂的形象天使。

有一条公认的规律，就是无论碧丹在什么地方、什么场合出现，必然伴随着她的最佳拍档珠恭的到来。同样，缺了珠恭也就找不到碧丹的踪影。地老天荒，二人总是绵绵到海角、悠悠赴天涯。长城内外，大江南北都留下了他们的足迹。形象天使，最佳拍档为公司销售名牌杀螨剂作出了突出的贡献，成绩斐然。

珠恭来自浙江。他对自己名字的解释是：珠光宝气，恭喜发财。白皙的脸庞，浅黄近乎白色的西装和红色的领带，淡雅飘逸。他到海浒农化公司，完全是为了帮助公司生产高含量、高标准、高质量的环保名牌杀螨微乳剂而来的。他的到来和存在，赢得了公司、市场的青睐和碧丹姑娘的芳心。珠恭配碧丹，珠联璧合。

晚霞映红了大海远处的天空，变幻绚丽多姿。乡村农宅、楼房座座，点缀着绿色的海岸。三角梅，一簇簇，嫣红绽放。曼陀罗，一团团，开着洁白色的喇叭花在晚风中轻轻摇曳。

珠恭和碧丹习惯这个时候在通向海边弯弯曲曲的乡间小路上拍拖伴行。过往的行人总会听到甜甜的、吃吃的笑声。

碧丹想起了2004年10月18日的傍晚，第一次和珠恭约会时也是漫步在这条小路上。碧丹试探地问："恭，你觉得海南这个地方怎么样？"

"好啊，很好啊！"珠恭肯定地回答。

"好啊好啊，怎么个好法？"碧丹折断一枝路边的树枝含嗔地追问。

珠恭不假思索，即兴吟道："海南十月花还好，未觉秋声过耳边。"

碧丹丢掉手中的树枝拍手称好。觉得珠恭是一个很有文采、极富诗意的朋友。

时间已经过了一年，碧丹想进一步考考身边的这位意中人。"恭，现在我有一上联，请你对下联，好吗？"

"我不会作对子啊。"珠恭装蒜地说。

"你骗我！"碧丹嗔怪地说："我不相信。"

"真的不会。我从来未作过对。"珠恭显得为难的样子。

碧丹故意地说："其实作对也不难，无非就是阴对阳，双对单，美女对痴瓜罢了。"

"谁是痴瓜？"珠恭明知故问。

碧丹把嘴一撇："对不上就是痴瓜呗！"

"那你说说看，不要出得太难啊！"珠恭只能应对。

碧丹笑吟吟地说："听好啦，我的上联是'两人同心结连理。’听你的啦!”

珠恭闻言暗笑，想了想，摇摇头傻笑着答：“太难对，请提示提示。”

碧丹严肃认真地说：“只要真心真意就能成对。唐诗‘两只黄鹂鸣翠柳，一行白鹭上青天。’就是很好的例对。你看两对一……”言未了，这时一头母猪嗷嗷地叫着，摇头摆尾地从前方路边走过来。珠恭说：“噫，有了!”

“快点说说看。”碧丹双眸充满着天真的期待，喜孜孜地催促着。

当母猪走到珠恭的脚下时，珠恭用手指着母猪，眼睛却望着碧丹说：“一头母猪在身边。”

“这是什么狗屁对!”碧丹气得满脸红晕，眼中噙泪，泣诉：“你分明是羞辱我。你心里根本就没有我!”

珠恭自知失言闯了祸，连忙道歉：“对不起……”

“对得起。你很会对呀!”碧丹也指着那头母猪气愤地说：“你就跟着这头母猪在你身边吧!”说完扭头就往回跑。

碧丹回来后久久不能平静，躺在床上沉思分析：“他为什么要羞辱我？没有这个理由和必要啊！是拿我开心？这个该死的珠恭珠恭——猪公猪公！咦！难道我真的是一头猪母——天生一对?”遐想之余，觉得又好气又好笑。正是：可爱之人也有可恨之处。

二、农乐难乐

农乐是仰慕海浒农化公司之名而来，更是为了竞争而来。他少言寡语，默默无闻。也许由于自身的性格和竞争的压力，面容憔悴，脸色略黄。农乐来自南京莫愁湖畔，但却愁眉不展。看得出有几分淡淡的忧伤时时挂在脸上。两年来，他也为海浒农化公司生产的农药杀螨可湿性粉剂作出了较大的贡献，取得了较好的经济效益。

农乐对珠恭和碧丹之间的珠联璧合之说并没有认同和死心。他非常看中碧丹姑娘，孜孜不倦，苦苦追求，朝思暮想希望能成为碧丹的意中人。碧丹也从来不拒绝，并且公开表态："够条件的都可以考虑。"

遗憾的是农乐的外表和内在素质条件离碧丹姑娘的要求略逊一筹，因此碧丹姑娘只能是他的梦中情人。据碧丹身边消息灵通的人士透露：农乐的爱情分数不如珠恭得分高。他们之间的三角之恋可以准确地用碧丹根据他们的自我表现打分来衡量：珠恭得分 96.20 分，农乐只能得 94.50 分。碧丹私下说："婚姻大事，少于 95 分免谈。"农乐闻言大跌眼镜，嗟叹不已，苦不堪言。从此，农乐便成了被碧丹姑娘爱情遗忘的角落。

此事自然在员工中议论开了。有的说："碧丹择偶规则科学吗？能用准确的百分制分数来决定吗？打分的标准又是什么？'这是糊涂的爱'"。

有的说："感情之事无所谓科学不科学，'因为爱，所以爱'"。

有的说："'一剪寒梅傲立雪中，只为伊人飘香'，农乐自作多情，自我感觉'我被青春撞了一下腰'。现在只好品尝'爱情两个字好辛苦'的滋味了。"

农乐由于在杀螨可湿性粉剂方面的积极研配和参与生产中表现出色，赢得了固体制剂车间员工们的同情和惋惜，然而婚姻是不能勉强的，农乐的无奈只能以"芳草碧连天，天涯何处无芳草？天涯就在海南啊！'劝君莫忧愁'"来安慰自己。

供销部王经理以惯用的商业术语来表态："珠恭和农乐都是经过我市场调研、'货'比三家后选择引进的优秀人才，谁与碧丹结成秦晋之好都是好事。"

工会莫主席五十出头，曾经从事农药研配的技术工作，他最关心员工们的婚姻大事，经他穿针引线成佳偶的成果不少，公司上下员工的婚礼几乎都由他亲自主持。他很赞赏珠恭和碧丹的结合，而对农乐的看法则过多地用农药专业术语来表述。在他的工会办公室里表达了他的关切和不安。

“我就怕如果农乐配碧丹的话，复配后的产品会出现严重的质量问题。”莫主席闪烁其辞。

他手下的员工打趣地问：“莫主席，是什么‘产品’质量问题？你是怎样了解得那么清楚和肯定的呢？能否也教我们两招以后好避免出现‘产品’质量问题。”

莫主席敏感地望了望窗外，捻熄手上的烟头，压低声调神秘地说：“关键就是94.5这个数字，他和DNA差不多。DNA复制出错的话，那么人体的各种器官，所有的零部件就肯定会有一部分出现阴差阳错。比如畸形啦，怪胎啦，白痴啦，癌症啦，等等。这些你们都不知道？”说得听者毛骨悚然。

三、咸鱼翻身

“昨夜的星辰已经坠落，今夜的星辰依然闪烁”，今年“五一”节前几天，满脸春风的碧丹姑娘大大方方，高高兴兴地送出大红的“永结同心，百年好合”的结婚请柬。打开细看，天啊！却令员工们坠入五里雾中。但见“谨订于二〇〇六年公历五月一日，星期一，为农乐、碧丹结婚庆典……”

这是真的吗？

农乐先生打破沉默，笑容可掬的新郎官点头躬身，彬彬有礼致辞：“是真的。恭候光临！”

是什么原因使珠恭、碧丹、农乐三角关系发生了戏剧性的变化？他们之间究竟发生了什么？

珠恭现在怎么样了？有人想找珠恭了解个为什么，得到公司保卫科李科长的答复：“珠恭两个多月来就一直没有进过公司的大门，已经在海南消失得无影无踪了。”珠恭的失踪，是个不祥之兆。

农乐和碧丹虽然若即若离，但珠恭失踪这段时间却经常见到他们两人频频约会，拍拖出厂，形影不离，但愿这是个好兆头。

更有骇人听闻的新闻：离公司稍远的沙滩上发现了一具高度腐烂的男尸。有传言说死者有可能是珠恭。珠恭被谋杀抛尸大海，涨潮时又把尸体推上海滩。毫无疑问给农乐和碧丹的婚礼蒙上了一层浓浓的阴影。

碧丹对珠恭的失踪表示无限的伤心、惋惜和无奈。当问及为什么这么快就和“免谈”的农乐结婚时，碧丹揶揄地说：“彼一时，此一时。今非昔比。”倒也符合情爱之事，至今还没有一个统一的、权威的、可行的行业标准和国家标准。

很显然，碧丹是个中心关键的人物。如果珠恭仅仅是两个多月不辞而别、外出或是非正常失踪的话，一般来说在事情没有弄个水落石出之前，碧丹是不可能那么快就和农乐结婚的。现在碧丹和农乐结婚证明珠恭可能已经死亡。他们闪电式结婚说明农乐有急不可待除掉竞争对手珠恭的重大嫌疑。

工会莫主席派出了公司内部刊物《海浒人》记者，在公司绿化小区喷水池边的凉亭上采访了农乐。

“恭喜你，新郎官！”记者双手抱拳，热情地祝贺农乐。

“谢谢了！”农乐有礼貌地请记者就座。

记者首先引用了现在流行的两句歌词来提问：“是不是‘你的万种柔情融化冰雪？’是不是‘你的甜言蜜语改变季节？’”

农乐莞尔一笑道：“不完全是。”

“能告诉我是什么吗？”记者诚恳地要求。

“真情奉献，天赐良机，技术攻关。”农乐如是说。

记者闻言，觉得大有文章。

“珠恭的失踪与你……”记者有意把话题引到他的情敌身上。

“与我无关。”农乐面不改色地说。

“珠恭的失踪不是你追碧丹的良机吗？”

“那是天赐。”

“技术攻关是不是和你的DNA——94.5这个数字有关？”记者又一针见血地提问。

只见农乐笑得前仰后合，笑而不答。记者看见农乐笑成这个样子，十有八九是已经猜对了。只是农乐不大好意思说出口而已。此时，记者不由得不从心底里佩服老领导的神机妙算，先见之明。

四、原来如此

原来，海南海浒农化股份有限责任公司生产的名牌农药杀螨剂碧丹——紫红色的20%哒螨灵微乳剂，从2004年10月以来，只能用浙江珠恭股份有限公司生产的，有效成分含量为96.2%的哒螨灵原药才能生产出合格的产品。由于销路好，哒螨灵原药用量大，因此南京农乐集团股份有限公司生产的哒螨灵产品也参与竞争，希望能成为碧丹的复配原药。但是由于农乐公司生产的哒螨灵原药有效成分含量低，只有94.5%，而且杂质多，溶解性能差。加上外观颜色较黄，影响染色，容易造成碧丹褪色，所以始终复配不出合格的碧丹产品。因此，农乐与碧丹无缘，农乐产品只能复配其他杀螨可湿性粉剂。但是，珠恭公司由于其他原因，从2006年2月起停止了生产哒螨灵原药，自动终止了这一段美好的良缘。

海浒公司从市场需要出发，为了拓宽生产碧丹所需原药来源和渠道，针对农乐产品有效成分含量只有94.5%的哒螨灵原药进行了技术攻关。克服种种困难，终于取得了技术上的突破，并在2006年5月1日起正式采用农乐公司生产的哒螨灵原药复配生产碧丹。才有如此婚配。

注：1. 对于害虫如甜菜夜蛾，农民说已经变成精了，所以杀不死。而农药也已经修炼成人、成神、成仙了，所以就有拔草妞、亚牛哥、花神、茶神、瓜仙和天王等商品名称。农药拟人化、拟神化和拟仙化已经得到政府的农药登记部门、行业和广大农民的认同。也为农药文化提供了一个奇特的创作平台。

2. 小说虚构，如有雷同纯属巧合。

注：本文发表在《农药市场信息》2006年20期。

甜爷论农药

舞台上，甲穿着长袖衣服度量着乙穿的短袖衣服

甲：我出一个谜语给你和大家猜一猜。

乙：看来今晚的晚会要变成灯谜晚会了。洗耳恭听。

甲：我老婆昨天买了一件短袖衣服，大约花20元钱。请猜两个字。

乙（重复着甲出的谜面思考着，想了想，笑着说）：便宜货。

甲：猜两个字怎么猜出三个字来？有你这么猜谜的吗？

乙（苦笑问观众）：你们哪一个猜出来了？

乙（对甲摇摇头）：猜不着。

甲：当真猜不着？

乙：这是你家里的事。你老婆买衣服，买什么样的，买多大的衣服，买什么颜色的衣服，买给谁穿，与我无关，猜不出。

甲：与你有关。

乙：与我有关？

甲：与你有重大关系。

乙：你有没有搞错，你老婆买衣服为什么与我有重大关系？

甲：因为你的名声太大。

乙：因为我的名声太大，所以你老婆就买衣服，这是什么意思？

甲：这件衣服就和你现在身上穿的衣服一样。

乙：我看你这个人有毛病，我是谁人家还不知道，何来的名

声大？

甲：我没有毛病，我也不是人，更不是好人，我不是好惹的。

乙：你是在怀疑我，在威胁我，真是头脑有问题。

甲：你说说看，你是谁？大家知道不知道？

乙：我是666。

甲：大家知道不知道666（观众都说知道）？你说你的名声大不大？我再来问你，666是什么？

乙：农药。

甲：这就猜对了嘛。衣字两边加个短袖就是农字，约字加个“艹”就是药字，合起来就是农药二字。但是，你是个冒牌货，是农药打假的对象。

乙：我是人，不是农药。

甲：那你为什么叫666，不叫死死死（444）？

乙：你才死哩，我出生时，我妈问接生的护士：“我儿是几时几分几秒出生的？”护士说：“是6时6分6秒生的。666最好记。”所以从小大家就叫我666。

甲：所以你妈没有三证就生产666。请问你，你妈什么时候生920？但是绝对不能生产1605和1059这样的高毒农药啊！

乙：去你的吧，有你这样说的吗！你是谁？也让大家认识认识你是个什么东西。

甲：我，我……

乙：快说！姓什么？

甲：我姓甜。

乙：姓田？

甲：我是比蜜甜的甜。

乙：姓甜？百家姓上没有这个姓。

甲：一百零一家姓上有。

乙：啊！原来你是人姓之外。看你人不人，鬼不鬼的。叫什么名字？

甲：（含糊其字其音地）夜。

乙：什么？椰子的椰字？

甲摇头。

乙：耶酥的耶字？

甲摇头。

乙：定是野生、野人、野猪的野字。

甲（大声地）：是你爷爷的爷字。

乙：甜爷？看你这个年纪比我还小，敢称我爷爷。今年多大岁数？

甲：万岁！万岁！万万岁！

乙：原来是个假皇上。你称得上万岁万岁万万岁吗？万万岁就是一亿岁。不知是哪里来的疯子。

甲：根据科学家考证，我在古生代二叠纪，两亿五千万年前就大量出现和存在，而人类的历史只不过100万年而已。我应该是皇上皇或皇太皇。

乙：是不是蝗虫的蝗？这么说来你应该是蝗虫的爸爸或蝗虫的爷爷了。

甲：蝗虫算什么？我比蝗虫还厉害。

乙：你比蝗虫还厉害？厉害在哪里？

甲：农药锐劲特你知道吗？

乙：当然知道，而且还用过。只需5%锐劲特悬浮剂10毫升，兑水40~50千克水喷雾，就可以将一亩地的蝗虫快速击倒，防治效果在95%以上。

甲：击倒蝗虫的锐劲特对我来说并无不良反应。

乙：没起作用？

甲：我经常接触各种各样农药杀虫剂，和农药摸爬滚打，一般农药对我来说基本无效。

乙：有机氯农药你怕不怕？

甲：那是过时淘汰的农药，DDT我可以当饭吃。

乙（走到前台对观众）：农药是化学有毒化合物，是不能吃的，千万别信他胡说八道。原来今晚我们遇到外星人了。我再了解了解这个老妖怪。

乙（走回原处）：有机磷农药一定会令你寝食难安。

甲：辛硫磷、喹硫磷、倍硫磷、丙硫磷、三唑磷、水胺硫磷、甲基异柳磷等，对我来说简直是水过鸭背。

乙：乐果、氧化乐果毒性大要你的命。

甲：我可以当可乐喝。

乙：氨基甲酸酯类农药威力无穷。

甲：灭多威、残杀威、异丙威、甲萘威、混灭威、速灭威、抗蚜威、硫双威、唑蚜威、双氧威等，对我不灭也不威。

乙：拟除虫菊酯类农药是杀虫剂第三个里程碑，击倒力强，名不虚传。

甲：氯菊酯，醚菊酯、氯氰菊酯、氰戊菊酯、甲氰菊酯、溴氰菊酯、联苯菊酯等菊酯，我可以把它当菊花茶饮之。

乙：沙蚕毒素抗生农药不是好惹的，令你在劫难逃。

甲：对我药效不佳。

乙：芳基杂环类农药是新一代很好的杀虫剂。

甲：吡虫啉、啶虫脒对我来说简直是隔靴抓痒。

乙：敌百虫，一百种害虫都能杀。

甲：我是第一百零一条虫。

乙：嗨！你是虫？

甲：这回你猜对了。我是虫。

乙：肯定是大害虫、大顽虫。

甲：在下甜菜夜蛾，简称甜夜，戏称甜爷。

乙：难怪。常规的农药对它不起作用。

甲：有矛就有盾。我甜爷对这些农药已经产生了巨大的抗药性。以变应变，这是大自然的法则。要想消灭我没那么容易。

乙：农药，它可以当饭吃。怎么办？有了。我们可以利用把它当饭吃的天敌来消灭害虫，这是最安全、最环保、最有效的对付害虫抗药性的防治方法。这回你死定了！

甲：说起天敌治虫，我确实胆战心惊。那些青蛙、麻雀见一条虫吃一条，见两条吃一双。一条虫也跑不掉。

乙：告诉你，青蛙说抗药性越大的甜菜夜蛾幼虫越好吃。

甲：为什么？

乙：青蛙说，抗药性越大，吃了可以增加内力和轻功，跳得更高，食量更大，身体更棒。

甲：我还没被吃掉就拿我做广告了。我有一个问题想请教你。

乙：死到临头，还有什么话要说？

甲：什么叫农药？

乙：原来是个农药盲。难为你吃了那么多各种各样的农药还不知道什么叫农药，可悲啊！告诉你正确的农药定义，农药是指用于防治危害农林牧业生产的有害生物和调节植物生长的化学药品和生物药品。

甲：只答对了一半。

乙：你是在考我？我倒是要听听你说的什么叫农药。那另一半是什么？

甲：我再问你，敌敌畏是农药吗？

乙：废话。敌敌畏不是农药难道是补药吗？

甲：什么是敌敌畏？

乙：这个……我不是学化学农药的。据说敌敌畏是叫什么二甲基、乙烯基、磷酸酯……

甲：哪有那么多的鸭呀鸡呀，我告诉你，很简单——敌敌畏就是敌人畏，敌人的敌人也畏，也就是把害虫杀死的同时也把害虫的天敌杀死了。这就是敌敌畏，也就是农药。

乙：那么农药禾草克、禾草灭是不是把草除掉了的同时也把禾苗杀死了？

甲：真聪明。一点就通，一学就会，举一反三，绝对正确。

乙：我总觉得有些别扭，我们用除草剂干吗？

甲：现在田里看不见青蛙了，原野上没有麻雀飞了，禾苗失绿了，青草枯萎了，真是一个“寂静的春天”啊！天敌，我的天敌，你在哪里？哈哈！化学农药也是我们对付天敌的盾牌。

乙：不用化学农药，很多农作物，很多时候简直是颗粒无收。用高毒农药，一喷害虫就死。

甲：你知罪吗？

乙：何罪之有？

甲：中华人民共和国农业部规定从 2007 年 1 月 1 日起全面禁止五种高毒农药甲胺磷、久效磷、对硫磷、甲基对硫磷、磷胺在农业上使用。你敢用吗？

乙：不敢，不敢。

甲：不敢就好。你听过著名歌星演唱的“2007 年的第一场雪”吗？

乙：只听过著名歌星刀郎演唱的“2002 年的第一场雪”，没有听过“2007 年的第一场雪”。是哪位著名歌星演唱的？

甲：是我。

乙：你是歌星？

甲：想听吗？

乙：甜爷演唱，夜蛾乐队伴奏？

甲：正是。不过我唱后面的几句就够了。

乙：为什么不唱完？

甲：因为我唱心醉，你听心碎。

乙：见识见识。

甲：唱之前先朗诵。（大声地）啊！高毒农药哟！高毒农药！（已把乙吓跑）

甲（对乙）：回来！一听高毒农药就怕成这个样子，跑得连命都不要了，还说要用高毒农药哩！

乙：甜菜夜蛾发出的声音太可怕了！

甲：我重新来，听好啦。啊！高毒农药哟！高毒农药。（唱）你像只飞来飞去的幽灵，只因剧毒高效价格便宜。忘不了把你搂在怀里的感觉，因为你多少人不幸中毒。忘记了对你毒蛇猛兽般的警惕，因为你多少人无辜身亡。是你把害虫送进地狱，是你把自己投入火坑。是你的无奈才和我拜拜，地里的庄稼是我的天堂。

乙：没有高毒农药，害虫再猖獗，我们拿什么替代高毒有机磷农药？难道是生物农药？

甲：生物农药确实很厉害。我抗议你们使用大规模杀伤性生化武器！这是不虫道。

乙：核多角体病毒生物农药，要你体内器官全部液化变成水，不得好死。

甲：生物农药易被土壤分解失活。我们进行战略大转移，不进菜地进草地。地道战，救虫命。钻进地下室，高枕无忧化成蛹。

乙：化成蛹不是持久战。苏云金杆菌生物农药等你出土显威风，杆菌钻进你的体内大量繁殖，要你瘫痪吐血死。

甲：我化羽升天到处飞，不吃青菜吸花蜜，生活赛过活神仙。

乙：你飞上天也跑不掉，我叫阿拉法特枪毙你。

甲：什么？阿拉法特不是早就死了吗？哪里来的阿拉法特？

乙：这回你害怕阿拉法特了吧。阿拉法特就是阿拉法特。

甲：你说的阿拉法特是不是巴勒斯坦的那个时时把左轮手枪挎在腰间的那个阿拉法特？

乙：阿拉法特是玉米地专用杀虫剂。药效好，施药后很快就把甜菜夜蛾枪杀了。

甲：没听说过有玉米地专用杀甜菜夜蛾的阿拉法特杀虫剂。

乙：那是50%的可湿性粉剂。叫阿拉特……

甲：啊！是不是50%的阿特拉津可湿性粉剂。

乙：对，对对对！就是50%的阿特拉津可湿性粉剂。

甲：这是除草剂。拿除草剂当杀虫剂用，阿拉法特没有枪毙我，你的玉米苗却被阿拉法特除掉了。

乙：怎么办，现在该怎么办？

甲：农药我见过多了，也亲身经历多了。其实上面的这些不同种类的农药杀虫剂都有一定的药效，有的还是很好的农药杀虫剂。之所以农药起不到农药有效成分应有的杀虫作用，有的是人为的。

乙：此话怎讲？

甲：你听说过西窗事发吗？

乙：只听说过东窗事发，从来未听说过西窗事发。

甲：这就说对了。因为在西窗下谋划之事从来不出事，所以有一种叫西窗农药。既简单又权威，很快就办好证件上市。

乙：我还是不明白。

甲：某单位要拿我去做室内药效实验，结果室内和田间都没有做任何药效试验。但是药效试验报告资料很快就在西窗下案前写出来了，杀甜菜夜蛾药效1分钟达100%。

乙：杀虫药效是编写出来的。难怪农药杀不死虫。

甲：绿色环保型水性化纳米农药你知道吗？

乙：这是国家提倡、农民喜欢的农药。

甲：有一种名叫"救命"的绿色环保型水性化纳米农药，非常安全环保和绿色，它可以当水喝。市场工商部门拿去检验农药有效成分，结果为零。"救命"农药救了害虫的命，厂长还说比纳米还纳米。

乙：这不是假农药嘛，真缺德。

甲：你打桥牌吗？

乙：经常打。打桥牌我还算得上是高手呢。

甲：桥牌不能打了。

乙：为什么？

甲：打桥牌是侵权行为，再打就犯法了。

乙：打桥牌也犯法？侵什么权？有这种法律？谁制定的？

甲：乔牌是农药注册商标，受商标法保护。打桥牌是违法的。

乙：你说说看，你说的是什么乔牌农药。

甲：它叫杀敌农药。

乙：农药杀敌就是杀虫除草灭菌。

甲：它不杀虫，也不除草，更不灭菌。

乙：不杀虫除草灭菌叫什么杀敌农药？谁是它所杀之敌？

甲：它杀自己。

乙：恐怖！这是自杀性农药。真有这种农药吗？

甲：多得很。

乙：太可怕了。这种农药是用什么制造的？

甲：这种农药是由杀虫单和敌敌畏复配而成的水性化农药。

乙：原来是这样。又一个水性化环保型绿色农药。难道敌敌畏也不杀虫吗？怎么杀自己？

甲：杀虫单只溶于水，敌敌畏也容易溶于水。使这两种农药原药溶在水里，加些乳化剂便制成了水性化杀敌农药。但是敌敌畏在有水的条件下，特别在夏天每天的分解率高达3%以上。不到一个月敌敌畏便分解完了。所以杀敌农药在还没用作杀虫之前就把敌敌畏杀掉了。所以叫杀敌农药。

乙：真的是自杀性农药。

甲：你想见见萨达姆吗？

乙：开国际玩笑。萨达姆已被绞死了，谁都别想见到他了。

甲：我昨天在大街上就见到了“萨达姆”。我握住他的手，挺有意思的。

乙：你在大街上见到萨达姆了？还和他握手，谁相信？

甲：你不信？我可以带你去见他。

乙：真的？萨达姆是如何来到中国大街上的？

甲：是我们的农药厂生产的。

乙：啊，我明白了，是“萨达姆”标签农药。它是由什么农药原药复配的？

甲：“萨达姆”农药还是有第三者插足的农药。

乙：是三元复配农药。

甲：它是由除草剂杀草胺、杀螨剂哒螨灵和杀虫剂戊菊酯复配而成的“萨达姆”（杀哒戊的谐音）农药！

乙：兼有除草杀螨杀虫广谱全新农药。买一种农药防治三种有害生物种群，真好。

甲：但是谁也不敢用它。

乙：又是假农药？

甲：是百分之百的真农药。

乙：是真农药为什么不敢用？

甲：这种农药用作除草时，复配中的杀螨剂和杀虫剂喷洒到杂草上，起不到对农作物的杀虫杀螨作用，白白浪费了。当这种农药用作杀虫杀螨时，连农作物也被杀草胺除掉了。你敢用吗？

乙：绝对不敢用。

甲：所以现在“萨达姆”被判处死刑了。

乙：最近我也有重大发现。

甲：嗯，看不出你也有重大发现，是什么重要发现？

乙：我发现了“本·拉登”。

甲：这是震惊世界的重要发现，你发了。你是什么时候出国的，是在阿富汗还是在巴基斯坦发现“本·拉登”的？

乙：我没有出国，也不是在阿富汗，也不是在巴基斯坦，而是在中国农药市场发现“本·拉登”的。

甲：你是说“本·拉登”潜伏在我们的农药市场里？不可能。看来你发现不了。“本·拉登”怎么会到我们的农药市场里来呢？是你看错人了吧！

乙：没看错。有一种农药是由杀螨剂苯丁锡、除草剂拉索和杀虫剂丁硫克百威复配而成的“本·拉登”（苯拉丁的谐音）乳油农药。

甲：我明白了。请你介绍介绍这种农药有什么特点。

乙：最主要的特点是除草剂拉索是一种芽前土壤处理除草剂。

甲：“本·拉登”与“萨达姆”相比如何？

乙：“本·拉登”比“萨达姆”厉害多了。只要把这种农药用作除草用，苯丁锡和丁硫克百威这两位老兄就一定马上被活埋。

甲：看来“本·拉登”的出手也真够狠的。

乙：说了大半天，乔牌与农药有什么关系？为什么叫乔牌农药？

甲：乔牌农药就是开发复配农药产品时，“乔太守乱点鸳鸯谱”的垃圾牌农药。

乙：嗨！

注：本文发表在《农药市场信息》2007年3期。

牵牛星

地球是宇宙中目前唯一发现有生命存在的绿色星球，也是微生物、植物、动物、人类和神仙最适宜生长居住的空间。地球的环境日趋恶化；金星藏宝不少，但是只能捧着金碗去讨饭；木星无木；水星无水；火星河流干涸，像一片火烧过的焦土；土星有土寸草不生；天王星至高无上，可悲的是只有金樽空对月；海王星似乎海水不可斗量，实际上想找一杯水喝都没有；冥王星称王称霸，其实十足像个流浪汉。地球虽绿，与其他星球相比最突出的显著不同就是生物病虫害严重。月亮像个大银盘，令古今中外，多少诗人墨客吟诗作对，填词作赋，还要“千里共婵娟”呢！可叹的是广寒宫里“嫦娥后悔偷灵药，碧海青天夜夜心”。因此，惊动了高天上圣大慈仁者玉皇天尊玄穹高上帝，驾座金阙云宫灵霄宝殿，聚集众神仙召开首届宇宙植保大会。

在大会还没有正式召开之前，玉帝检查大会召开的准备工作。看到仙桌上招待二十八星宿、日月星辰众神仙的仙果时，略有所思。“怎么不见海南佳果柑橘上桌？不要错过了这个展销广告宣传的机会啊！”玉帝有意无意地看了一眼观世音菩萨遗憾地说。

南海观世音合掌启奏：“陛下，今年海南红蜘蛛为害猖獗，满山遍野的柑橘树萎靡不振，难结佳果。即使挂果也是次品中的下品。所以不敢献丑。惭愧、惭愧！”

“红蜘蛛？”玉帝就座后屈指一算道，“一千三百六十年前齐天大圣孙悟空随大唐玄奘到西天取经时，不是在盘丝岭将盘丝洞里以红蜘蛛为首的，红、橙、黄、绿、青、蓝、紫七个蜘蛛精，打死在黄花观了吗？何来的红蜘蛛精？”

只见班中闪出神农启奏：“陛下，孙悟空当年打死的是足有巴斗大的想吃唐僧肉的肉食性的蜘蛛精。现在的红蜘蛛是比针尖麦芒还要小的，不用100倍以上的放大照妖镜难看到真身的植食性红蜘蛛，种类不同。红蜘蛛属节肢动物门，蛛形纲中有害螨类。多密集群居于作物叶背面为害，一年可生十多代，前仆后继。越冬场所变化大，潜伏隐蔽，防不胜防。”

“有这种妖怪？”玉帝即令千里眼、顺风耳去打开南天门仔细观听。二将奉旨出了南天门，看得真，听得明。须臾千里眼回报：“启奏陛下，臣奉旨观察五指山下的柑橘园，见无数八只脚的小虫，细如红尘，薄如蝉翼。在柑橘树叶上奔跑玩耍，饿了就刺吸果叶汁液。一张叶片上，叶面叶背就有108只。其中72只是雌的，36只是雄的。很多果树叶片已经脱落，不落叶的也蔫黄了”。

“乱了，乱了！”玉帝生气道，“这些害虫小妖精还实行一夫多妻制呢，成何体统！”

神农奏道：“更有甚者，找不到配偶的雌蜘蛛还会自营孤雌生殖。无须与雄蜘蛛结婚即能大量生育。”

“妖精就是妖精，”玉帝无奈地道，“难怪繁殖得那么快。”

玉帝转对北斗、南斗二星不满道：“为何不给红妖蜘蛛精进死册而入生籍？”

掌管生灵死册的南斗星俯伏启奏：“陛下，老臣也有些不解玄机，说什么要保护生态平衡，如果没有了红蜘蛛，它的天敌就要饿死，所以不能进死册。现在连当年在景阳冈上大吃人肉的吊睛白额大虫也是如此，莫说进死册，就是连打都不能打了，还要放虎归山。”满座神仙惊讶。

掌握生籍的北斗星俯伏启奏：“万岁，现在红蜘蛛的非婚孤雌生殖的后代越来越多，不给人生籍说是侵犯蛛权。”众星宿摇头摆脑，啼笑皆非，议论纷纷。

“全乱套了。难道把人间的绿色植物果树都给那些红蜘蛛精毁了，才算保护生态平衡，保护蛛权吗？现在是蛛权侵犯了人权，也触犯了仙权。岂有此理！”玉帝大声斥责。

顺风耳回报：“启奏陛下，臣听得从天涯海角橘子园传来沙沙啧啧之声，犹如蚕食叶，却似饮可乐。”

“罪孽，罪孽！”玉帝忙问太上老君，“仙卿八卦炉里炼的灵丹妙药能否毒死红妖蜘蛛精？”

老君闪出班中俯伏启奏：“陛下，红妖蜘蛛精若服了仙丹会长生不老……”

“使不得，使不得。万万使不得！”玉帝叹道，“爱卿齐天大圣出天差到银河探访黑洞未回，怎么办……”言未已，班中闪出太白金星启奏：“陛下宽心，依老臣之见，先令暴风、骤雨二将摧之；又令雷公、电母二神击之；再令火神放火烧之。红妖蜘蛛精就是铜打铁铸有三头六臂也在劫难逃，何惧区区小虫？”玉帝欲言准奏。此时神农却道：“仙翁此策欠妥矣！而且收效甚微。众所周知海南地处热带亚热带，每年都有很多次雷电交加的暴风骤雨，甚至经常刮 12 级台风。红蜘蛛至今非但不减，反而暴发猛增。海南岛也曾是神州火山爆发最活跃的地方，也烧不完灭不掉小小的红蜘蛛。倒是大片林木果树被烧毁了。”众神点头同意。

玉帝面带愁容，忧心忡忡道：“想不到这些小妖精如此难治，暴风骤雨摧不垮，雷公劈不死，电母电不亡。只能进生册，不得入死籍。‘野火烧不尽，春风吹又生。’灵丹妙药助长生。如此说来这些害人虫倒比神仙还快活逍遥，福寿无疆。如何是好？”

神农奏道：“臣在这次宇宙植保大会上准备发表题为《红蜘蛛之物种起源及生物基因防治》论文。目的是从根本上彻底防治红蜘蛛。令红蜘蛛今后嗅到柑橘树发出的气味后就像老鼠见猫一样逃命。”只见说得玉帝心花怒放。众神仙连声称赞并投以钦佩之目光。

神农饮了仙桌上放的东海老龙王的展销保健饮料东海海底矿泉水后又道：“但是，此项高水平科研成果要转化为生产力还需时日。为今之计只有先选用化学防治方法才能有效地遏止红蜘蛛的暴发。不才举一神前往海南，定能将红蜘蛛‘螨’门抄斩。”

玉帝甚喜道：“所举者何神？”

神农道：“牵牛星。”

“牵牛星？”出乎玉帝意料，颇感迷惑道，“牵牛星不牵牛却牵小妖精……”

神农解释道：“不是牵着小妖精玩耍，而是斩杀红蜘蛛。臣曾和牵牛星在神州橘园做过相关试验，效果极佳。陛下可降一道旨意，宣他进殿问问便知。”

玉帝闻言即传旨意。须臾，牵牛星奉旨进殿。

玉帝问：“仙卿有何法宝可灭红妖蜘蛛精？”

牵牛星俯伏启奏：“陛下，臣修成正果之前曾牵牛魔王到东天太阳国落红寺取经。按照经书宝典炼成哒螨灵金丹可灭红蜘蛛。”

玉帝大喜。

西方太白长庚星却犯疑，字斟句酌道：“东天太阳国是太阳升起之处而非红日落山之地，因此落红寺理应在西天，缘何到东天去？”

牵牛星道：“仙翁有所不知，红者红蜘蛛也。落者是把蜘蛛从果树上打落在地也。落红寺并非红日落山之处的寺庙。”

太白金星后悔失言欠思忖，连声道：“原来如此，原来如此。是老朽误解了。”

玉帝又问：“哒螨灵法力如何？”

牵牛星道：“启奏陛下，金丹一粒只需用水兑成 10 ppm 后对着果树叶面叶背喷雾，即可击倒红蜘蛛。而且不分老小和卵蛋，通通落死树下。”

玉帝听得出神，但又有些不解便问：“爱卿刚才所言拾被被捡是什么，为啥要被被捡卷铺盖?”

牵牛星强忍笑容，中规中矩道：“回禀万岁，ppm 是洋文字母。一个 ppm 就是药液含金丹有效成分的百万分之一。大概是毫厘之毫厘之毫厘吧。”

“用量之少，法力之佳真是妙哉之妙哉之妙哉也。”玉帝随即赐以上天宝剑给牵牛星，以示所到之处不得阻拦。牵牛星谢恩后玉帝又传旨令牵牛星到南海。牵牛星在普陀落伽山拜辞观音后便驾云到五指山防治红蜘蛛去了，这是后话。

自从牵牛星落户海南后，猖獗的红蜘蛛得到了有效遏制。因此现在海南的树更绿、花更美、果更甜。海南现在已成为神州大地一年四季果蔬和特种经济作物的种植和供应基地。牵牛星即哒螨灵，哒螨灵即牵牛星。有了它，“一年好景君须记，最是橙黄橘绿时”。

注：哒螨灵又名牵牛星。该药剂为 1985 年由日本日产化学公司开发的一种高效、广谱、触杀性强的杀虫杀螨剂。它对不同生长期成螨、若螨、幼螨和卵均有效。在 100 ppm（1ppm = 1 mg/L）时十几分钟即可达 90%击倒率。10 ppm 一小时左右也可击倒 90%红蜘蛛，持效期长达 30 天。

注：本文发表在《农药市场信息》2006 年 10 期。

书法作品

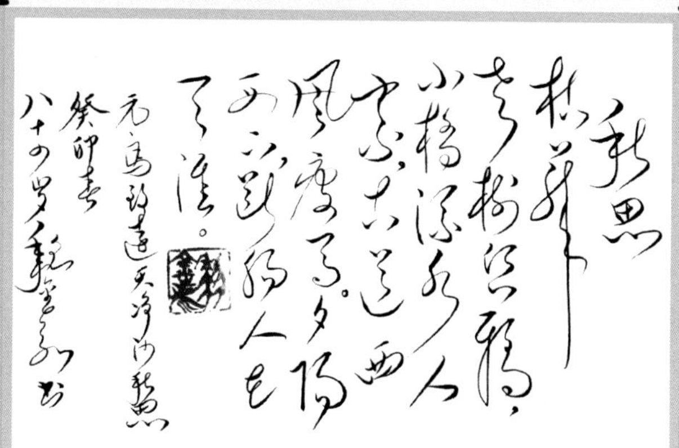

〔元〕马致远　天净沙·秋思

枯藤老树昏鸦，小桥流水人家，古道西风瘦马。
夕阳西下，断肠人在天涯。

黎金嘉·落日东升

夕阳黄昏又如何？落日明朝东升起。
几多耄耋乐翻天，百岁寿星无限喜。

汨罗江上，万古悲风。

作者照片

作者 2018 年在宜州

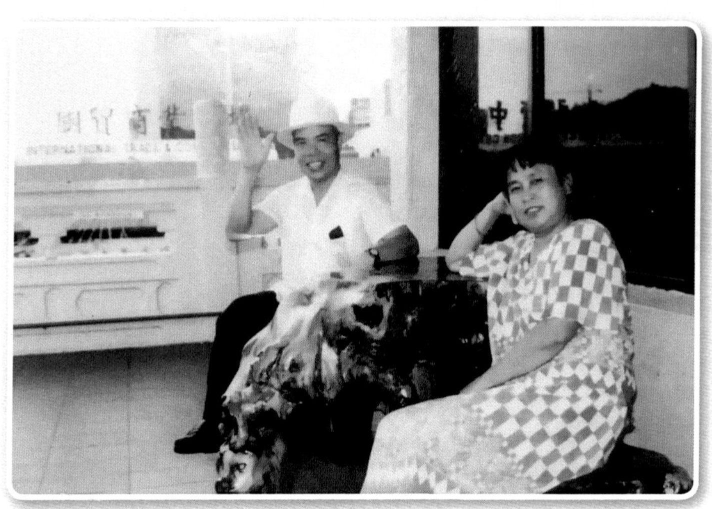

作者和爱人陈安兰，1999 年在广东省珠海市绿色南方总公司

作者 2016 年在安徽省朝农化工公司